U0140306

深海征途2030

地球最深的拓荒行動，
權力、資源與科技的終極賭局

THE DEEPEST MAP
Laura Trethewey

勞拉・特雷特韋 著　洪慧芳 譯

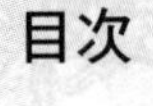

目次

序言　我們對月球表面的了解，比對海底的了解還多　007

第一部　探險的呼喚　013

第一章　最深的地圖　015

第二章　尋找一艘船　037

第三章　突破人類深潛紀錄　057

第二部　航向地球最後的無人之境　085

第四章　地圖如何形塑全新世界觀　087

第五章　被遺忘的北冰洋　121

第六章　我來、我見、我征服　141

第 三 部 **無人機與深海繪測** 169

第 七 章 只要你懂海，海就會幫你 171

第 八 章 當 AI 潛入海底 197

第 四 部 **從平面到立體的全球新戰場** 217

第 九 章 水下考古連結的未來 219

第 十 章 海底礦場可行嗎？ 251

第十一章 下一個地緣政治戰場 283

後記 國際海床恐成為下一個亞馬遜？ 309

謝辭 312

附註 316

謹獻給家母

她的愛比馬里亞納海溝還深。

「它不在任何地圖上，真正的地方從來不會出現在地圖上。」

——赫爾曼．梅爾維爾（Herman Melville），

《白鯨記》（*Moby-Dick*），一八五一年

序言

我們對月球表面的了解，比對海底的了解還多

一位海洋測繪員告訴我，一個海綿的故事徹底改變了他對測繪海底的看法——那不是普通的洗碗海綿，而是一種奇妙的深海海綿，牠們是地球上最古老的生命形式之一。

他在一艘名為「鸚鵡螺號」（Nautilus）的探勘船（exploration vessel，簡稱 E/V）上工作，每天都在探索海床。如今，約四分之一的海床已測繪成圖[1]，但是像「鸚鵡螺號」上那種遙控潛水器（remotely operated vehicle，簡稱 ROV）所探索過的海床仍不到 1%。ROV 和汽車一樣大，配備了感應器、前照燈、攝影機。雷納托・凱恩（Renato Kane）第一次接觸到那種讓他徹底改變想法的海綿，就是透過 ROV。

凱恩在「鸚鵡螺號」上工作已逾十年，見證了多次潛水任務，看著 ROV 在海底緩慢地前行，採集沉積物，發現新物種，記錄奇妙的新動物行為，掠過微微發亮的海底熱泉，放大藏在深海珊瑚中的生物。凱恩知道自己能有這份工作非常幸運，但任何任務做久了，難免都會變得像例行公事。不過，偶爾會發生一些事情，把他從日常的渾渾噩噩中搖醒，讓他看到探索海底的更深層意義。他在太平洋底部看到的那個海綿就是一例。

那天，「鸚鵡螺號」的 ROV 攝影機前，出現一個巨大的米白色海綿，它的體積與 ROV 本身相當。凱恩猜測，那海綿肯定有數百年歷史了，也許甚至上千年也說不定。深海海綿的生長速

度極慢。有一種海綿名叫春氏單根海綿（Monorhaphis chuni），據估計已活了 1.1 萬年，有一百八十幾公分長的尖刺狀附肢。目前大家仍不知道這種海綿如此長壽的原因，但許多深海動物都能活那麼久，那可能是因為海底黑暗、寒冷、環境稀疏。

突然間，凱恩彷彿看到這個海綿出奇長壽的生命，從他眼前飄過。這個常被誤認為植物的動物，在同一個地方靜靜地待了幾個世紀，儘管海面上戰爭肆虐，流行病與先知來來去去，帝國興亡盛衰，但它一直待在海面下數千公尺的地方，終其一生只知道黑暗、寒冷、寂靜的海水。在上方數公里深的海洋庇護下，深海海綿的一生遠比人類的人生穩定多了。它活在完全的黑暗中，恆定的壓力與溫度下，幾乎感覺不到深海中緩慢的水流。直到有一天，一個閃著明亮光線的巨型機器從黑暗中掠過其身邊，打量牠一眼，然後離開，讓牠在機器的尾流中擺動。在那短暫的互動中，我們人類才是外來者，造訪地球上的另一個世界。

ROV 從海綿的旁邊掠過，但凱恩的思緒卻無法離開，那一刻的獨特性令他心馳神往。誠如深海探險家席薇亞・厄爾（Sylvia Earle）喜歡說的：「在海洋的任一處投下一顆石頭，它很可能落在人類從未去過的地方。」[2]

那次潛水，以及凱恩在「鸚鵡螺號」上多年來目睹的所有潛水任務，開始對他產生深遠的影響。雖然每次潛水都會直播及存檔以供後人查閱，但探勘船永遠不會再回到那個地方了。他告訴我：「當下看到的一切，這輩子就這麼一次，以後再也看不到了。」

當時，我們兩人正坐在「鸚鵡螺號」的資料室裡，沿著加州海岸航行。資料室周圍的舷窗看起來像洗衣機正處於洗清階段，起泡的浪花拍打著玻璃，露出外面暴風雨的情況。相較之下，房間裡到處都是螢幕：六個工作站上擺著電腦螢幕，一面牆上掛滿了影片監視器。每個螢幕播放著外面海洋世界的即時資料：海床的新地圖、新發現與資料集。這些資料集需要專家花數年的時間分析與全面了解。如今，研究海洋是少數幾個經常意外出現重大突破的領域之一。對身為海洋探險家的人來說，這是既沉重又美好的職責：在深海中遇到的任何事情，都很可能是人類的首次發現。而且還有那麼多的地方有待我們去探索。

「我們對深海的了解，比對月球表面還少。」如今幾乎每一篇有關深海的文章中，都會看到類似這樣的話。身為廣泛撰寫及閱讀海洋世界的海洋記者，我在許多文章中都看過這句話，次數多到數不清了。有時月球被換成火星或其他天體，但多數情況下，這句話幾乎一字不差地出現，而且幾乎沒有任何解釋。每次我看到這個句子時總是納悶：為什麼我們對海洋的了解那麼少？為什麼我們對其他星球的了解比地球還多？

當你像我一樣深入研究這句話時，會發現它只是指測繪海底地圖這件事（雖然相較於我們對陸地的了解，我們對深海棲息地與歷史的了解也很貧乏）。我們目前最好、最完整的海洋地圖是由衛星預測繪製的，但解析度很低又籠統，所以整個海底山脈（稱為海底山〔seamount〕）都看不見。與此同時，月球、火星、金星和其他天體的地形圖，都是用比地球海底更高的解析度去勘測的。因為這種疏忽，如今有待測繪的海底面積，幾乎是地球上所有大陸總面積的兩倍。

二〇一七年，「日本財團—GEBCO海床2030計畫」（Nippon Foundation-GEBCO Seabed 2030 Project）成立，目標是在下一個

十年結束以前，完成世界海底地圖的測繪❶。

「海床 2030 計畫」是由一群來自世界各地的海洋測繪師帶頭，招募已在海上航行的船隻（從郵輪到豪華遊艇），以眾包的方式繪製地圖。該計畫的參與者希望利用新的自主技術，以無人機來勘測海底。在這個歷史的關鍵時刻，當地球正經歷氣候變遷所引發的連串相關危機時，「海床 2030 計畫」希望完成一張可能有助於我們保護自己與地球的地圖。以後，我們再也不會聽到有人說我們對月球的了解比海洋還多，而且還不解箇中原因——因為我們終於要完成這幅地圖了。

出於好奇，我開始關注「海床 2030 計畫」，並很快意識到，我們之所以還沒有繪製海底地圖，理由相當充分。首先，海洋過於廣袤。海水覆蓋了地球 71% 的面積，但我們很難向生活在另外 29% 地表上的人展示那 71% 到底有多大。那是大到不可思議的面積。地球的絕大部分是平坦的藍色海洋，那還只是我們表面上看到的。海洋的平均深度近四公里，是紐約帝國大廈高度的十倍。[3] 五大洋盆地容納了超過 13.5 億立方公里的鹹水，這些鹹水占據了地球上 99% 的生物可棲息空間。我們多數人一輩子甚至連這個水下世界的一小部分也看不到。

說得委婉一點，海洋也是一個無情的工作環境。對試圖測繪海底的海道測量師（hydrographer）來說，海洋的一切都是重重考驗。❷ 你需要一艘柴油動力的探勘船、特殊的專業知識，以及昂貴的深水聲納，才能完成測繪海底的任務。在海面上，你需要與

---

❶ 原註：我交替使用地圖（map）和海圖（chart）這兩個詞，但海洋測繪師會區分這兩者。海圖（nautical chart）是一種法律檔案，海道測量師（hydrographer）會持續更新海圖，以反映水域中不斷變化的情況。地圖是一種在空間上展示資訊的圖表。

❷ 原註：在專業圈子裡，海洋測繪師通常被稱為海道測量師，亦即勘測及繪製鹹水與淡水水域的科學家。

風、水、浪、太陽、鹽分搏鬥，那些因素不斷地破壞設備及考驗人員。與此同時，海面下是一個壓力巨大、溫度極低、一片漆黑的平行宇宙。例如，我搭上「鸚鵡螺號」的那段期間，天氣十分惡劣，我們只測繪了和羅德島差不多的面積，就被迫折返陸地。在像南冰洋那樣遼闊、未經測繪的地方，高如摩天大樓的巨浪相當常見。

這使得測繪海洋變成一項非常、非常昂貴的工程。「海床2030計畫」估計其任務成本在30億到50億美元之間（這大約是二〇二〇年把「毅力號」〔Perseverance〕探測器送上火星的成本）。[4] 探勘船愈靠近海岸時，測繪變得愈複雜，政治方面也是如此。

事實上，測繪有爭議的水域，可能是地緣政治的地雷區。儘管「海床2030計畫」明確表示其科學目標，但許多國家依然認為在其領海內測繪，侵犯了它們的主權——本質上是間諜行為。此外，還有環保方面的權衡。最詳細的海底地圖是用最先進的多音束聲納（multibeam sonars）所繪製。從船舶交通到海軍演習，再到石油與天然氣的探勘，日益工業化的海洋對那些依賴聲音生存的鯨魚和其他海洋生物來說，是一場聲音的噩夢。那些工業化的噪音已經夠干擾了，我們真的還要再增添更多的噪音嗎？

為了深入研究這些問題，我搭上「鸚鵡螺號」，參與了測繪航行。我採訪了幾十位來自世界各地的測繪師，參加了各種大會、講座，甚至參加了一場為新測繪的海底山與峽谷命名的國際會議。我飛到一個偏遠的北極小村莊，觀看因紐特（Inuit）的獵人測繪未知的海岸線。我去墨西哥灣潛水，看到海底地圖指引考古學家揭開早期人類的歷史。我漫步在舊金山附近的一個飛機庫裡，裡面停滿了海洋測繪無人機。

測繪的歷史也引發了另一個令人不安的問題：如果我們真的完成了「海床2030計畫」，那會發生什麼？從過去的航海殖民者，我們已經清楚知道，地圖不是一種中立的工具。記者史蒂芬・霍爾（Stephen Hall）曾寫道：「地圖總是預示著某種形式的剝削。」這些話伴隨著我來到牙買加，在那裡我看到世界各國的政府辯論國際海床開採的規則與條例。人類對地球的大規模工業化，終於來到了地球上最後一個未受干擾的生態系統——測繪海底地圖會造成剝削嗎？

我在「鸚鵡螺號」上坐在凱恩的旁邊時，有一個事實確實變得異常清晰：我們現在就可以測繪整個海洋了。事實上，幾十年來，我們一直擁有做這件事情的工具與技術，為什麼我們一直沒做呢？這個問題，把我拉回了當初促使我啟動這場探索之旅的那句話：我們對深海的了解，比對月球表面還少。這句話已是陳腔濫調，但隨著新一代太空探索的到來，這句話如今聽起來依然真實。美國太空總署（NASA）已經為「阿提米絲登月計畫」（Artemis）投入數百億美元，目的是讓太空人重返月球，並最終把他們送上火星。[5] 然而，與此同時，我們可能在海底留下一個無人探索的世界。

第一部

探險的呼喚

第一章

最深的地圖

「我來，我見，我征服。」

—— 蓋烏斯・凱撒（Gaius Julius Caesar），47 BC

1

這是凱西・邦喬凡妮（Cassie Bongiovanni）看過最怪的職缺，而且她最近看的職缺也夠多了。再過幾週，她就要從新罕布夏大學（UNH）取得海洋測繪的碩士學位，這位充滿抱負、才華橫溢的二十五歲女子正在瀏覽求職網站，尋找畢業後的第一份工作。當時在該校的海岸與海洋測繪中心（CCOM）就讀她那個系所的每個人，似乎都在面試及簽工作合約。

「坦白講，當時我確實很慌。」她回憶道，「我那個系所在外界的聲譽很好，幾乎每個畢業生都能立即找到工作，我不希望自己是唯一找不到工作的人。」

後來，她收到一封電子郵件，是在美國國家海洋暨大氣總署（NOAA）內部工作的一個朋友的朋友轉發過來的。那封信神祕地寫道，他們正在「尋找一些合格的人」到海上工作一百一十天，操作一個測繪系統。信中沒有提到他們使用哪種測繪系統，也沒有提到在哪個地方測繪，更沒有提到新地圖的可能用途。儘管如此，那封信正好在邦喬凡妮對未來感到極度焦慮的時刻，吸引了她的目光。

那是二〇一八年底，當時「海洋經濟」理當有大量的就業機會。經濟合作暨發展組織（OECD）預測，那是海洋出現前所未有的成長與投資的新時代。[1] 到二〇三〇年，來自海洋的經濟成長將從二〇一〇年的 1.5 兆美元，翻倍至 3 兆美元以上。那種成長不僅歸功於傳統的海洋巨擘，例如航運、漁業、石油與天然氣，也要歸功於新興產業，例如海上風力發電、水產養殖、海洋生物技術、海底採礦。這些新興產業為海洋注入了大量的資金以及更大的夢想。使得有愈來愈多產業，都需要像邦喬凡妮那樣的海洋測繪師。

讓避險基金天王到科技巨擘都瘋狂的計畫

不止經濟學家對海洋產生濃厚的興趣。海洋探勘領域經歷了多年的公共投資減少，又收到無數不利的海洋健康報告以後，最近突然進入了黃金時代。從二〇〇〇年代後期到二〇一〇年代初期，許多投入慈善的億萬富豪創立了海洋研究機構，並推出先進的探勘船。全球最大避險基金橋水基金（Bridgewater Associates）的前共同投資長瑞．達利歐（Ray Dalio）創立了海洋研究與媒體集團 OceanX。Google 的前執行長艾力克．施密特（Eric Schmidt）和妻子溫蒂一起創立了施密特海洋研究院（Schmidt Ocean Institute），並推出一艘名為佛克（Falkor）的研究船，那是以《說不完的故事》（*The NeverEnding Story*）中那隻狗臉龍的名字命名。微軟的共同創辦人保羅．艾倫（Paul Allen）和賽富時（Salesforce）的執行長馬克．貝尼奧夫（Marc Benioff）在美國西岸的幾所大學，創立及資助了幾個海洋研究系所。突然之間，這些全球富豪開始把數百萬美元投入海洋研究。

國際社群也加入了這個行列。二〇一七年，聯合國大會宣布二〇二一年至二〇三〇年為「海洋科學促進永續發展十年」（Decade of Ocean Science for Sustainable Development）。當年稍後，「海床 2030 計畫」啟動，其使命是在下一個十年結束以前，完成對全球海洋的測繪——這是人類四千多年來一直沒有實現的遠大目標。「海床 2030 計畫」宣布將在短短的 13 年內，完成這項任務。

就在邦喬凡妮即將從常春藤盟校的海洋測繪學院畢業之際，世界各國的政府、經濟學家、搭乘私人專機四處周遊的億萬富豪都把焦點放在海洋上。在這個新藍色經濟中，她應該不難找到工作。有一些介紹，一些電話，一些看似有結果的對談……但之後就沒下文了。兩年前，也就是二〇一六年，她開始攻讀碩士學位時，專家估計全球僅約 15% 的海底測繪成圖。有夠多的工作等著她去做，只是需要有人給她一個機會。

國際海域的海權歸誰？

已測繪的 15% 海底，大多靠近海岸——那些地方，根據國際法，是各國政府必須勘測的領海。然而，在國際水域，海洋地圖很零散。在「海床 2030 計畫」測繪出來的最佳地圖中，細長的勘測線連接著各大陸，照亮了黑暗海洋中的一小塊海底。這些測繪良好的路線，主要是沿著國際貨運船隊使用的航線（這些船隊承載著 95% 以上的世界貿易量），或標示出海底電纜所在的海底（這些電纜承載了全球 90% 以上的網路流量）。[2] 在某些地方，為了尋找埋在原始泥沼下的化石燃料，海底已經被徹底探測了，例如路易斯安那州附近的墨西哥灣、利比亞附近的錫德拉灣（Gulf of Sidra）。但是在國際海域的底部，大部分區域仍籠罩在黑暗中：那裡是世界上最後一個巨大的謎團。

邦喬凡妮研讀那封電子郵件以及那個奇怪的海洋測繪師職缺時，未來的不確定感沉重地壓在她的心頭。再過幾週，她就要為論文答辯了。接著不久，她就會畢業，失去學生醫療保險，搬出學生公寓，可能最後只好回到達拉斯的老家，跟父母同住，感覺像個魯蛇。她心想，應徵那份職缺又沒什麼損失。她迅速擬好回信，附上履歷表，按下「發送」鈕。

邦喬凡妮形容自己性格害羞，喜歡做計畫。她有一雙棕色大眼，高高的顴骨，和善的笑容，常把棕色長髮紮成髮髻或編成法式辮子。起初，她可能給人一種拘謹、甚至安靜的印象。但不久，她那古怪的幽默感，以及敏銳的洞察力與智慧就鮮明了起來。她也是一個徹頭徹尾的千禧世代：她說自己是「十足的呆瓜」，會開一些「精靈寶可夢 GO」（Pokemon GO）的玩笑（我聽不懂），一度提到二〇〇一年茱莉亞・史緹爾（Julia Stiles）主演的電影《留住最後一支舞》（*Save the Last Dance*）（這個我懂）。

「你為什麼跟我說話？」我第一次主動找上她時，她以一貫的謙虛方式問道。身為記者，每次有人問我這個問題時，我就知道我挖到寶、找對人了。我向來比較喜歡像邦喬凡妮這樣的人，那種躲在幕後、始終覺得自己沒有什麼好故事可講的人。他們的內心深處總是有一些可以直指真相的坦率見解。

事實上，海洋探險家並不以謙遜著稱，這也是我喜歡邦喬凡妮的另一個原因。她不會假裝自己是極地探險家羅爾德・阿蒙森（Roald Amundsen）的傳人，搶著去南極；也不會假裝自己是現實版的尼莫船長（Captain Nemo）❸。她也不是如今探索海洋的那些富豪，比如達利歐和電影製作人詹姆斯・卡麥隆（James Cameron），那些富豪有整個團隊為他們效勞。但在二〇一八年，她即將做一件非凡的事情。在人類探索海洋的漫長曲折歷史中，從來沒有人做過那件事。

當邦喬凡妮談論測繪海底、談論她看到別人從未見過的東西時，我從她的聲音中聽到一種強烈的好奇心——就是那種難以抵擋的好奇心推動著海底探索。

邦喬凡妮在達拉斯成長，那是一個內陸城市，周遭都是提取

---

❸ 原註：尼莫船長是朱利・凡爾納（Jules Verne）在一八七〇年出版的小説《海底一萬里》（*Ten Thousand Leagues Under the Sea*）中虛構的「鸚鵡螺號」潛艇的神祕創造者與船長。這部維多利亞時代的經典科幻小説對海洋探索的影響極其深遠，「鸚鵡螺」這個名字在海洋圈很常見，研究船與深海採礦公司常以此命名，以肯定海洋探索的歷史及尚未發掘的潛力。

石油的抽油機，她學會了熱愛大地。那促使她攻讀地質學的學士學位。她說，在盛產石油的德州那是「很常見的發展路徑」。夏天，他們全家會離開達拉斯前往海邊，開車沿著東海岸去紐澤西探親。邦喬凡妮在途中意識到她也熱愛海洋，但她回憶道：「我不知道除了海洋生物學以外，你還能在海裡做什麼。」後來，她攻讀學士學位的後半段期間，修了一門海洋學的入門課程，得知她可以研究被海洋隱藏的地質。隨著她繼續選修愈來愈多的海洋學課程，她意識到測繪海底可以把她對海洋與大地的熱愛，完美融合在一個職業中。

她寄出履歷當天，電話就響了。一個講話帶有紐西蘭腔的男人自我介紹，說他叫羅伯·麥卡倫（Rob McCallum），他劈頭就說：「讓我先講一下『五大洋深潛探險』（*Five Deeps*）。」

2

邦喬凡妮找工作時，維克多・韋斯科沃（Victor Vescovo）正在尋找下一大挑戰。韋斯科沃也來自達拉斯，跟邦喬凡妮一樣有義大利血統，但兩人的相似處僅止於此。韋斯科沃在私募圈累積了大量財富，在海軍情報部門工作之餘，運用財富打造了一個現代探險家的生活，專注地投入冒險。他完成了探險家大滿貫（Explorers Grand Slam），亦即登上七大洲的最高峰，以及滑雪抵達南北極。他擁有一架直升機和一架噴射機，而且還會親自駕駛。然而，無論是外表、還是聲音，他都與大家想像的那種腎上腺素爆棚的德州金融家完全不同。他有一雙淺藍色的眼睛，雪白的膚色，灰金色的長髮紮成一個低馬尾，聲音柔和，深思熟慮，雖然談到軍事歷史與科幻小說時會突然興奮起來。他似乎一輩子從來沒有感受過片刻的無聊。現在，他想成為第一位潛入全球五大洋最深處的人。

這個想法是慢慢萌生的。二〇〇〇年代初期，韋斯科沃擔任一家公司的臨時執行長與另三家公司的董事長時，開始尋找他可能喜歡的新冒險。[3] 他漸漸超過了登高山的年紀，但仍渴望另一個挑戰——一個比較不需要那麼多體力，但需要更多腦力的挑戰。多年來，他一直關注著英國企業大亨理查・布蘭森（Richard Branson）那些創紀錄的壯舉，以及他試圖潛入五大洋最深處的瘋狂嘗試。

二〇一四年底，布蘭森在經歷了一系列技術失敗後，放棄了他的「五潛」計畫（Five Dives）。[4] 其中一個較嚴重的問題是什麼呢？在他特別設計的潛水器上，那個透明圓頂在潛到海面下數公里的模擬壓力時塌陷了。有些人看到壓扁的潛水器時可能會想:「也許潛入世界最深的海溝不適合我」。韋斯科沃不一樣,他覺得一項世界紀錄仍待有志之士去創造。

人類都登陸月球了,卻沒去過海洋最深處

他說:「那時是二〇一四年或二〇一五年,我心想:這是在開玩笑吧!人類竟然還沒到過海洋的底部?」韋斯科沃來說,沒有人探索過地球最深處,幾乎就像是一種挑釁。令人驚訝的是,海洋中幾乎沒有深海探險家。最著名的潛水是發生在一九六〇年,當時一個兩人小組潛到太平洋海面下近 11 公里處,就在美國海外領土關島的附近。兩個地殼板塊在那裡交會,古老、堅硬、密集的太平洋板塊(Pacific Plate)推到較年輕、較輕的馬里亞納板塊(Mariana Plate)的下面。這種地質衝撞創造出馬里亞納海溝(Mariana Trench)及其最深點——挑戰者深淵(Challenger Deep)。馬里亞納海溝綿延 2,540 公里長(約為英吉利海峽長度的二十倍),最深處剛好超過 1 萬公尺。在這個已經極深的海溝中,還有一個小槽,再向下延伸一公里,即可到達挑戰者深淵。那裡是整個海洋的最深處,深達 10,924 公尺。[5]

那個兩人小組是由美國海軍上尉唐・沃爾什(Don Walsh)和瑞士海洋學家雅克・皮卡爾(Jacques Piccard)組成的,他們乘坐一艘名為「的里雅斯特號」(*Trieste*)的基本潛水器。他們下潛後,在馬里亞納海溝的最深處只停留了 20 分鐘。沃爾什後來告訴採訪者,他曾經期望那次探索能掀起一波探索深海的熱潮。但在接下來的六十年裡,沒有人再次返回挑戰者深淵。

二〇一二年,電影導演卡麥隆潛入挑戰者深淵,創下了世界最深單人潛水的紀錄。但那次行動也不是一帆風順。由於時間緊迫,他是在夜間潛入深海。幾個小時後,他浮出水面時,支援船

找不到他。附近一艘億萬富豪保羅・艾倫（Paul Allen）擁有的遊艇被召來協尋漂浮在海上的電影導演。他的潛水器「深海挑戰者號」（*Deepsea Challenger*）在潛水過程中出現多處故障（那些故障都沒有危及生命），後來就再也沒有下潛了。[6]

韋斯科沃考慮潛入馬里亞納海溝的底部時，發現這個任務有幾個吸引他的地方。他喜歡到達地球最高點與最低點的對稱性，這也可能為他締造另一項世界紀錄：第一個攀登地球最高峰與潛入最低點的人。儘管他說話或看起來都不像德州人，但他的思維方式很像：「我來自『捨我其誰』的德州文化，你不能把責任推給政府或其他人。所以我想：好吧，何不由我來做呢？」

「紳士家探險家」的新嗜好

韋斯科沃對深海潛水的興趣，恰逢探索領域出現更廣泛的轉變。整個二十世紀，通常是國家政府資助科學或軍事行動，前往未探索的極端地域。但最近，世界上最富有的富豪——大多是白人男性——紛紛自己成立私人探索公司，他們的投資已經超越了政府的投資。批評者認為，像伊隆・馬斯克（Elon Musk）的SpaceX和傑夫・貝佐斯（Jeff Bezos）的藍源（Blue Origin）等公司並不是向前邁進，而是向後倒退，設下了只有有錢有勢有人脈的人才有希望克服的障礙。那些公司把探索私有化，使二十一世紀的探索看起來更像十九世紀的樣子。當時英國工業革命的極度不平等，讓夠多的「紳士探險家」有錢有閒去追求一種新嗜好：探索未知領域。[7]

接下來的四年裡，韋斯科沃投入數百萬美元，去追逐布蘭森放棄的夢想：潛入五大洋的最深處。他把這個探索重新命名為「五大洋深潛探險」。他買了一艘研究船，委託佛羅里達州的海神潛艇公司（Triton）製造了一艘高科技的潛水器，命名為「限因號」（Limiting Factor）。他聘請了紐西蘭人麥卡倫來擔任探險隊長。麥卡倫組織了一個科學團隊，裡面包括深海生物學家艾倫・賈米森（Alan Jamieson）和海洋地質學家海瑟・史都華（Heather Stewart）。

史都華很快就發現，「五大洋深潛探險」計畫中有一大障礙：沒有人真的知道海洋最深處的確切位置。[8]「太平洋是例外，」她解釋，「大家基本上都知道是馬里亞納海溝，因為挑戰者深淵已經被勘測很多次了。」相反的，南冰洋❹ 則是一大片空白，僅一小部分的南冰洋被現代設備勘測過。史都華估計，南冰洋最深的區域「南桑威奇海溝」（South Sandwich Trench）可能只有 1% 繪製了地圖。她笑著說：「所以南冰洋的最深處在哪裡？這就好像隨便猜個數字一樣。」

麥卡倫在電話上解釋，這就是他們需要邦喬凡妮來發揮所長的地方。如果她加入「五大洋深潛探險」計畫，擔任首席測繪員，她的任務就是找出五大洋的最深處。

❹ 譯註：又譯成南濱洋、南極洋、南冰洋。

3

邦喬凡妮與麥卡倫結束通話後，欣喜若狂，她說：「當晚我整夜睡不著，對於各種可能性感到無比興奮。整夜都在幻想，我做著熱愛的工作，前往那些地方，生活會是什麼樣子。」

邦喬凡妮打開「五大洋深潛探險」的網站，首頁出現一幅精美的世界地圖：海洋是黑色，陸地是藍色，大西洋、南冰洋、印度洋、太平洋、北冰洋上標記著五大深淵。探險隊的第一次深潛是在大西洋的波多黎各海溝（Puerto Rico Trench），途中會停靠波多黎各與古拉索[5]（Curaçao）。之後，他們的船將會南下，前往南冰洋的一串火山小島，途中停靠烏拉圭與南喬治亞島（South Georgia Island）的古利德維肯（Grytviken）[6]。古利德維肯是個孤寂的捕鯨站，歐內斯特．沙克爾頓爵士（Ernest Shackleton）在前往南極大陸但鎩羽而歸之前曾在此停留。

五大洋深潛探險隊的船隻將停靠在南非的開普敦，然後東行至印度洋以潛入爪哇海溝（Java Trench），途中還會在印尼與東帝汶停靠。接著，他們將前往美國的海外領地關島，那裡就在太平洋馬里亞納海溝的附近。然後，船隻將北上，穿過巴拿馬運河的狹窄水道，重返大西洋，前往第五個、也是最後一個深淵：北冰洋的莫洛伊深淵（Molloy Hole），最後在挪威的冷岸群島[7]（Svalbard）結束旅程。

---

[5] 譯註：位於加勒比海南部，靠近委內瑞拉海岸的島嶼。

[6] 譯註：南喬治亞位於南大西洋，是英國的海外領土，古利德維肯為當地最大的居住點。

[7] 譯註：又譯斯瓦巴群島。

一切順利的話，一場英雄式的歡迎儀式將在英國倫敦的皇家地理學會（Royal Geographical Society）等待著探險隊。在為期一年多一點的時間裡，這場環球之旅，不僅會把她帶到那些幾乎從地圖上消失的偏遠島嶼，以及位於印度洋與太平洋中心的那些美麗繁華的熱帶城市，也會把她推向世界探險家的行列。她將看到冰山與企鵝、佛寺與猴子、山頂的孤堡、覆蓋著數十億脆弱乳白色貝殼的海灘……以及海底。

「我簡直樂歪了。」她說，「我帶父母看那個網站，激動地高呼：『看看他們要去哪裡！』」身為熱愛計畫的人，她有一份愈來愈長的清單，列出有朝一日想去的地方。加入「五大洋深潛探險」計畫，可以劃掉這份清單上的許多地方。韋斯科沃將付錢讓她環遊世界，做她熱愛的測繪工作。興奮之情在她的內心湧動，她點擊了網站上的探險隊成員頁面，螢幕上出現五張年長白人男性的頭像，分別擔任五個資深職位。那畫面讓她不禁猶豫了起來。事實上，那讓她開始擔心，甚至讓她的興奮之情冷卻了下來，其實她不是唯一有疑慮的人。

在汪洋中做著沒人做過的事，有多可怕？

在一次海洋科學會議上，一位科學家已經批評了「五大洋深潛探險」計畫缺乏多元性。這種批評後來持續糾纏著這個探險任務。[9] 回到新罕布夏大學（UNH），邦喬凡妮詢問她在海岸與海洋測繪中心（CCOM）的朋友與同學對這份工作的看法。測繪系所的朋友普遍表示：「你真的想和一群男人一起出海嗎？連一個女性都沒提到？」邦喬凡妮的擔憂主要是出於專業考量。當她發表意見時，那些經驗更豐富的年長男性，會聽一個剛畢業的二十五歲女性說話嗎？

還有其他的危險訊號。她與麥卡倫交談不久，就發現他對於邦喬凡妮將為「五大洋深潛探險」所做的海洋測繪並不專精。麥卡倫本身是一個迷人的角色，他是潛水高手，有飛行執照，是一個擅長多種領域的探險隊長。他的角色需要他對每個隊員的工作有同樣程度的了解，即使了解不見得都很深入。但他不是海道測量師，邦喬凡妮馬上就察覺到這點。第一個線索是他談論五大洋深潛探險隊最近購買的多音束聲納的方式。「他一直說『那個聲納』，沒有人這樣講的。」

「把聲納稱為『聲納』有什麼不對嗎？」我不解地問道（我們談話的過程中，我幾乎都是這樣講）。

她耐心地解釋：「那本來就是聲納，是不言而喻的，因為在海洋中測繪的唯一方法就是使用聲音。」在海洋測繪領域，大家會更明確地提到品牌名稱與型號，以表示聲納的深度與頻率。「我問麥卡倫：『你知道你們安裝的是什麼類型的聲納嗎？』他說：『康士伯（Kongsberg）。』我說：『好，所以是 1.2 萬赫茲的系統嗎？』他說：『我不知道，我會把文件傳給你。』」這令她擔心。萬一她接受這份工作，最後發現自己在汪洋中的一艘船上，做著只有她知道沒有人做過的事情，那怎麼辦？一想到這裡，她就開心不起來了。

4

邦喬凡妮最喜歡用一種方式來展示，我們對海底的了解有多麼少：打開電腦上的測繪軟體，把世界地圖削減到只剩下我們對海底確實了解的部分。某天，她透過 Zoom 向我展示這個削減過程時笑著說：「這樣你就明白為什麼整個測繪任務那麼重要了，因為最後幾乎什麼都沒了！這就是原因，這就是現況，現況就是空無一物！」那整個過程的效果很驚人。一瞬間，地圖從豐富的 3D 立體景象，涵蓋海底山脈、海溝和峽谷，變成平坦的一片空白。尤其，在國家管轄範圍外的深海區域，這種情況特別明顯。

根據邦喬凡妮的經驗，大家看到至今我們尚未完成海洋測繪，往往很訝異。畢竟，現在是二十一世紀，人類已經完成更令人讚嘆的事情了，包括把機器人送上火星、編輯人類基因等。世界地圖往往讓人以為地球已經完全繪製成圖。小時候，我記得我把手指放在旋轉的地球儀上，感受代表北美洛磯山脈與亞洲喜馬拉雅山脈的凸起。然而，海洋卻是一片平滑的純藍色。當時看到陸地的起伏輪廓止於水邊，並不覺得奇怪。或許，當時我以為平滑的表面代表水域吧。但更有可能的是，我根本沒想過這個問題。但如今覺得，陸地上高低起伏的地形顯然也會延續到海底。

每次有陌生人問起邦喬凡妮的職業時，她總是覺得很難解釋。她說：「我必須向大家解釋，海洋還沒有完全測繪。」這句話確實令人不解，因為看一眼 Google 地圖似乎就足以反駁。從 Google 地圖看來，海洋似乎已經測繪了啊。問題是，那些地圖大多不是由海洋測繪人員製作的，而是由繞著地球運行的衛星預測的[10]，衛星不斷測量海洋表面與重力的拉力。

科學記者羅伯·庫齊格（Robert Kunzig）寫道，海洋表面的研究是一種「可靠的顱相學❽」，因為它的高低起伏暗示了海底的情況。[11] 衛星在足夠的測量下，可以精確地定位海洋表面的永久凹陷或凸起，這表示附近某處有峽谷或海底山。海水自然地堆積在海底山的頂部，也會自然地沉入峽谷，那些海水的龐大質量改變了重力。邦喬凡妮說：「你說海底地形不是到處都一樣時，大家的反應都是大吃一驚。」

如果我幼時使用的地球儀如實地顯示地球的真實形狀，那會是一個凹凸不平的球體。首先吸引你注意的是中洋脊系統（midocean ridge system），這是一條環繞地球6.4萬公里的海底山脈。那是世界上最大的地理特徵，但我們幾乎看不見它，因為它被四公里深的海洋覆蓋著。在少數幾個地方，中洋脊會在陸地上露出，例如冰島。那裡的中洋脊撕裂了山谷，把狂暴的火山推向天空。大海的真正頂點不是中洋脊，而是韋斯科沃打算潛入的深海海溝：太平洋的馬里亞納海溝、大西洋的波多黎各海溝、印度洋的爪哇海溝、北冰洋的莫洛伊深淵、南冰洋的南桑威奇海溝。

世界之最在海底被顛覆

最深的馬里亞納海溝，深度近11公里，遠遠超過陸上的最高峰。例如，把珠峰放入馬里亞納海溝，還差2公里才填滿。海溝的平原覆蓋著像塵埃一樣細小蓬鬆的柔軟沉積物，深海平原占了地球表面一半以上的面積，遠遠超越了匈牙利到中國之間的歐亞大草原（Eurasian Steppe）。[12] 這些泥濘的平原上覆蓋著所謂的「海雪」（marine snow），這種名稱充滿詩意的東西，其實是

❽ 譯註：一種認為人的心理與特質能夠根據頭顱形狀確定的假說。例如，負責掌管「記憶」的區域若較為突出，這個人的記性較好。顱相學已被認定為偽科學。

數十億年來，數兆死亡浮游生物沉降的殘骸。此外，還有從陸地沖刷下去的風化岩石，例如從喜馬拉雅山不斷地流入印度河和恆河、最後進入印度洋的沉積物。印度的兩岸延伸出兩個廣大的沉積扇，長達數千公里，某些地方深達 19 公里。[13] 海底的震盪活動也比陸地頻繁，有海底火山爆發、滾燙的熱泉、板塊破裂與斷裂，以及震顫的地震。[14] 世界上最大的瀑布不是委內瑞拉的安赫爾瀑布（Angel Falls，979 公尺高），而是在格陵蘭島與冰島之間的海底——在那裡，北歐海域（Nordic Seas）的寒冷密集水流與伊爾明厄海（Irminger Sea）較輕較暖的水流相會，然後俯衝過一個隱藏的瀑布，傾瀉到 3.5 公里深的海底。相較於陸上較為樸素的地形，海底的一切都更為宏大、壯觀，也更極端。

衛星繪製出的深海地圖不精準？

加州拉霍亞（La Jolla）斯克里普斯海洋研究所（Scripps Institution of Oceanography）的地球物理學家大衛·桑德威爾（David Sandwell）是率先運用衛星測繪海底的先驅之一。你可能以為他會吹噓一下這番成就，但他對這些成果的侷限性卻出奇地坦白直率。「我可以告訴你衛星地圖的問題所在，還有我們為什麼永遠無法解決那個問題。」他說，「平均海洋深度約 4 公里，我們是用衛星衡量重力的拉力變化，那是衡量海面地形。你在海底衡量重力時，衡量的結果幾乎和實際的地形一模一樣；但是你從 4 公里高的海面衡量重力時，物理會模糊衡量的數據。」這稱為向上延伸（upward continuation），模糊的長度等於海底的深度。桑德威爾說：「我們永遠無法獲得比 4 公里更好的解析度，這很糟糕。我們永遠無法解決這個問題，這在物理上是不可能辦到的。」

過去的二十年裡，桑德威爾和他在美國國家海洋暨大氣總署

（NOAA）的合作夥伴沃特·史密斯（Walter Smith），一直努力改進這些地圖。二〇一四年，他們發布了一份新地圖，以 6 公里的解析度繪製了整個全球海底。[15] 相較於他們於一九九七年發佈的上一版地圖（解析度是 12 公里），這次的地圖有很大的進步，仍是我們目前擁有最好、最完整的海底地圖，但遠遠落後於我們對月球、火星、金星繪製的地圖。[16] 在 5 公里解析度內，整個海底山都會消失。而且，邦喬凡妮指出，在衛星預測的地圖中，地形的真實大小與位置可能會「大大偏離，嚴重偏離」。她發現有些海底山的位置離衛星預測的地方好幾公里。測繪海底的最佳方法是派出一艘測量船，一小片一小片地探測海底。❾

我坐在那裡，和她一起盯著所有未測繪的地形時，我意識到那不是一張地圖。或者，至少，它不是我們在手機上看到的那種地圖，不是那種能以小藍點精確顯示我們位置的地圖。相反的，我們現有最好的海底地圖顯現出，我們對這個星球的了解有多麼少。海底有很多東西等著我們去探索：被稱為海桌山（guyot）的平頂死火山；噴發甲烷的泥火山；被稱為鹽水池（brine pool）的海底湖泊，它們的鹽分極高，幾乎對所有的生命都是致命的，只有少數微生物能生存在裡面，那種微生物可能類似我們在遙遠星球上，所尋找的外星生物那樣罕見。

邦喬凡妮的那份「反地圖」，也顯示目前為止我們如何測繪海洋的歷史：祕密的、零星的、常常是貪婪的。傳統上，只要海底離船體夠遠，船長根本不在乎海底長什麼樣子。對早期的航海

---

❾ 原註：測量「一片」海底究竟需要多長的時間？這是看一系列因素而定，比如聲納的頻率和海洋深度。與直覺相反的是，測量淺海區比深海區需要更長的時間。想像一下，在船體上安裝一個聲納，朝向海底，就像拿著手電筒對著牆壁一樣。手電筒離牆愈近，光束愈小；離牆愈遠，光束愈大。同樣的，在深水區，聲納在一次掃描中可以覆蓋更大的區域。在淺水區，船隻需要行經更多的測量線路，才能測量到相同面積的區域。

者來說，深海可簡稱為「超出測深範圍」（off sounding），也就是說，夠深了。[17] 時至今日，我們的測繪方法並沒有太大的改變。邊境管制、漁業、旅遊業、航運業——對多數的海事產業來說，深海海底的形狀是無關緊要，超出測深範圍的。少見的例外是光纖電纜業與深海採礦業，以及世界大國的軍隊，它們對海底地形非常感興趣，尤其是在關鍵的戰略區域。

如果邦喬凡妮加入了「五大洋深潛探險」計畫，她將會探測地球的極限。剛從新罕布夏大學海岸與海洋測繪中心（CCOM）畢業的測繪人員，大多是到政府、海軍或產業界尋找穩定的工作。在那裡，他們可能為繁忙的港口與航道繪製地圖。「五大洋深潛探險」計畫將帶她到地圖上的空白處。這次探險可能是她一生中最大的冒險，也可能是一場徹底的災難。

五大洋深潛探險只是個精美網站？

除了一個精美的網站以外，「五大洋深潛探險」計畫幾乎沒有什麼東西可以展示。韋斯科沃在海洋界幾乎無人知曉。與該計畫有關的知名人士提供了實際的可信度，但整個團隊來說，「五大洋深潛探險」計畫尚未經過考驗。而且，在幕後，探險隊已瀕臨崩解。有法律糾紛、權謀鬥爭、僱傭與解僱、內訌、百萬美元的超支、心懷不滿的工人破壞船隻，還有一次差點被飛鉤刺穿的事件。[18]

二〇一八年夏天，在麥卡倫聯繫邦喬凡妮的幾個月前，探險隊原本打算在沒有測繪員之下，啟航前往北冰洋。科學家以及麥卡倫和海神潛艇公司的老闆萊希（Lahey）都在催韋斯科沃雇用一名測繪員，並在他的新船「壓降號」（Pressure Drop）上安裝多音束聲納。財務上，那是一個很大的要求。那艘船剛經過大改造，原本預算是 250 萬美元，最終的花費超過了 1,200 萬美元。[19] 在改造期間，一名工人宣稱他摔落一個敞開的艙口，最後他與韋斯科沃以高達六位數的賠償金達成和解。現在探險隊要求韋斯科沃再投入 100 萬或更多的資金，去購買多音束聲納，還有雇用海洋測繪員。韋斯科沃確實很富有，但他不是貝佐斯那樣擁有無限資源的億萬富豪，也不像卡麥隆那樣宣稱自己是為了資助深海潛水嗜好，而執導一些史上最賣座的電影。[20]

史都華說：「我說服韋斯科沃的理由是：『坦白講，你不會想要花那麼多錢走遍世界，任意潛入幾個點，然後過了幾年，有人來到這些地方好好測量後才說：你潛錯地方了。』」史都華指出，如果不使用多音束聲納，一定會有人質疑韋斯科沃那個世界紀錄的正統性。多音束聲納是當今海洋測繪界的每個人——從軍方到政府，再到科學家——都使用及信任的系統。

後來，史都華與其他人終於說服了韋斯科沃。史都華解釋：「他非常注重目標，而且他不喜歡被打敗。」於是，史都華建議「五大洋深潛探險」計畫購買挪威海洋科技公司康士伯海事（Kongsberg Maritime）所生產的 EM 122。不久，她就收到一封電郵，說「五大洋深潛探險」計畫買了 EM 124。這很奇怪，她心想：「沒有 EM 124 啊。」她聯繫了康士伯的熟識，他們說確實有 EM 124，只是還沒上市，也從未安裝在船上。史都華一聽，內心警鈴大作。「我當時心想：絕對不能率先買第一台，這是怎麼回事？」他們購買的 EM 124 甚至還印了序號 0001。那聽起來好像很厲害，但實際上根本是噩夢一場。邦喬凡妮解釋，因為「除了你以外，世界上沒有人會發現問題」。她把那個情況比喻成購買全新 iPhone 的第一個型號，配備最新的作業系統，而且沒有人安裝過那個系統。

那時，「五大洋深潛探險」計畫已經錯過了在北冰洋做第一次深潛的夏季天氣時限。為了在一年內完成五大洋海溝的探險，探險隊必須配合地球兩極兩個極短的天氣時限：南冰洋一月至二月的夏季，以及北冰洋七月至八月的夏季。但導致延誤的不是多音束聲納，而是海神公司製造的潛水器。這家位於佛羅里達州的公司，規模小但鬥志高昂，曾為達利歐和他的 OceanX 集團等客戶打造潛水器而聞名。OceanX 曾拍攝 BBC《藍色星球 2》（*Blue Planet II*）系列中一些最引人注目的畫面。[21]

二〇一八年的夏初，「五大洋深潛探險」計畫的首席科學家賈米森飛到設在維羅海灘市（Vero Beach）的海神工作室，看潛水器建造的進度。他笑著說：「那實在很妙，因為我走進海神的機庫時，期待看到潛水器，但我只看到一個鈦球。」他原本打算停留兩週，但最後在佛羅里達州待了幾乎整個夏天，看著海神團隊在沒有空調的機庫裡，忍著濕熱的溫度，瘋狂地加班趕工。海神的執行長派翠克．萊希（Patrick Lahey）是個爽朗、樂天的加拿大人，他監督整個建造過程，一直希望「五大洋深潛探險」計畫能在夏天結束以前，趕上北極的天氣時限。這一切能不能達成，取決於巴哈馬群島的一系列試潛，那些測試必須做到絕對完美。

延遲四個月，又多燒了 200 萬美元

在一次試潛中，韋斯科沃打開了潛水器機械手臂的電源，一縷煙霧在艙內嫋嫋升起。他問萊希：「你聞到了嗎？」萊希回答：「聞到了。」接著，他們兩個人本能地伸手去拿水肺調節器，那可為他們提供約兩分鐘的潔淨空氣。艙內還有一套備用供應，稱為自給式空氣呼吸器（SCBA），那是礦工在地下坍塌的礦脈中用來保命的設備。水中發生火災時特別可怕，因為那種火災會更快耗掉氧氣。潛水器上的乘客需要氧氣呼吸，氧氣也會助長密閉艙內的火焰。不久，潛水器內的煙霧就消散了，原來是虛驚一場。那是韋斯科沃啟用機械手臂時，電壓突波造成的，但韋斯科沃與萊希已經放棄試潛了。四年前，布蘭森的潛水器圓頂塌陷，為他

的探索劃下了句點。海神的鈦合金結構更堅固，但成本超支與技術問題可能導致「五大洋深潛探險」計畫胎死腹中。[22]

賈米森解釋：「潛艇公司的人只想把這個該死的東西修好，探險隊的人則像在管控一群貓一樣。韋斯科沃一直在問：『這潛水器怎麼還沒好？』他不太了解我們打造的東西規模有多大。」那些問題都不會威脅生命，比如控制板上的警報不正常或電壓突波，但那些問題在海底仍然可能中止潛水任務。

夏天結束時，所有的相關人員都不得不承認，五大洋深潛探險隊無法及時抵達北極去潛水了。麥卡倫改變了行程，把大西洋的波多黎各海溝移到第一順位，南冰洋移到第二順位，北冰洋將在二〇一九年的夏末最後進行。四個月的延遲，導致韋斯科沃又為團隊薪酬與相關費用多花了約 200 萬美元。但沒有正常運作的潛水器，就甭談五大洋深潛探險了，也不會有科學或測繪任務。那年秋天，他們會在加勒比海的荷屬領地古拉索，把 EM 124 多音束聲納安裝在「壓降號」上。接著，五大洋深潛探險隊將出發，去做一系列最後試潛。然後，前往波多黎各海溝（大西洋最深處）做第一次潛水。探險隊的命運取決於一艘未經考驗的潛水器、一支未經考驗的團隊、一台未經考驗的聲納能不能在二〇一八年底以前完成一次深潛，而且這一切必須發生在韋斯科沃耗盡耐心及傾家蕩產以前。

聖誕節的前幾週，邦喬凡妮如期抵達古拉索。「五大洋深潛探險」計畫的新海洋測繪員報到了。

第二章

尋找一艘船

1

我訪問邦喬凡妮時，思緒一直糾結在幾個海洋測繪的關鍵概念上。例如，還有多少海底尚未測繪？為什麼測量海洋最深處那麼困難？

我上網迅速查了一下，發現全球海洋的表面積是 3.62 億平方公里，亦即地球表面積的 71%。[1] 但 3.62 億平方公里在人類認知中是什麼樣子？地球上沒有其他的空間像全球海底那麼大。也就是說，陸上沒有什麼可以拿來打比方的東西，例如艾菲爾鐵塔的高度或曼哈頓的長度。也許這是我們把目光投向星空，拿海底與外太空相比的原因。

賈米森很討厭那句「我們對深海的了解，比月球表面還少」。他討厭的主因之一是，月球又小又乾，而且上面沒有生命，我們的地球又大又多水，而且充滿了生機，說我們對月球的了解多於地球，實在沒什麼了不起。月球那麼小，只有地球的 7.5% 左右。光是北大西洋的表面積，就超過整個月球了。甚至澳洲的寬度也比月球一圈還長。[2] 二〇一九年，「海床 2030 計畫」宣布，其最新的全球海底地圖「全球網格」（global grid），現在以理想的解析度涵蓋了 15% 的海洋。[3] 那表示我們已經測繪的海底地圖，相當於近一個半月球的表面積。賈米森在《深海播客》（*The Deep-Sea Podcast*）上不禁抱怨，「那已經相當不錯了，我們為什麼還要自責」？一位記者甚至在報導中說那句話是賈米森講的。當然，賈米森馬上寫信給那位記者，澄清他從未講過那句話，也絕對不會那樣說。他記得記者回他：「嗯，大家都這麼說，所以我們這樣寫，這是大家想聽的。」他實在很討厭那句話，所以乾脆發表一整篇論文，追蹤那句話的起源，最後追溯到一篇一九五〇年代的學術論文，當時人類既沒有造訪過月球，也沒有探索過深海。[4]

未繪測出的海底面積，相當於八個月球表面

為了讓大家了解「海床 2030 計畫」有多艱鉅，更準確的說法是，我們打算在未來十年間測繪的海底面積，相當於八個月球表面。即使這樣描述，這種比喻也沒有真正彰顯出這項工作的難度。地球表面的大部分，被平均 4 公里深的不透明鹹水覆蓋著。我們是以雷射與雷達來測繪火星、金星，以及其他沒有水面的行星。然而，水會吸收、折射、反射光線，阻礙了我們以同樣的方式測繪地球。比較海洋測繪與外太空測繪，感覺很震撼，也很真實。但是，說到遙遠行星的測繪，拿月球和地球的海底相比，其實低估了我們眼前的任務。

還有多少海洋需要測繪？為了回答這個問題，我打電話給蒂姆．基恩斯（Tim Kearns）。他是加拿大的測繪員，講話很快，經營一個名為「測繪缺口」（Map the Gaps）的非營利組織，致力於完成全球海底測繪。基恩斯立即提到多方合力尋找失蹤的馬航 370 航班的行動。印度洋東南部的海域原本地圖繪製不足，那次行動首次為當地一片 27.9 萬平方公里的區域，測繪出第一張詳細的地圖。[5]

基恩斯說：「我看過那個資料集，那真的很驚人，棒極了。」新地圖顯示海底山、海底滑坡、海底裂縫，以及兩艘十九世紀的沉船。「測繪員在那裡花了很長的時間，收集了大量的資料。但是，如果你把那些資料畫在世界地圖上，那就好像把一個火柴盒放在廚房的地板上，幾乎微不足道！我不是要貶低它，只是那給人的感覺是：『天哪！海洋真的、真的非常浩瀚。』」

雖然我們試圖測繪海洋數千年了[6]，但是我們往往等到發生

像馬航 370 航班失蹤那樣的海上悲劇時，才被迫採取行動。愛蜜莉亞・艾爾哈特⑩（Amelia Earhart）的消失、鐵達尼號的沉沒、二〇〇四年奪走 25 萬人生命的印度洋海嘯——這些駭人聽聞的事件都掀起一波海底研究的熱潮。這種熱潮也伴隨著一些自我反思，為什麼我們把那麼多金錢與注意力，投注在探索遙遠的月球上，對自己的星球卻所知甚少。

美國國家海洋暨大氣總署（NOAA）已經勘測美國海岸線兩百多年了，但 NOAA 直到二〇〇一年才成立專門的海洋勘探部門。NOAA 的預算（包括海洋測繪的資金），大約只有外太空探索預算的五分之一。美國太空總署（NASA）的豐厚預算每年都在增加，而政府對海洋研究的支持要不是縮減，就是停滯不前。二〇二一年，NOAA 的預算總計 54 億美元，比前一年增加 1.4%。[7] 相較之下，二〇二一年 NASA 的預算達到 252 億美元，比前一年增加 12%。[8] 悲劇發生時，突然間，我們意識到，在這個我們所知甚少的大星球上，我們是多麼的渺小與脆弱。但歷史上，我們對深海的興趣往往會逐漸消退，轉而投入其他目標。

為什麼我們對海的了解如此缺乏？

我與邦喬凡妮對話時，也持續糾結於另一個概念：海底看似一個非常有限的東西，為什麼海洋測繪員在測量它時，彷彿困難重重？即使使用最好的多音束聲納和測繪員，深海的深度測量通常有顯著的誤差，上下誤差可能各達 15 公尺。

---

⑩ 譯註：美國航空先驅、飛行員和女權運動者。她是歷史上第一位獨自飛越大西洋的航空界女性，並創造了許多其他的航空紀錄。一九三七年，艾爾哈特與航海家佛萊得・努南（Fred Noonan）試圖駕駛普渡大學資助的洛克希德 10-E 型伊萊克特拉，成為第一位完成環球航行的女性，但最終卻在太平洋中部的豪蘭島附近失蹤。

「這是最令我挫折的一點。」我問邦喬凡妮這個問題時，她嘆了口氣說，「我已經解釋到詞窮了。這是現有技術的不確定性造成的。我無法百分之百確定，海底這個1公尺長的點，比旁邊那個2公尺長的點更深。我就是做不到。以我們目前的技術來說，我們無法在這些深海中達到那種解析度。那是不可能辦到的。」

「對，對。」我說，「那當然。」片刻後，我又說：「但為什麼我們做不到？」邦喬凡妮提出另一番解釋：「我把它比喻成拿著雷射筆，假設你站在珠峰的底部，位於海平面上，把雷射筆指向山頂，並期望它能精確到公釐的程度。那差不多就是你要求我做到的程度。」我也覺得那太難了。

目前為止，顯然可以看出，如果我想了解海洋到底有多大，以及測繪海底有多難，我需要親自出海一趟。因為海洋是利用聲音測繪的，所以海底是「聽到」，而不是看到的。但我畢竟是人類，我必須親眼看到才會相信。

2

如今許多勘測海底的船隻是軍方或產業界操控的。這兩者都不太可能讓我這種喜歡問東問西的記者上船，因為我會問各種不便回答的問題，比如他們在海底測繪什麼及為什麼。剩下的選擇只有少數幾艘研究船，那是由聯邦政府、大學和一些慈善及非營利組織操控的。離我家最近的選擇，是沿五號州際公路開車十五分鐘到聖地牙哥港（San Diego Harbor）。斯克里普斯海洋研究所把研究船隊停泊在那裡。美國國家海洋暨大氣總署（NOAA）的研究船與勘測船隊、麻州伍茲霍爾海洋學研究院（Woods Hole Oceanographic Institution，簡稱 WHOI）的船隊，以及施密特海洋研究院及其探勘船「佛克號」也在那裡。

於是，我開始硬著頭皮，廣發電郵，打電話給科學家，詢問他們能不能讓我隨行。過去二十年的任何時點，提出這種要求比較容易。科學家就像作家一樣，通常很樂意分享他們的工作內容。然而，在新冠疫情最嚴重的時候，幾乎不可能隨行出海。美國的研究船隊採取了嚴格的措施，以防病菌登船。早期郵輪上爆發新冠疫情的狀況讓大家了解到，病毒在船上傳播的速度極快。船上走道狹窄，每個人都會接觸扶手，大餐廳又是封閉的空間，整艘船有如疾病的溫床。為此，美國的研究船把船員人數削減到最少，只剩下操作船隻及做實驗的人員。由於許多研究人員迫切需要收集資料，船上沒有多餘的床位。「在其他任何一年，我都很樂意讓你上船，但是……」許多原本很願意幫我的研究人員，都這樣滿懷歉意地回信給我。

海洋探勘信託（Ocean Exploration Trust，OET）的探險隊長

也給了我類似的回應。OET 是操控探勘船「鸚鵡螺號」，並透過 YouTube 頻道，直播船上所有的科學活動。二〇二〇年夏天，它沿著北美太平洋海岸勘測，填補美國專屬經濟海域（Exclusive Economic Zone，簡稱 EEZ）地圖的空白。每個沿海國家都掌控著離岸 12 海里⓫ 的區域，但是對於再往外延伸 200 海里的 EEZ，他們也擁有 EEZ 內的海洋資源。美國的 EEZ 總計逾 770 萬平方公里，比五十州的總面積還大[9]，其中大部分仍未測繪。

機會來了！

接下來那幾個月，我努力找一艘船載我出海，但都失敗了，我熱切地觀看「鸚鵡螺號」的直播。船員勘測了一個峽谷，那裡有豐富的海洋生態系統，政府正考慮把它列入國家保護區。該船回到一個冒泡的甲烷滲漏處，以了解那裡繁衍的化能合成群落。船員在海底搜尋墜落隕石的碎片，並調查了一具鯨魚屍體，以及在其周圍生長的食腐群落。

線上觀看「鸚鵡螺號」的探勘活動很有幫助，但還不夠貼近。有時我很希望能夠坐在海洋測繪員旁邊，親身體驗這一切。我不斷地向其他組織與研究人員發郵件、打電話，繼續觀看「鸚鵡螺號」沿著西海岸巡航，並等待全球疫情消退。一年後，就在我開始陷入絕望，覺得可能永遠無法近距離了解海底測繪時，「鸚鵡螺號」的探險隊長回電給我。她說，即將在一個多月後啟程的測繪探險中，有一個空床位，問我想要嗎？我說，想！想極了！

⓫ 譯註：1 海里等於 1.852 公里。

3

我熟睡的身體下方有東西在震動，驚醒了我。「我在哪兒？」我問道，環顧著陌生的房間。我睡在單人床上，天花板離我抬起的頭只有 30 公分，三面都被簾幔圍了起來。「喔——」我想起來了，重新躺回床鋪。我前一晚在「鸚鵡螺號」上睡著了，現在是早上六點。這艘船正按計畫駛離洛杉磯港。船底的機房又傳來一陣震動，再次傳到了我的臥鋪。

前一天下午，登船後不久，探險隊長妮可・雷諾（Nicole Raineault）帶我參觀了「鸚鵡螺號」。這艘約 68 公尺長的船，幾乎與韋斯科沃的深潛支援船「壓降號」一模一樣：它們大小相似，載運的人數相似，船尾有相同的 A 型鋼架（用來把科學設備放入海中）。兩艘船都安裝了康士伯的多音束測繪系統。在兩艘船的頂層甲板上，上層建築佈滿了雷達與衛星硬體，這顯示它們是研究船。

雷諾帶我穿過濕式實驗室（wet lab）、製作工作室、測繪室、機庫、工作間，最後到達艦橋（船長的駕駛艙），我覺得自己好像突然進入了我最愛的電影《海海人生》（*The Life Aquatic with Steve Zissou*），尤其是比爾・墨瑞（Bill Murray）飾演的史蒂夫・茲蘇（Steve Zissou）向觀眾展示他的船「貝拉方提號」（Belafonte）的剖面圖那一幕。我謹慎地問雷諾：「你有沒有覺得你像在《海海人生》裡？」她立刻笑了出來，回我：「那幾乎太寫實了。」我很快就注意到雷諾很像電影裡的哪個角色：她就像安潔莉卡・休斯頓（Anjelica Huston）飾演的愛蓮娜，也就是茲蘇的妻子，她負責維持整個行動的運行。

在資料實驗室裡，雷諾把我介紹給三名測繪員，他們將和我們一起參加為期一週的航行，目的地是奧勒岡州（Oregon）。這艘船將穿過加州海岸附近一片特別波濤洶湧的水域，船員在那裡往往難以勘測海底。透過八小時輪班，這些測繪員將監控「鸚鵡螺號」的 EM 302 多音束聲納。⓬ EM 302 比「壓降號」上的 EM 124 老舊許多，但二〇一二年底安裝時，仍花了 100 萬美元。⓭「鸚鵡螺號」上的 EM 302 在使用期間，於加勒比海、墨西哥灣、太平洋測繪的面積超過 87 萬平方公里。每次探險結束後，新的地圖都會輸入一個資料庫網絡，最終加入「海床 2030 計畫」不斷擴大的全球地圖中。

一位測繪員問起我寫的書，我解釋：「那是關於海底測繪和『海床 2030 計畫』，故事是從『五大洋深潛探險』開始講起。」她禮貌地聽著，接著告訴我，她對於大家把注意力都放在「五大洋深潛探險」上感到沮喪。像她那樣的海洋測繪員已經出海多年，默默地拼湊這個拼圖，幾乎沒有得到任何認可。然後，這個有錢的白人男子出現了，媒體開始瘋狂報導。

我澄清道：「那本書比較關注的是『五大洋深潛探險』的首席測繪員。」

「這樣好一點。」

我以前也聽過海洋測繪員提出類似的抱怨。雖然他們都很感謝一位億萬富豪為這項理念帶來了資金與關注，但他們覺得那種歌功頌德式的報導有點過頭了，彷彿一個金融家發明了海洋測繪

⓬ 原註：二〇二三年初，OET 升級了聲納系統，在「鸚鵡螺號」上安裝了新的康士伯 Simrad EC150-3C 150 千赫茲換能器。

⓭ 原註：聲納型號名稱中的數字是指頻率：EM 302 以較高的 30 kHz 波長運作，EM 124 以較低的 12 kHz 波長運作。EM 302 之類的高頻率聲納，可以勘測深至 7,000 米的海底，那覆蓋了世界上大部分的海洋。EM 124 之類的低頻率多音束可以到達更深的海底，甚至可達海洋的最底部，到略逾 1 萬公尺的地方。然而，低頻率的聲波傷害較大，因為傳播距離較遠，對海洋哺乳動物的干擾較大。

似的。這讓我想起了有關社區士紳化的爭論：多年來，科學家在簡陋的船上辛勤工作，每天工作十二小時，每次離家數週，只為了帶回一些看似微不足道、但科學上無價的深海資料。那些億萬富豪（新進者）初來乍到，悠閒地走進來，環顧四周，並決定這個「社區」需要稍作修整。雖然海洋研究確實很需要那些資金，大家也很感謝那些資金的挹注，但有些測繪員質疑那些有錢有勢的新進者，究竟有何意圖。他們會不會決定研究問題？那些慈善事業是不是只是為了美化他們留下的遺澤？「五大洋深潛探險」計畫的早期，媒體常把韋斯科沃描寫成一個追逐紀錄的人，而不是認真的海洋探索者。一個廣為流傳的故事說，他要求海神公司製造一個沒有機械手臂、甚至沒有窗戶可以看到海底的大理石狀潛水器——這個故事激怒了海洋科學家，因為他們迫切需要那些深海資料，而韋斯科沃堅稱，那從來不是一個認真的建議。

以科學搜查為名的軍事搜祕

OET 與「鸚鵡螺號」在海洋界有良好的聲譽並累積了信任，當然一切得來不易。OET 是二〇〇八年由享譽全球的海洋學家羅伯．巴拉德（Robert Ballard）創立的。OET 與政府及大學合作，展開美國沒有人做過的研究。巴拉德本身是一個活生生的傳奇，與雅克．庫斯托（Jacques Cousteau）和席薇亞．厄爾（Sylvia Earle）等海洋界名人齊名。一九七七年，他是在太平洋底部發現第一個海底熱泉的團隊成員。在那之前，科學家一直以為，地球上的所有生命都是行光合作用，依賴太陽提供能量。當那個由海洋地質學家、地球化學家、地球物理學家所組成的團隊，偶然發現貽貝、蛤蜊、螃蟹以海底熱泉噴出的礦物質為生時，船上沒有一個生物學家能解釋這個現象，因為大家都沒料到海底竟然有生命。[10] 大家臆測，那些湧泉或類似的湧泉是地球上所有生命的發源地。不過，巴拉德最廣為人知的事蹟，可能是一九八五年發現「鐵達尼號」殘骸時，他也參與其中。

雖然當時被描述為一次純粹的科學探險[11]，但三十多年後，巴拉德透露，尋找「鐵達尼號」行動，其實是掩護某個軍事行動的幌子。在美國海軍的資助下，巴拉德被派去調查兩艘沉沒的潛艇，那兩艘潛艇都是核子軍事技術的寶庫，不能讓蘇聯察覺。那次任務的剩餘時間，他才獲准去尋找那艘史上最著名的沉船。科學因戰略相關的海上探險而受益的例子不勝枚舉，那只是近期的一個實例。目前，巴拉德仍然不能談論他參與的其他海軍任務。二〇一八年他告訴 CNN：「那些任務尚未解密。」[12]

相較於億萬富豪資助的慈善組織所控管的研究船，巴拉德的「鸚鵡螺號」採取比較老派的作法。他們把科學小組稱為「探索團」（Corps of Exploration），並鼓勵每個成員穿戴印有羅盤圖案的藏青色「鸚鵡螺號」帽子、背心、襯衫。船上不准飲酒，伙食很好，但不奢華。不能吃麩質的人可以自帶食物。無論白天、還是黑夜，你都可以上「鸚鵡螺號」的網站，看分割畫面顯示的船隻動態、科學家在實驗室裡使用移液器，或小組成員從海中拉出遙控潛水器（ROV）。

與雷諾參觀完後，我到頂層甲板上散步，發現了一個敞開的艙口，可以直接看到下面的機房。我把頭伸進溫暖的黑暗中一下子，又馬上縮回來。裡面又熱又吵，像個龍穴，而且當時引擎還沒全速運轉。現在我躺在上鋪，隨著引擎推進帶著我們朝目的地前進，床鋪跟著輕輕搖晃。在我的艙房門外，我聽到椅子碰撞木質地板的聲音，餐具在水槽中叮噹作響。早起的人正在我門外的餐廳走動。我拉開床鋪上的簾幔，咧嘴而笑。透過艙房的舷窗，我可以看到洛杉磯巨港的吊車漸漸從陰暗的地平線上消失。

4

每天早晨在「鸚鵡螺號」上，探險隊長雷諾都會在餐廳的白板上寫下當天的目標。連續兩天，她只簡單寫道：「測繪，情況允許的話。」然而，情況並不允許。我們一離開聖塔芭芭拉（Santa Barbara）附近的保護航道，猛烈的公海逆風就打在「鸚鵡螺號」上。原本 1、2 公尺高的浪濤，變成 3、4 公尺高的大浪。船首隨著每一波浪高高地翹起。風速飆升至 33 節[14]（約時速 61 公里）。舉目所及是一望無際的泡沫狀白浪。按照航海家衡量海況的蒲福氏風級（Beaufort scale），這已是「疾風」（near gale）的級別。在陸地上，這感覺就像走進一場暴風雨時，風雨把你手中的傘扯走。

前方是康塞普申角（Point Conception），那是加州北部與南部的天然分界線。這個角以北，朝舊金山與灣區的方向，地勢較高，較為潮濕多霧，有茂密的森林。這個角以南，朝洛杉磯與聖地牙哥的方向，陸地較為乾燥溫暖，覆蓋著灌木叢生的沙漠和硬葉灌木林。這也是海上的分界線，海流在此相會，就像上升氣流吹打著懸崖邊緣一樣。小理查・亨利・達納（Richard Henry Dana, Jr.）在《帆船航海記》（*Two Years Before the Mast*）中寫道，這是「海岸線上的最大角」。這本一八四〇年代的船員回憶錄，向美國人介紹了當時還屬於墨西哥的加利福尼亞。「這是無人居住的岬角，伸入太平洋，素以強風聞名。船隻若能平安駛過而不遇暴風，都算是幸運」。

---

[14] 譯註：1 節等於每小時 1 海浬的速度，而 1 海浬等於 1,852 公尺。

我們繞過岬角時，海浪變得更高、更洶湧、更狂暴。突然間，我對「一帆風順」這個詞有了新的體認。在那片浩瀚的海洋上，感覺就像搭上失控的雲霄飛車一樣。連洗澡與行走之類的日常任務都變成了挑戰。我那個艙房裡的淋浴間，是那種以透明塑膠牆圍住的立式小隔間。我一隻手扶著牆，另一隻手迅速地把沐浴乳抹在身上，感覺到船下有一陣波浪湧起。接著，我暫停身上的塗抹，準備迎接衝擊：一瞬間的失重感，接著急劇下降，最後猛然地拋回水面。然後，我開始沖洗，為下一次衝擊做好準備。每次我感到胃部泛起噁心感時，就低頭看著淋浴間底部晃動與翻騰的水，把它當成這個無窗房間裡的平衡環架（gimbal）。我小心翼翼地離開淋浴間後，在船來回搖晃下穿好衣服。船先向左舷傾斜，再向右舷傾斜，這個節奏以無盡的變奏與切分節奏不斷地重複著。

出了艙房，我在「鸚鵡螺號」的狹窄走廊上行走，或者更確切地說，是橫衝直撞。在一個樓梯口，我遇到海洋測繪員凱恩。我們抓住門框時，樓梯間在我們的身旁震顫，他問道：「這是你第一次出海嗎？」凱恩經常搭「鸚鵡螺號」出海，他在陸地上已經不再保留固定住所了。我點點頭，他驚訝地說：「這對第一次出海的人來說……還滿辛苦的。」

船上的船員是一群堅韌又熱情的烏克蘭人，對這種惡劣情況似乎毫不在意。隨著風力增強，大廚安納托利（Anatoliy）在餐廳裡大聲播放 AC/DC 樂團的〈Thunderstruck〉。「每次天氣變糟，他總是這樣做。」雷諾笑著說，同時在白板上寫下當天的活動：再次無法測繪。

那天晚些時候，我經過下層甲板的健身房時，瞥見一名船員全身穿著灰色的運動服，在跑步機上全速奔跑，整個健身房正以近 45 度角的傾斜度來回晃動。光是看到那景象，就嚇得我臉色發白，趕緊離開去呼吸新鮮空氣。幾名暈船的船員默默地守在受到保護的後甲板上，望著大海，試圖平復胃部的不適。

難如登天的深海繪測

這次航行的目標，是加州海岸外一段勘測不足的區域。二〇一九年，川普政府在一份總統備忘錄中支持海洋測繪，指示政府制定國家策略，以測繪美國專屬經濟海域（EEZ）內尚未測繪的區域[13]，那主要是集中在阿拉斯加的偏遠海岸線。美國國家海洋暨大氣總署（NOAA）也發布了一個追蹤地圖上空白區域的圖層。像「鸚鵡螺號」這樣的研究船把 NOAA 的地圖疊放在它們穿越美國海域的航線上，以盡可能填補那些空白。

上地勘測員是使用光速來測繪地形的起伏，海洋測繪員則是利用聲速，就像蝙蝠在黑暗的洞穴中使用回聲一樣。所有的聲納，從最基本的魚群探測器，到安裝在「鸚鵡螺號」和「壓降號」船體上的強大多音束聲納，都遵循同樣的原理。聲納發出一個聲波，穿過水層，在海底反彈，然後送回聲納。一秒鐘的行程時間大約是 1 英里（1.6 公里）。把聲波的行程時間除以二，再乘以水中聲音的速度，就算出深度了。聽起來很簡單吧？但是，水的鹽度、溫度、壓力，以及其他一系列的因素，都會扭曲聲波在海洋中的傳播。

惡劣的天氣也會使繪製精確、詳細的海底地圖變得更複雜。船隻行經驚濤駭浪時，測繪室（也就是「鸚鵡螺號」的資料實驗室）是最難待住的地方之一。這個開放式辦公室接近船的中心，幾乎沒有自然光或新鮮空氣。四面牆中的三面掛滿了電腦螢幕，直播著來自全船各處的即時資料。第四面牆上有一排小小的舷窗，常被外面的浪花與泡沫覆蓋著。

「鸚鵡螺號」上配備了各種類型的聲納，每種聲納都以獨特的方式「聽到」海底。艦橋（駕駛艙）上的船員操作著單音束聲納（single-beam sonar），它直接向下發送一個聲波，然後返回。單音束聲納顯示船下方的大局，那對船員來說已經足夠了，他們只想避免船隻擱淺。顧名思義，單音束是發送單一聲波，上下往返，掃描海底。相對的，多音束聲納是同時發射數百個聲波，像巨大的聲音風扇那樣，把許多聲波一起灑向深海。

它的運作有點像這樣：想像一下，你必須在黑暗中辨認一個未知物體，但你只能用一根手指。追蹤那個物體的形狀需要一段時間，這就是單音束聲納。現在想像一下，你可以用整隻手拿起那個物體。你可以更快知道手裡拿著什麼，這就是多音束聲納的作用，也是海洋測繪員比較喜歡用它來做海底勘測的原因：它用聲波覆蓋海底，捕捉海中地形的清晰模樣。

在資料實驗室裡，我看著新的海底地圖在主電腦螢幕上串流播放。我問坐我旁邊的凱恩：「我們現在看到的是什麼？」他正在清理當天早些時候的地圖。他瞥了一眼，嘟囔道：「呃……糟糕的資料。」然後繼續清除地圖上的錯誤。這些所謂的「飛點」（flyers），是指聲波以奇怪的角度反彈，或記錄到前一個聲波的回聲。凱恩正趕著在收到新地圖以前，儘快清除所有的飛點。

多音束聲納雖性能優異，但依然無法克服在公海勘測的困難。聲納是安裝在移動的船體上，船體又是在移動的海洋上行進。「鸚鵡螺號」越過一個浪頭時，多音束聲納會暫時失去與海面的接觸。接著，船體猛然落下，但多音束聲納仍與海面斷開，因為船體是落在一片綿密的氣泡上，那些氣泡非常密集，擋住了聲納音束。每次發生這種情況時，實體電腦（安置在船上的其他地方）和資料實驗室的螢幕之間的連結會中斷。

聲納重新連接到海面後，水柱才會在螢幕上重現。畫面就這樣隨著波浪的節奏時明時暗，彷彿我們在調整老舊電視的天線一樣。這也表示我們可能在海洋上失去數百個測深資料，一位測繪員詩意地說那是「遺失的小小聲波」。在另一個螢幕上，那些遺失的測深資料在船下形成一道弧線，看起來有點像小丑（Joker）那出名的詭異微笑。凱恩正儘速工作，但飛點隨處可見。

主電腦螢幕上有六個獨立的視窗，其中兩個較大的視窗顯示船隻當前的航跡和船下的水柱。水柱視窗看起來有點像胎兒的超音波圖，但它不是顯示未出生嬰兒的黑白輪廓，而是在一個聲音錐體中突顯出船下方的海底。[14] 椎體的頂點是船，下方是寶藍色的表層水（surface water），再往下是一群青綠色的點：那是數億的浮游生物、魷魚和魚。夜間，這些生物會蜂擁到表層水覓食，白天又沉回深海的黑暗中以躲避掠食者。

按生物量來看，這是世界上最大的日常遷徙。科學家因聲納從這堵生命牆反彈的方式，而稱之為深海散射層（deep scattering layer）。二戰期間，與美國海軍合作的科學家在加州外海做聲納實驗及搜尋敵方潛艇時，首次發現深海散射層。這一層密集地佈滿了魚類與浮游生物，看起來好像海底整天上下移動。發現這一層的科學家稱之為「假底」（false bottom）。[15]

散射層看起來很美。「鸚鵡螺號」上的一位測繪員告訴我，她每天按散射層的變動來安排工作時間。觀察動物在海洋中的上下移動，就像是海洋版的日出日落。

我們更了解海洋，對它的傷害卻愈深？

本質上，海底測繪是在已經很嘈雜的海洋中，再加入更多的聲音。許多海洋生物都顯現出暴露在人為噪音下的多種不良影響。一項實驗使扇貝幼體暴露在震測脈波（seismic pulses）中，結果顯示約一半的幼體出現發育異常，包括身體畸形。[16] 船隻的噪音破壞了海兔（一種海蛞蝓）的胚胎發育，增加幼體的死亡率。[17] 離岸建築使用的打樁技術會嚇到魷魚，那可能損害魷魚偵查及躲避掠食者的能力。[18] 不過，科學家研究海中噪音的首要對象是喙鯨（beaked whale），這種高敏感的深潛掠食者會精心策劃獨特的潛水模式與叫聲，甚至與其他鯨群成員協調潛水，以避開牠們最害怕的掠食者——虎鯨（killer whale）。[19] 海軍用於反潛戰的中頻主動聲納（midfrequency active sonar）似乎會驚擾牠們。鯨魚會停止覓食和回聲定位，以異常陡峭的角度游離聲源，那可能導致牠們罹患減壓症，或稱「潛水夫病」——就像潛水員浮升太快，而在血液中形成有毒氮泡的疾病。一九六〇年代導入中頻海軍聲納以來，已有數十起喙鯨擱淺事件與海軍演習有關，或發生在海軍基地與船艦附近。[20]

NOAA 的生物學家安娜瑪麗亞．迪安吉里斯（Annamaria DeAngelis）表示：「目前許多研究致力了解海軍聲納與船舶噪音對海洋哺乳動物的影響。」這是對海洋哺乳動物影響最明顯的兩種噪音汙染。迪安吉里斯指出，科學界一般認為測繪聲納的影響較小，因為聲納的範圍僅限於船下的水域。但研究仍處於早期階段，迪安吉里斯和其他人正在做實驗，以測試這個長久以來的假設是否正確。她建議以自主水下載具（autonomous underwater vehicle，AUV）來取代調查船，因為它們在海中航行時更接近海底，影響的區域更小。

讓我們回到追踪「鸚鵡螺號」聲納的主電腦上，水柱的最底部是海底：一條晃動的紅線顯示聲波已達目標。聲波從硬岩與軟泥反彈的方式不同。在海洋科學界，這稱為反向散射資料（backscatter data）。你可以把它想像成酒吧裡的傳聲效果：新建的微型釀酒廠覆蓋著玻璃與鋼鐵表面，看起來可能不錯，但裡面的傳聲效果很糟，堅硬的表面把音樂與聲音反彈成一片嘈雜聲。但是，在一般的在地酒吧裡，木板裝潢對耳朵就好多了。在這個例子中，海底的岩石就像是微型釀酒廠的堅硬表面，泥濘的沉積物就像是酒吧的柔軟表面。反向散射資料是生態學家的寶貴資源，他們用這些資料來預測動物的棲息地。深海蠕蟲喜歡柔軟的沉積物，牠們在尋找食物時會翻攪沉積物。海葵則是附著在堅硬的表面上，把觸角伸進水流中以尋找下一餐。

航行平穩時，多音束聲納會形成一幅像彩虹般鮮豔的海底地圖，其科學術語是水深圖（bathymetric map）。水深圖是一種令人目眩神迷的東西。EM 302 用聲音照亮海底，在海底的山脈與山谷上投射出彩虹，每種顏色代表不同的深度。紅色與黃色代表比較淺的海底，接著是綠色、藍色，最後是代表深處的紫色。這種顏色編碼與陸上地圖相同，但對一般觀察者來說，水深圖看起來很超現實、科幻，幾乎像是另一個世界。

我聽過海洋測繪員對海底地圖的美讚不絕口，把一張阿拉斯加峽灣的新地圖講得像偉大的藝術品一樣。他們知道測繪海底需要付出多少心血，所以底部每個細小的凹陷和坑窪都彌足珍貴。他們通常也有地質學的背景，所以眼睛受過訓練，可以從地形中解讀有關遙遠過去與未來的線索。他們也許能夠指出古代河流注入海洋的地方，或一座島嶼受蝕變成海底山的地方。他們也許能警告你海溝的彎曲側面和即將到來的海嘯。這些被海洋覆蓋的不可見地球，突然變得可見了。

「我覺得，看那些彩虹般的地圖，很難想像海底的真實樣貌。」雷諾告訴我，「但想像一下，抽乾海洋後，看到所有的海底山脈與大峽谷的樣子，那是難以置信的景象。而且，在我們測繪的許多地方，我們是第一批看到那些景象的人。」

但坦白講，我們那天在加州外海測繪的地圖並不是那麼漂亮。這次勘測的結果，看起來像一條很長且參差不齊的彩色虎紋。在測繪航行的第二天，凱恩決定完全關閉 EM 302，他們很少這樣做。船上另一位測繪員艾琳・赫夫倫（Erin Heffron）解釋：「我們不常關閉它，它像脾氣暴躁的老人，你不能惹它。」但是當時我們收集到的壞資料比好資料還多。與其把糟糕的海底地圖發送給「海床 2030 計畫」，測繪員決定等海面平靜下來再說了。

5

第二天晚些時候，天氣好轉了。洶湧的浪濤沒入大海，風勢減弱。船長讓大家回到甲板上走走，透透氣。我把握機會，上頂層甲板漫步。陽光微微地透出雲層，我心不在焉地用手撫過甲板的欄杆。手收回來時，我發現掌心上覆滿了鹽晶。過去二十四小時的強風，早已把整艘船浸泡在鹽水中。

當晚值夜班的測繪員赫夫倫正在資料實驗室裡，準備重新啟動 EM 302。她開玩笑說：「通常我會禱告，或者，獻上祭品。」我們走進資料實驗室旁邊一個冰冷的溫控室，看起來有點像伺服器機房，裡面有一排排的電子設備與我們的視線齊平。那裡有一整排控制 EM 302 的電腦牆。啟動它不是簡單按下開關就好，雖然整個十分鐘的啟動流程確實是從按下開關開始。赫夫倫伸手按下那個黑色的大按鈕「開」。就這樣，我們開始測繪了。

第三章

突破人類深潛紀錄

1

在深潛支援船「壓降號」上，邦喬凡妮的新工作站是一張簡單的桌子，前面有四台電腦固定在牆上。工程師正在她周圍微調潛水器上的電子裝置，那可能很快就會成為第一艘潛入全球五大洋底部的潛水器。生物學家正在設置顯微鏡，以便仔細觀察從未見過的深海生物。邦喬凡妮將從那張桌子上，開始尋找地球的絕對最深處。登上「壓降號」的第一天，她緊緊抓住那張桌子，彷彿抓住救生筏似的，深怕在畢業後的第一份工作就搞砸了。她緊張到不敢離開乾式實驗室，甚至不敢去洗手間。她說：「如果沒有人告訴我某個空間的作用，我就會認為那裡是閒人勿入的禁區。」最後終於有人告訴她廁所的位置。當「五大洋深潛探險」的戲劇性場景在她周圍展開時，她一直埋首做分內的工作。

邦喬凡妮到工作崗位報到的前一晚，先抵達古拉索。她說，到達時的情況「比我預想的更草率」。嚴格來講，她算是那艘船的工作人員，所以她旅行的方式就像世界各地的船員那樣：她收到一張機票，但沒有說明她抵達後的住宿地點或教她怎麼去住處。她降落在機場後，機場保全人員把她拉到一邊，詢問「五大洋深潛探險」要求她帶來的額外硬碟。經過密集的盤問後，她獲准入境。她站在入境航廈外的路邊，不知所措，望著漆黑的加勒比海黑夜，蟲鳴聲之大是她這輩子從未聽過的。後來，一個男人從停車場的一輛大型休旅車中走了出來，問道：「你是『五大洋深潛探險』的邦喬凡妮嗎？」他把她送到一家旅館，並表示早上六點會來接她。

翌日早上太陽升起時，她開始熟悉周遭環境。威廉城

（Willemstad）是古拉索的首府，是荷蘭建築風格與加勒比冰棒色彩的奇怪組合。「壓降號」停靠在威廉城的一個巨型造船廠內，該廠主要是服務那些前往附近委內瑞拉油田的船隻。抵達龐大的造船廠後，她在巨型油輪與貨櫃船之間漫步，尋找「壓降號」。當她終於在旱塢找到這艘懸在水泥地上方的船時，那裡的工人正忙得不可開交，大家走來走去，趕著在該船起航前完成無數的最後任務。誰是船上的工作人員？誰是碼頭工人？邦喬凡妮走上舷梯，尋找船長或其他負責人。她還沒踏上甲板，就有一個男人攔住她，問道：「你是誰？」她自我介紹後，他指引她往前，深入船內。

該船建於一九八五年，後來才重新命名為「壓降號」，是美國政府在冷戰期間掌控的十幾艘姊妹艦之一。在二〇〇二年轉為和平用途以前，它曾經追蹤俄羅斯潛艇——這是科學目標與軍事目標的另一個重疊之處。這艘安靜的船以隱蔽性見長，所以是探測深海的完美工具。韋斯科沃付出了高昂的改裝費，把這艘船改裝歸類為民用船隻。

過程中，他安裝了一些舒適設施，使長途的海上航行變得更加舒適。所有的船艙都改換了新地板，配備水槽以及載入電影選單的平板電視。韋斯科沃最喜歡從健怡可樂（Diet Coke）攝取咖啡因，但他為船上的工作人員添購了一台昂貴的濃縮咖啡機以提振士氣。艦橋（駕駛艙）上方的戶外觀景台後來被稱為「空中酒吧」。每天日落時分，那裡都會擺上啤酒與葡萄酒。[1]

「壓降號」最多可容納四十九人，其中大多數是菲律賓籍和東歐籍的船員。蘇格蘭籍的船副曾在石油與天然氣業共事過，其中包括直言不諱的船長斯圖爾特·巴克（Stuart Buckle）。二〇一二年載著卡麥隆締造「最深單人潛水」紀錄的那艘船，也是巴克駕駛的。

船上另一個熱鬧的群體，是來自佛羅里達州海神潛艇公司的工程師與機師，他們從無到有打造出韋斯科沃的鈦合金潛水器。海神潛水器的團隊喜歡圍坐在邦喬凡妮的新工作台對面的一張大桌邊。邦喬凡妮笑說，他們稱那張桌子為「任務控制中心」，意思是「六到十個傢伙圍坐在桌邊，閒聊當前發生的事情」。科學家則是躲在只夠容納兩三人及其筆電的小隔間裡，設法獲得寧靜（那個隔間後來被戲稱為「科學密室」）。

即使「壓降號」已經升級，但史都華說，它「從來不是什麼超級遊艇之類的，而是個老太太」。賈米森雖承認他已經愛上這艘船，但他還是把「壓降號」上的工作比喻成在舊穀倉幹活。探險隊的隊員窩在另一個角落。不過，邦喬凡妮坐在實驗室入口處的顯眼位置，是所有團隊來來往往交會的地方。[2] 賈米森同情地說：「她坐那裡很倒楣，我不知道為什麼他們把她的桌子放在實驗室的中間，那感覺就像坐在火車站中央一樣。」賈米森把魚餌存放在邦喬凡妮桌邊的冰箱裡，對此，他也覺得很抱歉。每次賈米森打開冰箱門，邦喬凡妮就會聞到一股陳年鯖魚的刺鼻味，這成了船上流傳的笑話。

海上壓力鍋

在探險的早期階段，「壓降號」上的氣氛就像在海上的壓力鍋裡。各個團隊之間有各種抱怨，這主要是這個探險隊的隨意組成方式造成的。海神潛艇公司在計畫初期已做了財務投資，而且有一個明確的目標，該目標凌駕了其他團隊的優先要務：製造第一艘讓韋斯科沃到達五大洋底部的潛水器。海神公司的執行長萊希和其團隊表示，他們會不惜一切代價，達成這個目標。然而，蘇格蘭籍的船員認為，海神團隊對船上安全太過隨意[3]；船長也覺得他被迫駕駛一艘不太合格的船隻，那艘船是海神公司建議韋斯科沃購買的。

與此同時，科學家渴望獲得寶貴的深海樣本，但相對於韋斯科沃的深潛，那是次要目標。賈米森聽過一次令人不快的「五大洋深潛探險」介紹後，仍對這個計畫的科學目標抱持懷疑的態度。他描述早期接到一通有關這次探險的電話：「那其實很令人火大。」賈米森說，對方的說辭是：「我們船上需要一位科學家，因為一年後，我們想賣掉這個潛水器，我們想讓它看起來是有用的。但別指望做任何科學研究，你也永遠不會搭上那個潛水器潛入海底。」

除了這些緊張關係以外，韋斯科沃還邀請了一支攝影團隊登船，為探索頻道（Discovery Channel）拍下這次探險的紀錄片。拍攝團隊在緊張的場合中強行介入，在最不恰當的時刻問一些不相干的問題，常試圖點燃已是火藥桶的場面，以製造螢幕上的火花。拍攝團隊很快就成了該船的代罪羔羊，變成船上多數人普遍討厭的群體。他們占據了實驗室的一個角落，就在邦喬凡妮的另一邊，她整天都可以聽到他們在檢討拍攝的畫面。

與此同時，邦喬凡妮忙著與康士伯公司的技術人員共事，他們正在船的底部安裝新的 EM 124 聲納系統。她看著他們安裝時，仔細記錄他們的操作，以便日後萬一出狀況時能夠修理它。技術人員會陪同五大洋深潛探險團隊完成旅程的第一段，但之後她必須獨自操作這台昂貴的新型聲納 EM 124。

邦喬凡妮到達一週後，聲納安裝完畢，「壓降號」從古拉索起航。它先前往波多黎各的聖胡安（San Juan），去接剩餘的船員。然後，開始一段十二小時的航程，駛向位於該島以北約 120 公里的波多黎各海溝。[4] 五大洋深潛探險計畫已經進度落後了，所以船長把引擎推到最高速，全速前進：船速共有 10 節（時速 18.5 公里）。理想的海底測繪速度稍慢一些，在 5 到 8 節之間（時速 9 到 14.5 公里）。這表示邦喬凡妮只能在非工作時間（通常是晚上）操作 EM 124 及排除問題；遇到出狀況時，她還得叫醒康士伯的技術人員來幫忙，而且剛開始的時候狀況百出。

船上只有少數幾個人了解邦喬凡妮所面臨的挑戰，海洋地質學家史都華是其一。她記得當時心想：「這要嘛非常棒，要嘛會是史上最大災難。」

波多黎各海溝在整個探險行程中是第二深的地方[5]，僅次於太平洋馬里亞納海溝的挑戰者深淵。波多黎各海溝約有八公里深，相當於珠峰的高度。相較於南冰洋與印度洋未測繪的海底，波多黎各海溝有相當多的地圖供邦喬凡妮參考，其中一些地圖可追溯到一八七六年，當時英國的「挑戰者號」（Challenger）首次發現了這個海溝。一九三九年，美國「密爾沃基號」（Milwaukee）的船員發現他們認為是波多黎各海溝最深處的地方，那裡後來命名為密爾沃基深淵（Milwaukee Deep）。另一個可能的最深處是布朗森深淵（Brownson Deep）。值得注意的是，早在一九六四年，法國的研究潛水器「阿基米德號」（Archimède）就曾經潛入波多黎各海溝。[6]

在波多黎各海溝收集的所有新舊資料，都可能對邦喬凡妮有所幫助，但也可能帶來麻煩。那些測繪可能不可靠，籠統繪製，是由過時或校準不當的裝置衡量出來的。她也需要花兩天的時間做所謂的驗收測試（acceptance test），以確認 EM 124 已正確校準。邦喬凡妮回憶道：「我告訴他們，驗收測試需要四十八小時。他們一聽簡直氣炸了。」研究船每天的營運成本逾 5 萬美元。[7] 這正是邦喬凡妮加入「五大洋深潛探險」之前所擔心的情況：船上那些年長、職位較高的男性，會聽取一個剛從研究所畢業的二十五歲女性測繪員的意見嗎？她說：「我極力主張，做任何事情以前，應該盡量做很多的測繪。」她向韋斯科沃強調，除非她先做驗收測試，否則他在波多黎各海溝或世界上任何地方可能創造的深潛歷史，都可能受到質疑。結果，是她贏了這場爭論。

在船抵達海溝最深處以前，他們先在較淺的海域做了最後一系列的試潛，以確認潛水器確實已經準備就緒了。接下來幾天，一連串荒謬的錯誤接踵而至。潛水器的艙口漏水；電子裝置不穩定。要不是這一切看起來那麼危險，潛水器的下潛與回收過程簡直就像一場鬧劇。負責部署潛水器的海神團隊以及負責船上安全的船員之間，原本就有衝突，這些問題又為他們增添了更多的摩擦。在一次試潛中，韋斯科沃從下水的小艇爬上漂浮的潛水器時，突然感到一陣反胃，朝著顛簸的海面嘔吐。試潛因此中止，當暈船的韋斯科沃試圖從潛水器爬回小艇時，他滑落海中。要是那一刻剛好有浪潮湧來，潛水器會把他推去撞小艇。幸好，他在下一波浪來襲以前爬出海面。攝影小組湊近拍了特寫，在情況惡化時尋找最佳鏡頭。

進度大落後、超支數百萬美元……

在試潛的第三天、也是最後一天，當一切都必須毫無差錯地進行時，所有的錯誤與失誤持續累積，造成了決定性的衝擊。按照計畫，韋斯科沃的創紀錄潛水，只剩下一天的時間可以執行。萊希與韋斯科沃一起搭上「限因號」潛水器，下潛到 1,000 公尺深的地方。起初潛水很順利，艙口不再漏水，電子裝置也運行得很順。他們到達海底時，兩人從舷窗凝視著飄過的奇怪深海生物。韋斯科沃使用潛水器的機械手臂，沒想到它竟然從潛水器上脫落，直接掉在海床上。

「萊希，機械手臂剛剛斷了。」韋斯科沃說。

「天啊！」萊希驚恐地從舷窗往外看。潛水器只有一支機械手臂，一旦掉落就無法取回。失去 100 公斤重的機械手臂，使「限因號」變得浮力過大，開始往海面上升，連停都停不下來。他們向上漂浮時，韋斯科沃顯然很沮喪，他對萊希說：「萊希，我不知道接下來該怎麼辦。」

對船上的科學家來說，失去機械手臂的打擊非常大。賈米森與史都華原本打算用它來收集樣本。機械手臂掉了以後，打亂了他們所有的計畫。對韋斯科沃來說，那支價值 35 萬美元的機械手臂又是一筆令人沮喪的非預期損失。萊希說：「船上有一種集體的感覺，認為這計畫永遠不會成功。那一刻，基本上每個人都放棄我們了。大家都在說，除非太陽從西邊出來，否則這個東西沒救了。」他為潛水器排除故障問題已有四十幾年的經驗，所以很熟悉試誤法。但是，對門外漢來說，那些缺陷可能意味著更嚴重的問題：這艘潛水器真的可以安全潛入五大洋嗎？如果沒有正常運作的潛水器，就不可能完成五大洋深潛探險。

回到船上後，韋斯科沃把萊希找來，和他與麥卡倫開一場關鍵會議。經過數百萬美元的超支、錯過原訂的潛水日、工人從艙口摔落的索賠，以及現在機械手臂掉落在海床後，韋斯科沃揚言要完全取消這場探險。萊希懇求道：「你一定要給我們一次機會，我認為我們可以修復這個問題，讓你完成深潛。」韋斯科沃最終妥協，給了萊希三十六小時去修理潛水器。接著，韋斯科沃就躲進他的船艙了。海神團隊以極快的速度做最後的修復。萊希說：「我始終很樂觀，但我確實認為，在那一刻，持續抱持樂觀的態度是必要的。我沒有妄想症，我只是相信我的團隊，以及他們解決這個問題的能力。」

因禍得福的重大發現

那些額外的時間，讓邦喬凡妮有空檔可以定位波多黎各海溝的最深處。她仔細搜尋海底，尋找那個最深的地方——大西洋中韋斯科沃必須潛入的唯一地點。通常這是由三、四個測繪員組成的團隊輪班完成的工作，就像在「鸚鵡螺號」上那樣。一個人可能負責監督多音束聲納並校正傳來的資料；另一個人可能分析地圖、撰寫報告並參加後勤會議。在波多黎各，邦喬凡妮一人包辦了一切。她在海上，幾乎都沒睡。

只有在船抵達某個可能的深處時，她才能開始勘測。為了盡可能涵蓋更多的地形，「壓降號」必須迅速駛向海溝中最有可能的幾個點，而這道海溝長達 800 多公里，相當於舊金山到聖地牙哥的距離。賈米森與史都華根據他們之前發表的一篇論文，指引船隻駛向他們認為是海溝最深點的地方。但邦喬凡妮說：「那裡並沒有比我們當時測繪的其他地方更深，所以有沒有更深的地方呢？我們該如何確認這點？」

海溝是海底的一道長裂縫，邊緣有陡峭的落差，底部大致平坦。[8] 邦喬凡妮的任務是，在這片大致平坦的底部找到最深點。但即使是最先進的多音束聲納，也難以區分彼此相鄰的兩個相似點。儘管邦喬凡妮向波多黎各海溝發射了數千次聲波，每次測深的結果都帶有一個統計生成的誤差範圍，而這個誤差範圍等於海溝最深點與最淺點之間的差距。換句話說，要找到最深點，根本是近乎不可能的任務。邦喬凡妮開始在海溝上做東西向的勘測線，尋找可能指向大西洋絕對底部的向下斜坡。她在海溝上總共勘測了近 4,000 平方公里的面積——相當於羅德島（Rhode Island）的大小。到了早上，她在兩條先前的勘測線之間找到了最深點：深度是 8,736 公尺，誤差範圍為正負 5 公尺。她疲憊地呼出一口氣說：「那裡真的很難找到。」

與此同時，海神團隊發現，失去潛水器的機械手臂其實是因禍得福，萊希解釋：「機械手臂脫落其實創造出解方。」機械手臂需要三十幾個導體才能運作，但現在那些導體可以重新拿來解決潛水器內部的其他棘手問題。「三十六小時後，韋斯科沃爬進潛水器，警報面板上沒有亮起任何警示燈。之前試潛時，整個面板簡直像一棵掛滿彩燈的聖誕樹。除了機械手臂以外，之前無法正常運作的每個系統，現在都正常運作了。」

　　在確定了波多黎各海溝的深處位置，而且潛水器看似運作正常後，韋斯科沃宣布他還是會照原計畫潛入海溝（他後來堅稱，他從來沒有打算取消探險。他說，「那樣做是為了刺激他們，那只是一種激將法」）在可潛水的最後那天，天空晴朗，風平浪靜，一切看起來都很適合潛入大西洋的最深處。

2

早在「五大洋深潛探險」成為一個真正的探險計畫，並準備好一艘船、一個潛水器和整個團隊以前，韋斯科沃就一直知道他想單獨潛入深海。對於一個在大眾領域非常活躍，曾登上高峰並領導過公司董事會的人來說，他在獨處時最快樂。他從未結婚，也沒有孩子，但他確實養了一小群黑色的史奇派克犬（Schipperke），他把牠們當成親人一樣看待。獨自一人深潛也意味著，韋斯科沃的世界紀錄是他一人獨有的。極度外向的萊希在混亂與人群中表現得特別出色，他從未喜歡獨潛的想法。

「我真的不懂，為什麼有人會想要獨自完成事情。我認為你與他人共同參與時，多數的人類經歷會變得更豐富，但韋斯科沃想獨自完成這些深潛，所以現在我們不僅要訓練他成為駕駛並獨自執行這些潛水任務，我們也必須在潛水器裡設計一些系統，以因應他可能失能的情況。」萊希真正擔心的是，萬一韋斯科沃在海底幾千公尺處失聯，團隊該怎麼辦？他潛得愈深，船隻就愈難營救他。萬一最糟的情況發生，船員該如何找回他的遺體？

潛入波多黎各海溝，將是韋斯科沃第一次獨自駕駛潛水器，而且他將潛入比以前任一次潛水還深的地方。「限因號」沉入海面後，團隊回到乾式實驗室觀察三小時，等著韋斯科沃觸底。每十五分鐘，他必須呼叫團隊以做通訊檢查。隨著船與潛水器之間相隔的水域愈來愈廣，他簡潔的檢查通話因穿過愈來愈寬的水域間隔，而開始出現延遲。每次檢查通話，他都會說出當前所在的深度與航向，並報告船上的一切維生系統良好。在潛水進行約一半時，韋斯科沃位於海面下約 6.4 公里處，他錯過了一次檢查通話。萊希呼叫他：「韋斯科沃，你聽得到我嗎？」他急切地對著耳機問道，但毫無回應。十分鐘過去了，萊希一遍又一遍地呼叫韋斯科沃，但只聽到靜電聲。乾式實驗室的緊張氣氛愈來愈濃，每個人都在沉默中等待，未說出口的問題懸蕩在空氣中。在那個深度，萬一出了問題，沒有任何方法可以營救韋斯科沃。難道潛水器之前出現的那些微小故障，是暗示更嚴重的故障即將發生的警訊嗎？難道他們剛剛在大西洋底部失去了韋斯科沃嗎？

萊希雙手抱頭說：「天哪！」距離韋斯科沃上次的通訊檢查，已過了整整二十五分鐘。萊希再次透過耳機呼叫韋斯科沃：「韋斯科沃，你聽得到我嗎？你聽得到我嗎？」突然間，韋斯科沃的聲音穿透了靜電雜音。他說，他一直在呼叫，但下次他會喊大聲一點。乾式實驗室裡的每個人都鬆了一口氣。萊希看起來好像差點心臟病發作，他重新恢復鎮定。

潛入過渡帶

當時，韋斯科沃的體驗截然不同，他把前往地球最深處之一的旅程，描述為寧靜、祥和，近乎靜謐無聲的歷程。潛水器是以每秒約 76 公分的速度下沉。[9] 他看著潛水器儀表板上的儀器閃爍，舷窗外一片黑暗，他說：「整體而言，很安靜。」

根據光線從上方滲透的程度，海洋分為三個區帶：透光帶、過渡帶、深海帶。在旅程的第一段，韋斯科沃穿過了透光帶（Sunlight Zone），或稱表層帶（Epipelagic Zone），這是以上方滲透下來的陽光，以及利用陽光行光合作用的動植物來命名，也是多數人熟悉的海洋。這是我們捕獲海鮮、了解多數物種的地方，我們可以在一定的範圍內探索這個區帶。在約 200 公尺深的地方，韋斯科沃進入了過渡帶（Twilight Zone），或稱中層帶（Mesopelagic Zone）。這是人類在毫無保護裝備下可下潛的最深處。二〇一四年，一名埃及特種部隊的軍官潛到過渡帶，創下深度略超過 300 公尺的最深水肺潛水世界紀錄。他花了十五分鐘下潛，花了十三小時回升，中間需要做減壓停留，以免水壓變化導致肺部爆裂及血液循環障礙。

過渡帶的昏暗很適合那些會發光的海洋生物。韋斯科沃的潛水器經過那一帶時，牠們圍繞在潛水器旁閃爍發光。潛艇大多是橢圓形，以便在海洋的 3D 立體空間中水平探索，但韋斯科沃的潛水器形狀細長，那是為了在水柱中迅速上下移動而設計的。那艘亮白色的潛水器看起來有點像一個大臼齒，頂部變窄，底部有一個可容納兩名乘客的球形艙。在「限因號」的內部，溫度迅速下降，可見韋斯科沃已經抵達溫躍層（thermocline），那是一道分界線，上方是溫暖、充分混合的水域，下方是冰冷、緩慢流動的深海。

在海面下 1,000 公尺處，他進入了第三個、也是最後一個區帶：深海帶（Deep Sea）。來自上方的所有光線都消失了。這時壓在「限因號」鈦合金外殼上的壓力已逾每平方公分 100 公斤。在海軍潛艇的世界裡，這稱為「碾壓深度」（crush depth）：任何打算潛得更深的載具，都需要更先進的工程設計與測試。[10]

韋斯科沃只花了二十分鐘穿過前兩層，現在他還需要再下潛 7,000 公尺才能觸及海底。深海帶占了海洋深度的 75%，所以像賈米森這樣的深海專家認為這種命名法太過籠統。專家把深海帶再細分成三個區域，分別是午夜帶（或稱半深海帶）、深淵帶（或深淵）、以及最後的超深淵帶。

第一層是午夜帶（Midnight Zone），深度從海面下 1,000 公尺延伸到海面下 3,000 公尺，陽光達不到這裡，食物匱乏，壓力很大，溫度雖冷但穩定維持在攝氏 4.4 度。午夜帶是一個難以生存的地方，它最著名的居民無疑是鮟鱇魚（anglerfish），它有一副向後指的可怕牙齒，還有一個用來誘捕獵物的懸掛光源。在那一帶，韋斯科沃是沿著所謂的大陸斜坡（continental slope）下潛，那裡的海底從大陸塊迅速下降。

潛水一小時後，韋斯科沃到達了深淵帶（Abyssal Zone），深度達 6,000 公尺。在 97% 的海洋中，深淵帶就是最深處。這個名稱是源自於不久前的普遍看法，那時大家認為海洋沒有底部，只是一個無底深淵，一個可怕的無盡裂縫。深淵帶大多是一片平坦的軟泥沉積平原，偶爾穿插著起伏的山谷、活火山，以及有「海桌山」之稱的平頂海底山。但韋斯科沃還要繼續下潛，越過深淵帶，進入超深淵帶（Hadal Zone），這個英文名字是源自希臘神話中的冥神黑帝斯（Hades）。

抵達超深淵帶

深海海溝很罕見，全球不到 3% 的海底位於超深淵帶。以這個名字來暗指冥界很貼切。從地質學的角度來看，超深淵帶是海底消亡的地方。除了一些重要的例外以外，海溝大多位於地震活躍的隱沒帶（subduction zone），那裡的海底被吸入地球的熔融區域（molten core）並循環再利用。海溝也會造成死亡與破壞，地震可能引發海嘯。在波多黎各海溝，北美洲板塊（North American Plate）正緩慢地滑入加勒比板塊（Caribbean Plate）的下方並與之碰撞。這兩個板塊之間的隱沒帶形成了深海溝，看起來像海底的一道刀刻。

太平洋中有很多海溝，環太平洋帶（Ring of Fire）——沿著美洲的西海岸和亞洲的東海岸延伸——常發生地震。大多數的地震很小，例如每年馬里亞納海溝發生約五千次地震。但偶爾會發生大地震，例如一九一八年波多黎各海溝發生的地震，把巨浪帶到波多黎各的岸上，造成一百多人死亡。[11] 這些地震對海溝中的海洋生物來說也是毀滅性的，彷彿對整個生態系統按下了殘酷的重置按鈕。

韋斯科沃接近波多黎各海溝的底部時，他注意到有光線從下方的舷窗射進來。他向外看，發現潛水器的燈光正從底部反射回來，但他還看不到海底。他後來說：「當你距離底部還剩150公尺時，情況開始熱鬧起來。接著，你最好開始調整壓艙載（ballast），並開始三角測量你的位置。」他焦急地透過舷窗，望著一片泥濘有如月球表面的景觀在他的下方浮現。隨著海底愈來愈近，他準備著陸。那是一次柔軟的著陸——實在太柔軟了，以至於潛水器深深地陷入淤泥中，蓋住了前燈，使他陷入黑暗。

「海床，海床！」他透過無線電大喊，回報所有的維生系統運作良好。在他上方數公里處，乾式實驗室裡的工作人員爆出了歡呼聲。大家歡呼雀躍，相互擊掌、擁抱和握手。史都華回憶道，那種如釋重負的感覺就像一波浪潮般，席捲了整個房間。

宛如太空之旅

在下面，等淤泥沉澱後，韋斯科沃環顧四周，觀察他抵達的地方。他對自己說：「感覺像到了另一個星球。」[12] 如月球表面的平坦景觀；上方又黑又重的海洋有如夜空一般；潛水器懸浮在海底的上方，有點像太空船——這一切都讓人奇怪地想起了外太空傳回來的畫面。甚至連抵達海底的旅程，也有點像太空旅行。當韋斯科沃以每分鐘約45公尺的速度下潛穿過海洋時，浮游生物從舷窗外快速掠過，看起來就像星星以超光速從一艘衝向太空的太空梭旁邊掠過一樣。

韋斯科沃開始在一個沒人到過的地方遊蕩。他用操縱桿，開始在海底移動。潛水器的遠光燈一次照亮一小片海床，就像擅闖民宅的人拿著手電筒在黑暗的屋內移動一樣。山頂是冒險的經典終點。在最高處，探險者再也無法往上攀爬，他得到的獎勵是俯瞰下方的景觀：有機會從身體與心理上審視自己已經走了多遠，也許太陽衝破雲層時，還可為眼前的景象增添另一抹美麗。相反的，深海沒有那種制高點。在那麼深的地方，沒有壯觀的景色，連最近的地理特徵都籠罩在黑暗中。韋斯科沃能看到他前方約 30 公尺的距離，所以他把潛水器的前緣貼近地面，一寸一寸地在海底探索。後來，他突然想到，他在世界之巔也有過類似的視野。他說：「有些人在晴天登上珠峰，他們可以看到 80 公里遠。」但那種情況沒有發生在他身上，他是在暴風雪中登頂，在紛飛的大雪中，他幾乎只能看到前方 60 公尺的距離。

有些人推測，海洋黑暗又神祕，所以才使探索太空變得更熱門，更容易接近。海洋生物學家海倫．斯凱爾斯（Helen Scales）寫道：「只要有望遠鏡和清明的夜晚，任何人都能大致了解月球的近面是什麼樣子……但你換成深海的海床試試看同樣的事情。」[13] 這些偏好已經融入我們表達自我的方式。我們感到沮喪或陷入困境，或害怕未知的事物時……這種文字的負面含義很明顯。相對的，當我們精神振奮，感覺自己好像站在世界之巔或回到踏實的地面時，情況則正好相反。上比下好、明比暗好、高比深好。這些偏好與人類的自然優勢與傾向一致。我們能看到某種東西時，自然會覺得更有控制力，也覺得自己更了解它。

被垃圾遮蔽的美景

海洋是典型的黑暗之地，而太空則是電影與電玩中的終極逃生之處。即使人類必須與敵對的外星人作戰，外太空大致上仍是一個有趣的情境。相較之下，海洋在恐怖電影以及關於過度捕撈和汙染的紀錄片中，比較常被描繪成一種地獄般的景象。

在二〇〇八年的 TED 演講中，海洋探勘信託的創辦人和「鸚鵡螺號」的擁有者巴拉德針對這些問題指出：「為什麼我們會忽視海洋？」他問道，「為什麼我們會仰望星空？那是因為天堂在上面，地獄在下面嗎？那是文化問題嗎？為什麼大家害怕海洋？還是他們認為海洋是黑暗、陰鬱的地方，沒什麼好看的？」[14]

在前方，韋斯科沃發現了一個圓形的黑色物體，沉在波多黎各海溝的沉積物中。他駕駛潛水器過去察看，他的燈光照亮了一個看似破裂油桶的東西。有人曾經來過這裡，或者說，至少他們的垃圾來過。韋斯科沃不禁厭惡地皺起鼻子，就像登山客看到丟棄的糖果紙和啤酒罐汙染了山峰一樣。這是外太空吸引大家關注的另一個原因：那裡沒有人類。除了環繞地球的太空垃圾以外，宇宙中沒有其他人以及他們的所有包袱（和垃圾）。我們可以想像整個無人觸及的外星景觀。相反的，海洋長期以來一直淪為人類的垃圾場。

韋斯科沃堅稱，這些因素——有限的視野、不起眼的海底、垃圾，都沒有影響他抵達大西洋最深處的熱情。「我這輩子走遍了世界各地，」他說，「我去過高山上的荒涼沙漠，也去過叢林與塞倫蓋蒂平原（Serengeti），每個地方都有其特別之處。無論是荒涼，還是貧瘠，它們都有各自的美。對我來說，那就像是欣賞不同的顏色」。真正吸引他的是，以前從來沒有人到過那個確切的地方，「光是發現的過程就令我著迷。」

韋斯科沃在大西洋的底部遊覽約四十五分鐘後，萊希透過水下通訊系統聯繫他，建議結束潛水。韋斯科沃說好，並啟動船上的一個開關，拋棄重物，開始上升。諷刺的是，第一位造訪這個深海底部的訪客，必須先拋棄自己的垃圾才能回去。他花了兩個半小時才回到人類世界。當晚，在下午六點出頭，潛水器從深處浮上海面。

「韋斯科沃爬出潛水器後，每個人的態度都出現明顯的變化。」萊希回憶道，「突然間，每個認為這件事永遠不會發生的人都在想：『你知道嗎？這可能真的發生。』包括韋斯科沃在內。」

3

回到船上，韋斯科沃為邦喬凡妮帶來了一些好消息：「限因號」上的深度表顯示，最大深度為 27,480.5 英尺（8,376 公尺），只差她的估計值半英尺（15 公分）。「邦喬凡妮比我還驚訝。」他回憶道，「她了解系統的侷限性，但我認為這很正常啊，這不是意料中的事嗎？」

身為長期的登山者，韋斯科沃自然很喜歡地圖。他常到邦喬凡妮的桌前看她工作。海底地圖有一些特別吸引他的地方。他以前攀登陸上高山所用的地圖，與他現在抵達海洋深處的地圖看起來很相似。

工作時，邦喬凡妮隨口向韋斯科沃提到另一項計畫：「海床 2030 計畫」，以及該計畫打算在十年內測繪整個海底地圖的目標。韋斯科沃從未聽過那個計畫，但當時也很少人聽過。更少人聽過「海床 2030 計畫」背後的組織：通用大洋水深圖組織（General Bathymetric Chart of the Oceans，簡稱 GEBCO）。

GEBCO 是一九〇三年由摩納哥親王阿爾貝一世（Albert I）創立。一百多年來，這個組織一直努力把世界海洋的所有分散地圖，匯集成一幅巨大的超級地圖。阿爾貝親王對航海相當熱中，是早期的海洋學家，某種程度上可以說是庫斯托和其他海洋探險家的先驅。他為他的豪華汽艇「燕子號」（Hirondelle）安裝了實驗室、測深機和拖網以做實驗。[15] 一八八〇年，他把瓶子和桶子投入東大西洋，發現它們都從南方回來，因此發現了北大西洋的翻轉環流。[16] 當時，有史以來第一場重要的地理大會開始舉行，海洋研究逐漸成為一個獨立的領域。與此同時，愈來愈多的人呼籲成立一個正式的組織，負責在鋪設第一條橫跨北大西洋的電報電纜期間，繪製所有的海底地圖。這項任務原本沒有資金的支持，後來阿爾貝親王親自出資，並出版了第一版的海底地圖，名為「通用大洋水深圖」（General Bathymetric Chart of the Oceans）。一九〇五年，後來稱為 GEBCO 的組織發佈第一份海底地圖。它在五大洋中只有不到 2 萬個深度測量點。[17]

繪製包含完整海床的新世界地圖

接下來那幾年，再版的時間拉得愈來愈長。第三版因兩次世界大戰而中斷，花了近二十年才完成。冷戰和反潛作戰的崛起，原本應是海洋測繪的福音，但新獲得的資料大多被列為機密。GEBCO 分享地圖的使命，正好與隱藏地圖的歷史趨勢背道而馳。地圖史學家洛依德・布朗（Lloyd Brown）寫道：「航海家不願意把他們發現的東西記錄在紙上，結果是印刷地圖與海圖總是很稀少，新發現的日期與納入地圖的時間，往往滯後二到二十年。」布朗是在描述塞維亞（Seville）的西印度貿易廳⓯（Casa de Contratacion de las Indias），這個貿易組織包含世界上最古老的水文局，裡面有西班牙殖民時期的製圖師，他們試圖繪製一張新世界的主要地圖。[18] 這是 GEBCO 所面臨的挑戰：幾百年來大家一直很保密海底地圖。於是，一種模式很快就形成了：每次 GEBCO 出新版地圖時，幾乎立即過時，不得不開始製作下一版。

到了一九六〇年代中期，GEBCO 陷入內訌。學術界的製圖勢力持續壯大，他們開始挑戰長期以來監督 GEBCO 地圖製作的

⓯ 譯註：這是西班牙卡斯蒂利亞聯合王國於一五〇三年在塞維亞設立的王室代理機構，主管西班牙帝國對殖民地的貿易相關事務。由於當時大家仍稱美洲殖民地為「印度」（Indias），而有西印度之名。

政府與軍方製圖者。地球物理學家、海洋學家、地震學家、火山學家都認為，GEBCO 僅專注於安全航行的狹隘觀點已經過時了。有一些令人興奮的新發現，其中最重要的是一九六〇年代後期板塊構造學說的出現，這使得海底成為新地質研究的重要領域。愈來愈少科學家購買 GEBCO 的海圖，面對需求減少與銷量暴跌，該組織面臨解散的威脅。[19] GEBCO 藉由招募更多的學術製圖者來重振旗鼓，但它辛苦邁入二十一世紀時，製作完整海底地圖的崇高夢想依然遙不可及，令人沮喪。

二〇〇三年，GEBCO 的製圖者聚在一起，慶祝繪製海底地圖一個世紀。紐西蘭的製圖者羅賓．法科納（Robin Falconer）是一九七〇年代加入該組織，多年來在GEBCO的各個委員會任職，他回憶起那個溫馨的百週年慶祝會後，響起一陣令人不安的警鐘：「百週年慶祝會後不久，我們開了一次年會，大家坐在一個房間裡，左看右看彼此，然後說：『我們都老了，下一代在哪裡？』」

當時法科納五十幾歲，房間裡有十幾位製圖者，他是裡面最年輕的。許多主要的製圖者年歲已大，逐漸退休。主要的科學資助者也覺得，海洋製圖不再是先進目標。在缺乏新資金資助新地圖與新的製圖者之下，GEBCO 要如何培訓下一代？

GEBCO 需要補充人才，但也需要多樣化。以前的世代主要是由已開發國家的白人男性製圖者所組成，他們製作的地圖也反映了這點。斯克里普斯海洋研究所的桑德威爾表示：「我不想過於批評 GEBCO，但在八〇年代末期與九〇年代初期，他們的重點只放在歐洲，他們的態度似乎是：『我們先畫歐洲地圖吧，我們在那裡已經有完美的資料了。』」這不見得是製圖者的錯，主要是雇用他們的政府與機構的錯。已開發國家[16]（Global North）擁有的預算比較多，它們幾乎總是優先勘測本國領土，而不是國際水域。

與此同時，發展落後國家的海圖往往很零星。開發中國家即使有海圖，那往往也追溯到殖民時期，當時法國船隻勘測大溪地附近的水域，英國船隻勘測他們在南極附近的捕鯨站。開發中國家（Global South）的現代勘測大多是由科學研究或軍方負責的。軍方沒有太多的動機與 GEBCO 這樣的組織分享地圖。GEBCO 的使命是繪製第一份完整且可公開取得的世界海底地圖。

為什麼我們需要更完整的海底地圖？

二〇〇三年 GEBCO 慶祝百週年後不久，東京的一位高階管理者收到了一份傳真，邀請他參加在英國倫敦舉行的聚會。海野光行（Mitsuyuki Unno）在日本最大的慈善組織日本財團（Nippon Foundation）的海洋事務局（Ocean Affairs Division）任職。日本財團資助的全球慈善計畫包括消除痲瘋病、在非洲設立農業計畫等等。GEBCO 的成員約翰・霍爾（John Hall）指出，另一位日本成員曾建議製圖者向日本財團尋求資助，GEBCO 最終採納了那個建議。

海野光行飛到倫敦後，被帶進一間氣派的大房間，坐在一張王座般的木椅上，扶手還雕了獅子頭。他面前坐著十位海洋製圖者，幾乎都是上了年紀的白人男性。接下來的四個小時，製圖者向海野光行說明，為什麼應該繪製世界海底地圖：它可以解決非常局部的問題，例如在美國大陸棚外興建風力發電場、管理格陵蘭的扇貝種群，也可以解決全面的問題，例如了解氣候變遷造成的海洋暖流、沿海地區如何及為何會發生洪水氾濫、海嘯如何衝

---

[16] 譯註：北方國家（Global North）是指已開發國家，南方國家（Global South）是指開發中國家。這種「南北分歧」是因為無論位於北半球或南半球，經濟發達的已開發國家或地區通常都屬於北方世界，而經濟稍弱的開發中國家通常屬於南方世界。

擊陸地。一份完整的全球海底地圖雖然無法解決地球面臨的所有複雜問題，但可以幫我們為即將面臨的生死抉擇做好準備。在不了解海底之下，面對不穩定的未來，就像在不知道水有多深之下，跳進一個渾濁的池子。

海野光行幾乎聽不懂製圖者提出的所有術語。當時他三十幾歲，背景是國際發展，但他離開會議時，深深佩服他們的熱情。「他們到了一個開始感受到自己年歲已大的階段，」他回憶道，「他們第一次了解到，沒有人可以傳承這些任務。我想，他們都慌了。」日本財團後來同意，資助在新罕布夏大學海岸與海洋測繪中心（CCOM）的 GEBCO 培訓計畫。

霍爾回憶，後來他才真正認識到日本財團的創辦人笹川良一（Ryoichi Sasakawa）及其在日本歷史上的地位。一九四五年，盟軍逮捕笹川良一並指控他為甲級戰犯。甲級戰犯的定義是「破壞和平罪」，當時一位檢察官說他「在日本發展極權主義與侵略政策，是軍方以外最惡劣的罪犯之一」。有一些戰時的照片顯示，笹川良一與他欽佩及仿效的貝尼托・墨索里尼（Benito Mussolini）合影。他要求他私組的民兵穿黑襯衫，就像義大利的法西斯分子那樣。[20] 然而，在美國改變政策後，笹川良一在三年後獲釋，他的戰時活動從未在審判中公開。[21]

戰後，笹川良一靠著建立賽艇博彩帝國崛起，並在日本黑社會（所謂的山口組）與右派政黨之間異常交織的世界裡，扮演著左右領導人的影響人物。[22] 一九八〇年，他創立非正式的笹川基金會（Sasakawa Foundation），慷慨捐款資助世界各地的慈善機構與大學。在很多人看來，這顯然是為了美化他留下的遺澤。[23] 調查記者大衛・卡普蘭（David Kaplan）與艾歷克・杜布羅（Alec Dubro）寫道：「笹川良一雖然做了很多善事與慈善捐助，但他仍是賭博大亨，與日本的極右勢力關係緊密，也與黑社會有較隱晦但明確的往來互動。」[24]

一九九五年笹川良一去世，當時左傾的日本政府對笹川基金會施壓，要求它改名為日本財團（Nippon Foundation）。[25] 新名稱中的「日本」（Nippon）一詞，在日本國內有民族主義的色彩。也許「日本會議」（Nippon Kaigi）最能直接體現這種意涵。日本會議是一個強大的極右派游說團體，與川普的「讓美國再次偉大」（MAGA）運動中的民族主義情緒相似。[26] 日本財團是一個慈善組織，為有意義的計畫（例如海床 2030 計畫）提供資金。但那些指出笹川良一的戰時紀錄，或影射他與日本黑道和極右政治過從甚密的歷史學家，日本財團也會想盡辦法讓他們噤聲。[27]

史學家卡洛琳．波斯特爾－維奈（Karoline Postel-Vinay）告訴我：「日本財團最喜歡資助的目標是，那些對日本一無所知的人。他們喜歡為那些研究自然、藝術、環境的人提供資金。」二〇〇八年，波斯特爾—維奈要求法國外交部撤回對日本財團贊助的一項活動的支持，日本財團的法國分部因此控告她誹謗。波斯特爾－維奈贏了那場訴訟。[28] 東京的天普大學日本分校（Temple University Japan）亞洲研究系主任傑夫．金斯頓（Jeff Kingston）寫道：「法院裁定波斯特爾—維奈勝訴後，後續十年間，隨著學術界與大學紛紛和日本財團切斷連結，日本財團在法國開始失去影響力，並遭到政府的冷落。」[29] 雖然有些大學與團體婉拒了日本財團的資金，但更多的機構接受了 [30]，包括邦喬凡妮取得碩士學位的新罕布夏大學。

海底繪測的重大突破

過去二十年間，新罕布夏大學的「日本－ GEBCO 計畫」已經培訓了來自世界各地的一百多名海洋測繪者。學生通常有相關領域的專業背景，例如拉脫維亞的海事製圖師、馬來西亞皇家海軍的氣象學家、肯亞的土地勘測員。然而，「日本－ GEBCO 計畫」教導他們的是非常特定的海底勘測領域。

我採訪的多數海洋測繪者似乎都不知道日本財團的過去，僅一位表示 GEBCO 計畫從未培訓過中國的製圖者。中國是世界人口第二多的國家，也是日本的宿敵。霍爾是唯一直接提到笹川良一曾是戰犯的 GEBCO 成員，他也認為笹川良一的過去已經是遙遠的歷史。他在寫給我的信中提到：「我想，在事件發生 81 年後，持續糾結於那件事，沒什麼好處。GEBCO 的目的，是以好的解析度來全面測繪海洋。以目前的能力來說，海床 2030 計畫是第一次真正有機會成功的嘗試。」

完成為期一年的課程後，GEBCO 的學員會開始實習。之後，他們要嘛回到原來的工作崗位，要嘛透過 GEBCO 校友圈在國外找工作。該校友圈目前遍及四十幾個國家，學員變成 GEBCO 使命的非正式推廣大使。他們回到祖國後，通常在軍事或政府製圖部門工作。GEBCO 依靠這個校友圈，分享有關如何把各國地圖匯入世界地圖的重要實務知識。

二〇一七年，日本財團又資助 GEBCO 1,800 萬美元，以啟動「海床 2030 計畫」。該計畫與阿爾貝一世親王一百多年前設定的目標相同，但如今時機似乎已經成熟，可以在海洋測繪領域實現一個類似「登月計畫」的時刻。同年稍後，GEBCO 校友團隊以最佳自主海洋測繪技術，贏得了殼牌海洋探索 XPRIZE 競賽（Shell Ocean Discovery XPRIZE）的 400 萬美元獎金。

二〇一九年，「海床 2030 計畫」宣布其最新的地圖（名為「全球網格」）現在以理想的解析度，涵蓋了 15% 的海底。上次 GEBCO 發布全球網格是二〇一四年，當時以相同解析度測繪的地圖，僅涵蓋整個海洋的 6.4%。在二〇一七年到二〇一九年間，「海床 2030 計畫」把測繪的面積增加了一倍，並增加更多的細節。在會議上，GEBCO 成員開始打趣地說，他們的孩子「海床 2030 計畫」已經成功超越了它的父母，吸引更多人的關注。

4

「壓降號」駛回陸地時，邦喬凡妮向韋斯科沃解釋了「海床2030計畫」背後的推動力。他聽完後，立即答應提供協助。在此之前，他對「五大洋深潛探險」收集的地圖並沒有任何計畫。雖然他可能喜歡看那些地圖，但那些地圖主要是幫他達到目的的工具：成為第一個潛入五大洋最深處的人。

現在韋斯科沃已經完成清單上的第一個任務，整個團隊因他的成功而士氣大振。賈米森仍然不敢相信這次潛水真的發生了。「前一天仍是一團糟。」他說，「我不知道海神公司是怎麼做到的，但他們確實辦到了。」歷經幾個月的不確定性，探險隊終於站穩了陣腳。

幾乎就在每個人都下船的那一刻，他們剛培養出來的友誼又出現了威脅。海神潛艇公司與麥考倫的探險公司 EYOS 在社群媒體上，發布了幾則慶祝深潛成功的貼文後，電影製作公司發來一封憤怒的電子郵件，揚言他們若是在探索頻道首播紀錄片以前，發佈探險的相關內容，將控告那兩家公司。這引發了各個團隊之間的權力鬥爭，他們早就對電影製作公司心懷不滿了。最終，韋斯科沃設法讓每個人都遵守製作公司的要求，但過程中難免有些人覺得自尊受損。由於無法在網上分享自己的照片與影片，五大洋深潛探險隊現在只能靠記者採訪，向更廣泛的世界報導他們的故事。

回到美國後，邦喬凡妮深入研究了「五大洋深潛探險」的首批報導。那些報導談到一位追逐海底探險世界紀錄的富豪冒險家，談到深海中發現的新物種，以及從潛水器的舷窗瞥見的新地形。但那些報導鮮少提到那個害羞、睡眠不足的測繪者，冷靜地指引探險隊抵達地圖上的最深點。

遺憾的是，海底測繪的過程看起來不是那麼令人振奮。海洋測繪者常坐在船上的一張桌子前，面對著一排嵌入船體的電腦。海洋測繪者也坦言，在海底來回畫勘測線、找最底部，可能有點枯燥乏味。他們稱那個過程為「割草坪」（mowing the lawn）。「水文學」（hydrography，勘測水體的科學領域）以及同樣不受重視的分支「測深學」（bathymetry）[17]，不像火箭升空時刻那樣吸引大量的政府資金與大眾的熱烈興趣。邦喬凡妮突然意識到，幾乎沒有人了解她在這次探險中的角色。她說：「那時我才意識到自己傷得有多深。」

媒體的疏忽呼應了 GEBCO 鮮為人知的歷史，以及超過百年來它為了繪製地球的最後疆域，而團結世界時所面臨的困難。有一篇報導令邦喬凡妮特別不滿，該文的目的是報導船上的測繪工作，並附了一張照片。「我在史都華旁邊，教她如何使用測繪軟體。那是早上八、九點，我整晚沒睡，看起來很憔悴。」邦喬凡妮說，「他們把我從照片中切掉，然後用那張照片來宣傳船上的測繪工作。我心想：『你在開什麼玩笑！』」

在即將前往南冰洋潛水以前，韋斯科沃履行了承諾，把「五大洋深潛探險」的所有地圖都捐給了「海床 2030 計畫」。二〇一九年一月，他簽署了一份正式協議，讓邦喬凡妮在船上做的所有測繪都納入 GEBCO 不斷擴大的地圖中。為了回報他的捐贈，新罕布夏大學的 GEBCO 培訓計畫將派遣一名剛畢業的測繪者，

---

[17] 原註：我喜歡用一句水手的諺語來區分水文學與測深學：「船可以是艇，但艇不能是船。」同樣的，水文學可以包含測深學，但測深學不能包含水文學。測深學是測量海底深度，後來逐漸擴展為測量整體海底地形。水文學包括測深與許多其他的測量，例如觀測船的垂直與水平定位、海洋的化學成分、潮汐與洋流。一般來說，海洋界比較喜歡使用水文測量，而不是單純的水深測量。

在剩餘的每一段旅程中協助邦喬凡妮。邦喬凡妮瀏覽了應徵者的名單，選了她在新罕布夏大學就讀時認識的名字：艾琳・柏涵（Aileen Bohan）。

柏涵是一位開朗的愛爾蘭年輕女子，怪的是，她是因為對外太空深為著迷而投入海洋測繪領域。在都柏林聖三一學院（Trinity College Dublin）讀大學時，她因為對太陽系的組成有濃厚的興趣，最初是讀天體物理系。後來她意識到，她對彗星組成的大部分疑問，基本上可以從地質學獲得解答。大學期間，她曾搭上一艘愛爾蘭勘測船去做實地考察。研究所時，她改讀地質所。研究生期間，另一次研究船之旅幫她確定了選擇，使她成為海洋測繪者，這有部分要歸因於她對大海的熱愛。「在愛爾蘭，無論你開車去哪裡，都會到達海洋。」她說，「我們對海洋都有濃厚的興趣。」

船上多了一位助手後，邦喬凡妮終於可以從全天候的測繪任務中得到喘息。在前往南冰洋的五週航程中，她需要充足的休息。南冰洋環繞著冰凍的南極大陸，是五大洋中最洶湧、最偏遠、後勤挑戰最大的。對兩位渴望嶄露頭角的年輕海洋測繪員來說，這也可能是最有成就感的一次旅程。

正式前往南冰洋

大部分的船員飛回家過冬季假期時，「壓降號」沿著南美洲的東海岸緩慢南下。二〇一九年一月，船隻停靠在烏拉圭的首都蒙德維的亞（Montevideo），團隊在那裡重新集合，以啟動下一段旅程。這次任務的目的地是阿根廷南海岸外一串冒煙的火山小島，整串小島形同一輪新月：南桑威奇群島（South Sandwich Islands）。那裡無人居住，卻有一些世界上最大的企鵝棲息地。

在南桑威奇群島的東邊，海底陡降形成南桑威奇海溝，那是由兩個板塊碰撞造成的。一九二七年，德國勘測船「流星號」

（Meteor）發現了後來大家一直認為是海溝最深處的地方：流星深淵（Meteor Deep）。但由於南冰洋仍有約80%的區域尚未測繪，即使以非常差的半公里解析度來看，邦喬凡妮與柏涵很有可能顛覆大家對南冰洋的基本認知。[31]

在帆船時代，商船經常利用南緯 40 度的強勁西風，也就是所謂的 40 度哮風帶（Roaring Forties），來通過南半球，以縮短洲際航程。現在很少船隻通過那裡了，因為柴油動力船大致上淘汰了風力驅動的緯度航線。仍在那裡航行的船隻，通常不願向世界透露他們的航程。日本捕鯨船去那裡獵捕，因為那裡遠離了國際捕鯨禁令的管區。有時綠色和平組織（Greenpeace）的活動分子會跟蹤捕鯨船，盡可能地靠近拍攝鯨魚遭到屠宰的血腥甲板。科學家前往南極洲的研究站時會經過那裡。參加旺代單人不靠岸航海賽（Vendée Globe）的單人航海者也會經過那裡，常有人在那場不間斷的環球航賽中喪生。其餘時間，南冰洋是一個荒涼的地方。你愈往南航行，天候愈動盪，風速愈猛烈：40 度哮風帶變成 50 度狂風帶（Furious Fifties），然後是 60 度尖叫風帶（Screaming Sixties）⓲。[32] 那裡正是邦喬凡妮與團隊的其他成員要去的地方。

⓲ 譯註：或譯為「咆嘯四十度」、「狂暴五十度」、「尖叫六十度」。

第二部

航向地球最後的無人之境

第四章

地圖如何形塑全新世界觀

「如果海底看不見，如果它在海面下 2、3 英里處，
而你還沒抵達那裡就已經溺斃了，
即使它是由你靈魂的本質組成的，那又有什麼用呢？」
——亨利・大衛・梭羅（Henry David Thoreau），
「科德角」（Cape Cod），一八六五年[1]

1

不久前，我在網路平台 Etsy 上發現，有人銷售一幅曾經很有名的海底地圖，售價僅 15 美元。那幅地圖是一九六七年由《國家地理》雜誌（*National Geographic*）出版的，當年一個新的科學理論顛覆了我們對地球的認知。截至二十世紀中葉，海洋測繪員已經繪製了夠多的海底圖（雖然以規模來看其實不多），足以拼湊出第一個現代的海底概況，但那幅地圖撼動了我們腳下的地球。在那之前，多數人認為海底是平坦、無趣、死寂的土地。板塊構造學說的出現開啟了一個新時代，大家發現最引人入勝的地質現象其實在海洋中，隱藏在數公里深的大海內。

我在 Etsy 上發現的那幅地圖，是以瑪麗·薩普（Marie Tharp）的研究為基礎，她是最早從事海洋測繪的女性之一。薩普生於一九二〇年，如果她晚二十年才出現，可能貢獻更大。但另一方面，她的出現可說是恰逢其時。她繪製出第一幅多元的海底地形圖，讓數百萬人得以一窺海底世界的多樣風貌，裡面有沿海大陸棚、覆蓋全球大部分海底的深海平原，以及環繞地球 6.4 萬多公里、蜿蜒崎嶇的海底山脈及其險峻的山峰與深谷。

地圖史學家蘇珊·舒爾坦（Susan Schulten）評論薩普的地圖：「這不止是海底圖像，更是對一個新地質理論的初步解釋。」[2] 約翰·諾布爾·威福（John Noble Wilford）在經典著作《製圖者》（*The Mapmakers*）中盛讚：「這是現代製圖學中最卓越的成就之一，是超過百年來海洋學研究成果的圖像總結。」[3] 多數讚譽是在二〇〇六年薩普過世以後才出現。雖然現在她可說是世界上最著名的海洋測繪員，但但在她最活躍的一九五〇年代與六〇年代，她其實是個複雜的人物：一個隱藏過去的離婚女性，一個渴望找到有意義工作的精明知識分子。過程中，她努力融入，也做出妥協，只為了繪製她熱愛的地圖。然後，在她的職涯巔峰期，她遇到重大的挫敗，專業上遭到邊緣化，貢獻也被人輕描淡寫。[4]她過世後，《紐約時報》與《洛杉磯時報》刊登了討論其研究成果的訃聞。現在有幾本兒童讀物、多篇文章、一本完整的傳記講述她的冒險經歷，還有一部《國家地理》的紀錄片，以及一支龐克搖滾樂隊寫歌向她致敬。她也成了第三代與第四代女性海洋科學家的偶像。我遇到一位打算航行到格陵蘭並勘測當地融化峽灣的女子，她把她的帆船命名為「瑪麗號」（Marie）。

如今，任何有關板塊構造或海底的書籍，如果沒提到薩普和她的密切合作者布魯斯．希森（Bruce Heezen），就不算完整。參加幾場有關「海床 2030 計畫」的大會，或閱讀其宣傳內容，你會一再聽到她的名字。久而久之，我開始了解為什麼「海床 2030 計畫」與整個海洋測繪圈會那麼常提到薩普：他們在等待另一個薩普出現，一個能夠收集所有零散的海洋測深資料，並繪製出一幅地圖的人，以展現出地球所有的奇妙與複雜。換句話說，薩普向我們展示了測繪海底為什麼那麼重要。於是，我在 Etsy 上訂購了那幅地圖。

2

薩普在成長過程中，一直是新來者，始終是局外人。她是獨生女，母親是教師，父親是土壤勘測員。由於父親在美國的農業部任職，他們全家必須跟著父親的工作搬到全國各地。「我們不斷搬家，」她寫道，「我爸冬天在南方各州工作，夏天在北方各州工作。我高中畢業時，已經念了二十幾所學校，見過許多不同的地貌。」[5]

他們家住遍了北方與南方的大城與小鎮，包括德州的奧維爾（Orville）、阿拉巴馬州的塞爾瑪（Selma）等地。每四年，他們就回到華盛頓特區。政府的勘測員聚集在那裡，把新的測量結果轉化為地圖。住在南方時，她的北方口音使她被視為「北方佬」。她學會與其他遭到排擠的孩子一起玩耍，包括校內唯一的猶太女孩和校工的黑人兒子。她靠閱讀來打發時間，隨手翻閱家裡隨處可見的科學雜誌。每週六，父親會開著工作車，載她一起去勘測地點。父親測繪及衡量時，她就玩泥巴，做泥派，尋找動物的屍骨，為父親不斷增加的脊椎骨收藏增添新的東西。有一次，她帶了一本詹姆士・菲尼莫爾・庫柏⓳（James Fenimore Cooper）的小說隨行。父親數落她：「周遭那麼多大自然可以觀察與研究，你為什麼要讀那個？」[6]

沒有人期望她克紹箕裘，跟著父親的腳步擔任土壤勘測員。當時女性的工作選擇中，沒有那種選項。祕書、護士、教師才是女性的工作，偏偏薩普不會打字，看到鮮血就受不了，也討厭教

⓳ 譯註：浪漫主義的代表作家。

書。[7] 她漫無目的地度過了二十幾歲的年華，經歷了結婚與離婚，取得了英文、音樂、數學、地質學等學位。獲得地質學碩士學位後，她到一家石油公司繪製地圖，接著進入美國地質調查局（US Geological Survey）工作。

一九四〇年代末期，她抱著找工作的模糊想法，走進哥倫比亞大學，碰巧與人稱「博士」（Doc）的地球物理學家W．莫里斯．尤因（W. Maurice Ewing）面試。尤因在二戰期間為美國海軍開創了聲納的使用。他更廣為人知的貢獻是，他與人一起發現了聲道（sound channel）：鹽度與溫度梯度（temperature gradients）的變化所造成的海洋層，那可以把海面下的聲音從海洋的一端傳到很遠的另一端。[8]

「他針對我的背景，問了一些制式問題。當他聽到我拿到多項學位以及拿到那些學位的順序時，似乎愈來愈訝異。他的態度客氣有禮，但難掩困惑，最後他不禁脫口說出：『你會畫圖嗎？』」薩普回憶道，「這真的很好笑，他就是無法理解。對於我修了那些奇怪的課程，而且又是以那樣顛三倒四的順序修課，他感到困惑不解。」[9]

締造人類歷史上的第一次

那時尤因碰巧即將進入職涯的顛峰期。當時他在哥倫比亞大學的一個狹小地下室裡，主持一個實驗室。但不久，他就會在哈德遜河畔一座捐贈的大宅裡，創立一個全新的地球科學機構。J.P. 摩根公司（J. P. Morgan）的前任執行長托馬斯．拉蒙特（Thomas W. Lamont）剛過世，他的遺孀佛羅倫絲（Florence）把拉蒙特家族的地產捐給哥倫比亞大學。尤因對於測量海底極感興趣，他需要像薩普那樣能畫圖、運算，並把海底測深資料轉化為地圖的人。他錄用了薩普，於是薩普成為第一位獲准在紐約帕利塞茲（Palisades）的全新拉蒙特地質觀測台（Lamont Geological Observatory）從事科學工作的女性。

在拉蒙特早期的照片中，薩普看起來很嚴肅，有一雙棕色大眼、小嘴巴、精心打理的深色頭髮。一張照片顯示，她坐在一張巨大的繪圖桌前，面前攤開一張全球海底地圖。她寫道：「這對任何人來說是一生一次——甚至是人類歷史上僅此一次——的機會，對一九四〇年代的女性來說更是如此。」[10]

她加入拉蒙特時，拉蒙特大宅（Lamont Hall）正從大富豪的豪宅轉變為研究機構。室內游泳池變成了自助餐廳，溫室變成了機房，廚房變成了地球化學實驗室。[11] 阿爾瑪・凱斯納（Alma Kesner）在拉蒙特地質觀測台擔任行政人員多年，她記得她的第一個辦公室本來是一個加裝鐵窗的遊戲室。「林白小鷹綁架案[20]（Lindbergh kidnapping）發生時，拉蒙特家族在一樓加裝了鐵窗，因為他們不想看到家裡的孩子被綁架。」她後來說，「大家總是問我：『凱斯納，你做錯了什麼，怎麼會被關在監獄裡？』」[12]

那是現在的拉蒙特－多爾蒂地球觀測所（Lamont-Doherty Earth Observatory）的早期輝煌時光。當時的拉蒙特地質觀測台比較像一家喧鬧的新創公司，而不是如今這樣備受敬重的科學機構。週五下午四點，他們就開始在氣派的拉蒙特客廳裡喝酒。男性專屬派對是在機房舉行，而且持續到深夜才結束。地球化學家、地球物理學家、海洋學家一起吃午餐，交流故事，舉行非正式的會議與會談。一開始，只有十幾位科學家在那個大宅裡走動。薩普為任何需要的人繪製地圖，但不久就有一位科學家占用了她所有的時間。

---

[20] 譯註：1932 年知名的美國飛行員查爾斯・林白（Charles Lindbergh）的長子小查爾斯・林白（Charles Lindbergh Jr.，暱稱「小鷹」）遭到綁匪撕票，是美國歷史上最著名的綁架案之一。

希森從愛荷華大學取得學士學位後，尤因一直是他的研究所導師，帶著他出航世界各地做研究，其中一次旅程持續了三十六個月。在過程中，希森跟著尤因學習，累積了大量的測深資料，其中大多是來自北大西洋。希森也從電信公司的研究單位貝爾實驗室（Bell Laboratories）獲得資金，以便把那些測深資料轉化為地圖。

貝爾實驗室正在紐芬蘭與蘇格蘭之間，鋪設商用的跨大西洋電纜。此外，貝爾實驗室也祕密地為美國海軍鋪設另一條電纜，以追蹤敵方潛艇。[13] 貝爾實驗室尋求希森的建議，以避開北大西洋的海底危險——這是希森在哥倫比亞大學撰寫碩士論文時廣泛研究過的主題，他的論文是有關一九二九年紐芬蘭大淺灘（Grand Banks of Newfoundland）外的地震與電纜斷裂。怪的是，電纜是在規模 7.2 級的地震發生數小時後才斷裂。希森猜測，地震引發了海中雪崩，他稱之為濁流（turbidity current）。濁流沿著大淺灘傾瀉而下，沿途切斷了電報電纜。「現在估計大淺灘濁流的時速高達 72 公里。」科學記者庫齊格寫道，其「範圍遠大於任何陸上的雪崩」。[14]

因軍事需求展開的海底繪測復興

薩普為希森繪製地圖時，工作既簡單又複雜。她把基本的測深資料——所謂的回聲測深圖（或譯音測圖，簡稱 echogram）——轉化為可讀的地圖。除了希森每年出航收集的測深資料以外，薩普也從其他的來源獲得數千筆測深資料。那些資料是來自在大西洋鋪設電報電纜的船隻，以及世界大戰期間的潛艇作戰。各種地圖資料總是源源不絕地送達她的手中。[15]

兩次世界大戰相隔的三十年間，在美軍的大力資助下，勘測海底的技術經歷了一次復興。一九二〇年代初期，一艘美國海軍艦艇首次完成了橫跨大西洋的連續勘測線。有了新的裝置，聲納操作員以一副耳機收聽，記錄回聲並在約一分鐘內算出深度。接著，他以固定的間隔為整個海洋重複這個計算過程。[16] 二戰期間，回聲測深儀（echo sounder）又再次升級，當時尤因與海軍密切合作，開發出第一個連續自動聲納。當聲納發出聲波時，它會驅動一支針筆在捲動的紙卷上移動，記錄聲波穿越深海的旅程。聲波從海底反彈回來後，船體內嵌的麥克風會追蹤回聲。麥克風一收到回聲，針筆就會以電火花在紙上燒出深度測量結果。

「這樣的測量為船隻航行路線上的海底深度，提供了連續的數據。不過，說是『連續』，其實也不盡然：回聲測深儀是使用船上的電力，每次有人打開船上的冰箱，電力就會中斷。」薩普如此描述某次問題頻傳的大西洋航程，「每次發生這種情況，就沒有回聲返回，測深儀記錄的深度就像船員的胃口一樣深不見底。」[17] 這就是原始的飛點，也就是凱恩在「鸚鵡螺號」上努力清除的「遺失的小小聲波」。

相較於今天的多音束聲納（另一項戰時的發明），這些勘測可能聽起來很原始。但是，相較於維多利亞時代的勘測，這是極大的進步。在維多利亞時代，船員花半天的時間才獲得一個測深資料。他們的測深方式是，把鉛線沉入深海中，再把它拉上來。尤因是一位卓越、近乎狂熱的資料收集者，拉蒙特地質觀測台變成了海底測深資料的巨大寶庫。一九五〇年代初期，薩普運用最先進的海底知識來繪製地圖。

發現大陸漂移證據

然而，軍方支持所有的海底勘測時，常出現一個問題：資料隨時都有可能突然轉為機密。拉蒙特地質觀測台裡的每個人都必須獲得軍方的許可，包括負責處理應付帳款及採購訂單的凱斯納。[18] 希森指示薩普把一些測深資料，轉化成橫跨北大西洋的六條平行軌跡。她和一群由繪圖員與人工計算員組成的團隊，把這些測量結果轉換成剖面圖。那看起來有點像心電圖，只不過它追蹤的不是心跳，而是海底的山谷、海溝、海底山的起伏。[19] 團隊又花了六週的時間，把這些剖面圖按正確順序排列，從西到東橫跨整個海洋。

薩普回憶道：「把船隻航行的軌跡畫在地圖上，看起來就像一張蜘蛛網，以百慕達為中心向四周輻射開來。百慕達是多數研究船補給物資與水的地方。有時航跡會呈鋸齒狀，因為船隻會躲避風暴的路徑。」她退一步檢視她繪製的地圖時，一個特殊的形狀引起了她的注意。在那些剖面圖的大致相同位置，有一個巨大的山脊從海底升起，那個山脊內有一個小小的 V 形裂縫。「每張圖畫出來的個別山峰不見得一致，但裂縫卻很一致，尤其是最北邊的三個剖面圖。」瑪麗寫道，「我認為那可能是裂谷，切入山脊的頂部，並沿著山脊的軸線一直延續下去。」[20]

薩普仔細端詳這些剖面圖時，開始認為這個裂谷可能證實了一個遭到北美主流地質學家普遍否定的理論。她把地圖展示給希森看時，他也看到了，並興嘆：「不會吧！那看起來太像大陸漂移（continental drift）了。」那發現令人不安，但薩普無法否認親眼看到的東西。「如果真的有大陸漂移，那麼其中有中洋脊（mid-ocean ridge）這樣的東西似乎就很合理了。」她寫道，「新物質從地球深處冒出來的地方，就會形成裂谷，把中洋脊一分為二，並把兩側推開。」現在她只需要更多的證據來說服其他人。

3

在拉蒙特地質觀測台成立以前，在薩普、尤因、希森出生以前，阿佛列・韋格納（Alfred Wegener）提出了大陸漂移理論。這位德國的氣象學家生於一八八〇年，顯然花了不少時間研究世界地圖。和許多前人一樣，他注意到，去掉海洋的話，各大陸就像巨型拼圖一樣拼在一起。南美洲凸起的東海岸與非洲漸窄的西海岸完美契合，北美洲的東海岸也與歐洲的北海（North Sea）海岸完美接合。也許海洋與大陸不像許多人所想的那樣永恆不變，而是整個地球表面都在移動，儘管移動得非常緩慢。

一次大戰期間，韋格納受傷了。在療傷期間，他於一九一五年出本新作品《大陸與大洋的起源》（*The Origin of Continents and Oceans*），寫下他的理論。這個書名是向查爾斯・達爾文（Charles Darwin）的《物種起源》（*On the Origin of Species*）致敬。《物種起源》顛覆了上個世代的宗教與科學秩序。顯然，韋格納對他的新理論也有遠大的抱負。他主張，我們今天所知的七大洲，曾是合而為一的超級大陸，名為盤古大陸（Pangaea）。他從多元領域的研究中尋找證據來證明這個說法。例如，古生物學家在大西洋兩岸發現古代物種的化石；地球物理學家撰寫有關地殼均衡（isostasy）和地球表面地函活動的研究；不同大陸之間有相同的冰河沉積物。這些證據令人信服，但也有很大的漏洞。

斯克里普斯海洋研究所的海洋學家 H・W・孟納（H. W. Menard）寫道：「這裡一頁，那裡一段，無論正確與否，韋格納提出了夠多證據不足的想法，足以激怒幾乎每一個尚未被地質學、古生物學、古氣候學的章節內容激怒的專家。」[21] 當時美國的科學家大多很厭惡大陸漂移的主張。

十九世紀末與二十世紀初，科學界正走向專業化，並遠離過去那些廣泛涉獵多元領域的通才，包括重視科學觀察的德國博物學家亞歷山大．馮．洪堡（Alexander von Humboldt）。[22] 韋格納顯然也是老派的通才。他和身為極地探險家的哥哥庫爾特．韋格納（Kurt Wegener），一起創下連續五十二小時乘坐氣象氣球的世界紀錄。他帶領探險隊搭乘狗拉的雪橇，穿越格陵蘭島。[23] 他創作詩歌，以表達對菸草的熱愛。在智識方面，他是思想的集大成者，好奇心永無止境，興趣遠遠超出其專業培訓範圍，跨入天文學、氣象學、物理學。他因博學多聞，所學太廣，在我們現今這種分門別類的大學系所中很難找到工作。如今回顧這一切，感覺很諷刺，因為現今德國一家備受推崇的研究機構，就是以他的名字命名：布萊梅港（Bremerhaven）的韋格納研究所（Alfred Wegener Institute）。

韋格納藉由出版《大陸與大洋的起源》，再次大膽越界，提出非個人專業領域的創新見解。他以氣象學家的身份，大膽地闖入古生物學與地質學的領域。他提出的理論將顛覆一些卓越科學家的畢生研究。科學史學家娜歐蜜．歐蕾斯柯斯（Naomi Oreskes）寫道：「韋格納的理論在一九二〇年代與三〇年代獲得廣泛的討論，但也遭到猛烈的批評，尤其美國的地質學家將它貶抑為偽科學。」歐洲、澳洲、南非的科學家對這個理論的接受度較高[24]，但在美國，相信大陸漂移理論就像學術生涯被判了死刑。在該理論的支持者為大陸如何漂移提出一個可靠的解釋以前，一切都只是間接證據，沒有鐵證。[25]

該理論面臨的一個障礙是，大陸漂移有很多令人信服的證據都被海洋覆蓋住了。最早的海洋探險已經發現部分的裂谷——那些裂谷在數十年後，把薩普變成了「漂移論」的堅定支持者。一八五〇年代，美國海圖與儀器庫（Depot of Charts and

Instruments）的負責人馬修・方丹・莫銳（Matthew Fontaine Maury）在第一次系統化的海洋勘測時，發現了大西洋中部的一條山脊。即使他在大西洋中只做了 200 次測深，但他清楚地看到海底有上升的山脊，並稱之為「海洋裂縫」（sea gash）——我真希望這個詞現今仍在使用。莫銳對這道分隔北美和歐洲大陸的崎嶇山脈讚嘆不已，「海洋的奇觀媲美天空的壯麗。」他寫道，「它們以神聖的旋律宣告，它們也是鬼斧神工之作。」[26]

莫銳刻意以靈性用語來描述他探索海洋的渴望。相較於研究自然飄渺的天空，研究深邃黑暗的海溝需要一點神助。天文學是當時最受敬重的領域之一。整個十八與十九世紀，天文學家證明他們的研究對現實世界的效益在於：改善海上導航，拯救水手性命，加快橫越大西洋的航行時間。[27] 思考宇宙也是一種很自然的靈性聯繫，而且天文學在天主教傳統中有悠久的歷史。梵蒂岡天文台（Vatican Observatory）裡有世界上最古老的天文研究機構之一，其根源可以追溯到一五八二年。

天文學因為有經濟與宗教的雙重支持，在美國政府資助科學之初，天文學獲得的資助就超越了海洋學。這個差距後來逐漸擴大，如今美國太空總署（NASA）與國家海洋暨大氣總署（NOAA）的預算差距已變成一道鴻溝。

固定論與板塊漂移說大陸漂移論

在莫銳發現「海洋裂縫」20 年後，另一個探險隊在大西洋的不同位置發現了裂谷，並一直追蹤到南冰洋。一八七二年十二月，一艘英國軍艦從英國樸茨茅夫（Portsmouth）啟航，為海洋科學展開了一場艱鉅的任務。「挑戰者號」在那為期三年的環球航行中，發現了數以千計的新海洋物種，並以此任務出名。它打撈出第一批海底礦物，並發現了主要的地質特徵，包括以其名稱命名馬里亞納海溝中的「挑戰者深淵」。[28]

在海上航行的那幾年，船員在世界各地做了三百多次測深，這些測深都是從深海中辛苦量測出來的。在印度洋，「挑戰者號」發現了一片顯著的淺水區，後來證明它與環繞世界的中洋脊系統相連。在返回英國的途中，「挑戰者號」經過南冰洋的另一段山脊。船上的科學家推測，它可能穿過大西洋，一直延伸到冰島。但整體來說，「挑戰者號」上的紳士科學家對於如何解釋海底的崎嶇地形，意見分歧。發現接踵而至，但由於海洋資訊很少，很難解釋他們發現的東西。

從海底拉起每一次測深資料，無疑彰顯出他們為了了解海洋所做的熱情奉獻。那也展現了大英帝國的殖民實力，以及它用來追求科學啟蒙的龐大資源。歷史學家海倫・羅茲瓦多斯基（Helen Rozwadowski）在談到十九世紀的早期海洋勘測時寫道：「在海圖上標註深度數字，是一種彰顯個人榮耀及國家威望的作法。」[29]船上的科學家在當時盛行的主要理論之間搖擺不定。在長期存在的地球「固定論」（fixist）觀點中，陸地與海洋不會直接互換位置。[30]陸地是新大地，海底是舊大地。沉積物從較新、較有趣的陸地地質上被沖走，最終沉積在海底。㉑

當時另一種流行的觀點是，海洋中間的高脊其實是沉沒的大陸。「挑戰者號」在印度洋發現中洋脊時，英國報紙稱之為失落的亞特蘭提斯（Atlantis）。失落的海底城神話，常出現在維多利亞時代的科幻小說中：大自然的力量摧毀了高科技的文明。對快速工業化的英國讀者來說，這種故事有一種特殊的反烏托邦魅力。大眾也願意相信，其他的古代神話可能是真的。德國的尋寶

㉑ 原註：演化生物學的另一個早期理論也依循類似的思路：深海動物是由淺水動物向下遷移演化而來的。我們現在知道，相反的情況也可能發生，生命既可以向上遷移，也可以向下遷移。

者兼考古學家海因里希・施利曼（Heinrich Schliemann）不久前才手拿著一本荷馬的《伊里亞德》（*Iliad*），在土耳其的山坡上四處遊蕩，結果發現了失落的特洛伊城（city of Troy）。既然如此，那發現失落的亞特蘭提斯根本不足為奇？[31]

韋格納雖飽受質疑，但他仍深信大陸漂移理論是正確的。主流科學家的反駁並沒有阻止他，反而刺激他更努力地研究並收集更多的證據。一九三〇年，四十九歲的韋格納展開第四次探險，前往格陵蘭。他打算在極地冰冠上做地球物理實驗。在大雪紛飛及攝氏負 50 度的晚秋低溫下，他和兩個同伴滑雪運送物資到內陸的研究站。在返程途中，他和格陵蘭人拉斯穆斯・維侖森（Rasmus Villumsen）失踪了。

翌年春天搜救隊找到韋格納時，他仍裹著毛皮躺在睡袋裡（維侖森則沒那麼好運，他的屍體仍未尋獲）。他們推斷，韋格納可能在營地裡死於心臟病發。他們還說，死者看起來異常地開心，臉上掛著幸福的笑容。他這一生從未見證自己遭到誹謗的理論，變成他對科學的最大貢獻，但也許他已經猜到，有朝一日他會被證明是正確的。[32]

4

薩普沒有像韋格納那樣跋涉穿越北極苔原或乘坐熱氣球，但她以自己的方式展現她的與眾不同。身為離婚婦女，在一九五〇年代那個封閉又以男性為主的科學界工作，她努力對抗大大小小、明示暗示的種種限制。也許最過份的限制是，當時不允許女性到海上收集自己的測深資料。一九六〇年代後期以前，所有的美國海洋科學機構——加州拉霍亞的斯克里普斯海洋研究所、麻州伍茲霍爾（Woods Hole）的伍茲霍爾海洋研究所（WHOI）、紐約帕利塞茲的拉蒙特地質觀測台——都禁止女性在研究船上工作。拉蒙特甚至不准女性踏上舷梯。[33] 禁止女性登船的規定，表面上是因為船隻設計未考慮不同性別的需求，以及男性必須分心照護女性的考量。但實質上卻是源於一個水手代代相傳的古老迷思，他們認為女性在海上會帶來厄運與災難[34]。

不過，一九五〇年代與六〇年代的研究船比現在的船危險多了。當時的標準作法是，每兩分鐘就往海裡扔一根炸藥來測量海底。一位早期登上拉蒙特研究船的研究員被炸得四分五裂，葬身大海。[35] 在百慕達附近的一場風暴中，一陣巨浪把尤因和另三名男子捲入大海。船長設法救回了四人中的三人，包括尤因，此後他終生走路跛腳。[36]

對於這種禁令，顯而易見的解決方法應該是改善船上的安全。拉蒙特確實逐步淘汰了炸藥的使用，開發出可以拖在船後的空氣震波槍。但這些船隻仍然充滿了源自海軍與航海界的大男人主義氛圍。當時伍茲霍爾海洋研究所的一位數學家說：「部分問題是情感問題。對許多男人來說，出海代表暫時回歸少年時代，他們不想讓這種遠離塵囂的美好機會受到威脅。」[37] 由於薩普無法收集自己的資料，大家常認為她的見解是缺乏實務經驗的地質學家在紙上談兵。

迴避這種限制的一種方法是，女性找一位男性科學家來當支持者，希森與薩普之間的關係就是這樣開始的。希森出海收集資料，薩普在陸上分析及解讀測深資料。在當時的海洋學界，這種搭配並不罕見。科學史學家歐蕾斯柯斯寫道：「這些男人認為出海是迷人又愉悅的任務，遠比留在辦公室裡分析資料有趣多了。這是資料分析常留給女性處理的原因之一。」[38]

追蹤他們在學術界的軌跡，可以清楚看到當時男女的不同處境。薩普加入拉蒙特時，已有三個學位，也有為石油公司及美國地質調查局繪圖的工作經驗。即使希森比薩普小四歲，而且他們相識時他只有一個碩士學位，但薩普只能成為希森的研究助理，希森當時還只是博士生。希森花了近十年才取得博士學位，因為他根本沒有動力。斯克里普斯海洋研究所的海洋學家孟納是希森的好友，他寫道：「他已經有工作、有錢、還有研究助理，而且領導探險隊。有沒有博士學位，有什麼關係？」[39] 希森甚至在大四以前，就已經指揮自己的研究船了。他在第二次研究航程中成為首席科學家，那時他剛取得學士學位。[40] 後來他獲得獎項肯定，也取得哥倫比亞大學的終身教職，使他無法被解雇——這點在他與薩普後來的人生中變成一大關鍵。[41] 與此同時，薩普則是與拉蒙特簽下一份又一份不穩定的工作合約，而且出版文獻中常刪除她的名字。

對薩普來說，只要能做她認為「重要的研究」，那一切待遇都無關緊要。「我認為有希森當上司很幸運，因為他給了我那麼有挑戰性的工作。」她說，「我不在乎我的職稱或任何東西。助理也好，繪圖員也好，電腦助理也好，我不在乎自己是什麼，因為我覺得我研究的問題和他一樣，我毫無怨言。」[42]

但有些女性確實對這些性別歧視的規定很不滿，尤其是禁止出海的規定。那條規定阻礙了多少女性海洋學家的職涯發展，她們只能待在陸上，無法收集自己的資料。一九五五年，一名研究生在伍茲霍爾海洋研究所散發了一份譴責這項政策的小冊子。「有些科學家說，不需要出海就能成為海洋學家。」其中一位年輕生物學研究生蘿貝塔・艾克（Roberta Eike）寫道，「但我更希望能收集自己的資料，並有機會親自做所有重要的觀察。」[43]

一年後，由於規定沒變，艾克採取了行動，偷偷溜上船，參與一次海洋生物航程。她的指導教授喬治・克拉克（George Clarke）赫然發現她在船上時，把她抓了過來，按在他的膝蓋上，打了她一頓。船馬上掉頭，把她送回岸上，伍茲霍爾海洋研究所也取消了她的獎學金。[44] 艾克被伍茲霍爾海洋研究所退學後，大家對她的後續發展一無所知。

地圖印刷打破海洋繪測的性別限制

那時薩普快四十歲了，她可能覺得自己已過了那種年輕叛逆的年紀。近十年前，她就開始在拉蒙特工作，當時女性在科學領域任職還很少見。儘管如此，她依然感受到自己不受歡迎，甚至連雇用她的人也不太喜歡她。她談到尤因對科學界女性的態度時說：「我覺得他恨透她們了。」[45] 她轉而把注意力放在繪圖桌上。在美國西岸，斯克里普斯海洋研究所的兩位女性也是如此，她們為擔任研究員的丈夫繪製海底地圖。[46]

地理學處於一個特殊的模糊地帶，它橫跨了兩個截然不同的領域：既包含傳統上女性見長的藝術與人文範疇，又涉及長期以來由男性主導的探險與數理領域。在美國立國之初，地理學是少數傳授給女性的科學科目之一。一八一八年，製圖師約翰・平克頓（John Pinkerton）在一本地圖集的序言中寫道，地理學是「一門普遍具有教育意義且令人愉悅的學科，因此近百年來，連女性也在學習地理」。[47] 不過，兩性學習地理的方式不同，女性的地理課程偏重繪畫、製圖，甚至把美國各地的地圖縫組在一起。這個目的有部分是為了培養愛國心，把成立不久的共和國邊界深深烙印在所有美國人的心中，不分男女。後來，隨著地圖印刷技術進步，那種早期的製圖傳統逐漸消失，也為女性進入科學領域打開了一扇門（即使只是稍稍打開）。這種微妙的轉變可能讓薩普有機會在一門比較女性化的技藝掩護下，從事科學研究。[48]

儘管如此，薩普在拉蒙特還是很難融入。她加入拉蒙特以前就已經離婚了，她鮮少提及那段與俄亥俄州小提琴手的婚姻[49]，以免被那些有妻小的男性科學家進一步排擠。海洋學家比爾・萊恩（Bill Ryan）是希森的學生，他回憶道，薩普的「舉止像小女孩，笑起來咯咯作響，講起話來聲音尖細」。[50] 她七十幾歲時，仍自稱是女孩。她的隨意風格也引人側目。在哥倫比亞大學（拉蒙特的隸屬機構）舉行正式晚宴以前，希森會派行政人員凱斯納去檢查薩普的服裝，以免她穿著長禮服搭配運動鞋到場。[51]「薩普有一種特別的穿衣風格，沒人模仿得來。」凱斯納說，「但如今你看街上的行人，我覺得他們的穿著都很像薩普。」

儘管薩普為了適應當時的嚴格規範而努力配合，但她在科學上從不妥協。希森看到她早期繪製的大西洋中洋脊地圖，並聽到她提出有關大陸漂移的大膽想法時，把她的詮釋貶抑為「女孩子的閒聊」。[52]「當時，相信大陸漂移理論幾乎算是一種科學異端。」她寫道，「在科學界，相信大陸漂移的人甚至被蔑稱為『漂移者』。」[53] 提倡大陸漂移理論可能導致薩普與希森遭到科學界的排擠，尤其是在一九五〇年代的美國，尤其是在拉蒙特，因為尤因是堅定的固定論者。[54]

撼動地質界的新發現

薩普花了約一年的時間，才說服希森相信穿過大西洋的山脊確實存在。最終，兩個證據說服了希森。薩普旁邊坐了一位藝術學校畢業的聾啞者，他曾辛苦地為貝爾實驗室的地圖手繪了數千次水下地震。這些地震點正好沿著薩普指出的裂谷排列，證明了大西洋海底的山脊在地質上是活躍的。另一個有說服力的證據是，地質學家證實，穿過吉布地、衣索比亞、肯亞、坦尚尼亞的東非裂谷（East African Rift）是在地殼中緩慢擴張的裂縫（中洋脊大多在海中，但少數延伸到陸上，例如東非裂谷）。最終，希森接受了薩普的解讀，但他無法鼓起勇氣支持大陸漂移理論。她寫道：「要往漂移理論的方向發展實在太難了，因為老闆尤因和當時科學界的幾乎所有人一樣，對大陸漂移理論可說是深惡痛絕。」[55] 於是，希森提出一個替代理論：地球正緩慢擴展，那是海底裂縫之間的熔化岩漿向上推動造成的。

他們又花了四年，才發表中洋脊系統（亦即大家後來所知的裂谷）的研究結果。那幾年間，薩普深入探究了研究船收集的海底測深資料，並利用那些資料把中洋脊系統延伸到全世界。

一九二五年德國的研究船「流星號」首次在南冰洋上做等距的跨洋勘測，並發現了南桑威奇海溝。薩普從「流星號」收集了海底測深資料，並埋首研究那些未經分析的數據。她再次發現中洋脊特有的V形凹痕，而且那條山脈從大西洋延伸到南冰洋——這也證實了近百年前「挑戰者號」科學家的預測。她後來又收集了「流星號」勘測兩年後，由一支丹麥探險隊的海底測深資料，並發現印度洋也有一個類似的山脊：嘉士伯海嶺（Carlsberg Ridge），那是以丹麥著名的釀酒廠和科學基金會嘉士伯（Carlsberg）命名。[56]

一九五〇年代末期希森開始發表這項研究時，他帶著一顆地球儀向科學家展示山脊環繞地球的路徑。薩普說，科學家的反應不一，有的驚訝，有的懷疑，有的提出強烈抨擊。一九五七年，希森演講完後，普林斯頓大學的地質學家哈里·赫斯（Harry Hess）站起來說：「小夥子，你撼動了地質學的基礎。」知名的海洋探險家庫斯托屬於懷疑派，但他有辦法檢驗該理論。某次橫越大西洋時，他把一台攝影機綁在滑板上，拖在船後，正好經過中洋脊。一九五九年，他在紐約華爾道夫飯店（Waldorf-Astoria hotel）舉行的國際海洋大會上，播放那段影片。薩普回憶道：「那影片很美，可以看到巨大的黑色山脈，有白色的雪堆與藍色的海水。」薩普在觀眾席中看得目不轉睛，「而且他拍了照片，所以在很多人懷疑我們的裂谷理論時，那幫了很多人相信我們的理論。」[57] 那段海中山脈的影像說服了更多的懷疑者。

普林斯頓的地質學家赫斯於一九五七年讚揚希森的演講後，開始努力解釋大陸漂移。身為二戰期間的海軍指揮官，赫斯會全天候開啟聲納，以便在整個太平洋盡量地收集測深資料。他後來發展出海底擴張理論（seafloor spreading theory），以解釋大陸如何在地函上漂移。

誠如科學記者庫齊格的解釋，海底擴張的方式，就像你在沸騰的平底鍋上看到的滾動那樣。熾熱的熔化土地從海底的裂縫中冒出，把前面較老、較冷的海底推開。這種對流運動就像一條輸送帶，把舊海底推得離中洋脊愈來愈遠，直到它撞上大陸棚，或變得又老又密而沉入海溝，然後被吸回地函中。

海底擴張理論開啟了地球研究中一段最令人振奮的突破期。赫斯發表其概念後，幾乎每一年都會有支援大陸漂移的新理論出現，那些理論通常是科學家各自同時發現的。當時，地質學界對於海洋山脊周圍向外輻射的奇怪磁化型態感到困惑。接著，三位地質學家——劍橋大學的德拉蒙德·馬修斯（Drummond Matthews）和弗雷德·瓦因（Fred Vine），以及加拿大地質調查局的地球物理學家勞倫斯・莫萊（Lawrence Morley）——分別提出一個假說，使用斑馬紋狀的磁化型態來驗證海底擴張。如果赫斯的理論成立，新的岩漿從海洋山脊湧出，分成兩半，然後冷卻。新海底的高磁性玄武岩與地球當前的極性是一致的，那等於為海底打上了時間戳記，因為地球的磁場每三十萬年左右會反轉一次，磁北變成磁南，反之亦然。每次反轉後，下一批岩漿會記錄磁化的 180 度轉變。如果你懂得怎麼解讀這些磁化帶的交替，它們清楚記錄了海底擴張的動態。[58]

板塊構造理論

加拿大的地球物理學家約翰・圖佐－威爾遜（John Tuzo-Wilson）[59] 隨後迅速發表了兩篇論文，解釋了大陸漂移概念中剩餘的漏洞。圖佐－威爾遜提出一個理論，說明為什麼板塊不見得都以相同的方式運作：有些板塊會滑到其他板塊的上方或下方，有些板塊會穿過或遠離其他板塊。陸上的板塊交會比較罕見，我們只看到一小部分那樣的活動。聖安德列斯斷層（San Andreas Fault）是最好的例子之一，它從俄勒岡州尤里卡（Eureka）附近的陸地開始，穿過加州的大部分地區，最後在棕櫚泉（Palm Springs）外的沙漠山脈中逐漸消失。聖安德列斯斷層分隔了北美板塊與太平洋板塊，但它是一個轉形斷層（transform fault），這是指兩個板塊做南北向的相互摩擦，釋放出我在聖地牙哥感受到的小地震。窗戶嘎嘎作響，床架搖晃，我祈禱大地震盡可能延後發生。

在大西洋中脊，板塊邊界的運作方式又不一樣了。這裡的板塊每年以約 5 公分的速度相互遠離。[60] 新的熔岩從地心湧出，填補了那個空隙。那些岩漿冷卻後變成海底，然後沿著海底的輸送帶移動。換句話說，大西洋的海底正在擴張，速度極其緩慢。在世界上最古老的海洋太平洋，情況則正好相反。隨著古老的海底沿著環太平洋帶滑入海溝系統並吸入地函，太平洋正在收縮。中洋脊系統就像地球的裂縫。或者，就像希森的詩意般描述，它是「永不癒合的傷口」。

圖佐一威爾遜也解決了板塊構造學說的另一個棘手問題：火山怎麼會在離中洋脊那麼遠的地方形成？板塊移動，行經地函上的熱點時，就會形成火山，產生如夏威夷群島那樣的火山島鏈。在圖佐一威爾遜之後，兩位研究者——斯克里普斯海洋研究所的丹·麥克肯澤（Dan McKenzie）與普林斯頓大學的傑森·摩根（Jason Morgan）——分別於一九六七年和一九六八年發表論文，主張地球表面是由堅硬板塊拼組而成的動態組合，這就是我們現在所說的板塊構造理論（或譯板塊運動學說，plate tectonic theory）。終於，這個理論的最後一塊拼圖到位了。有史以來第一次，一個單一理論就可以解釋地球上所有的主要特徵，從大陸與海洋的形狀，到地震與火山的存在。過程中，幾十位科學家做出了貢獻，不止這裡提到的幾位名人而已。科學歷史學家歐蕾斯柯斯寫道，他們一起塑造出「地球科學史上第一個被普遍接受的全球理論」。[61]

雖然科學界對這些發現感到興奮無比，但一般大眾大多對此一無所知。大家都不知道是薩普的地圖揭開了海底的大祕密。

5

在拉蒙特的最初幾年，薩普繪製了傳統的海底地形圖。那些地圖有起伏的等高線以及精確標註的高度，它們主要是學術文件，而且附有密密麻麻的資訊，難以閱讀。她加入拉蒙特後不久，就不被允許發佈那些地圖了。一九五二年，國防部把大量的地球科學資訊列為機密，上至大氣層的上限，下至海底形狀，全都變成了機密。當時主要的冷戰專案涉及彈道飛彈與反潛戰，那些都有賴重力測量與海底形狀。任何超過550公尺的海底測量都成了機密，且涉及國家安全。她和希森需要再等幾年、甚至數十年，才能發表他們的研究，不然就得另想辦法，向外界展示他們在大西洋底部發現的中洋脊系統。

某天，他們一如既往在拉蒙特工作到深夜，突然想到一個迴避國防部禁令的點子：何不以更寫實的風格來繪製海底呢？這樣畫出來的圖更通用，沒那麼科學，但可以傳達海底的精髓，證明它不是一個平坦的垃圾場，而是一個多元、崎嶇的地形。希森拿起筆，開始憑記憶勾勒出大西洋海底的輪廓。他畫出了海岸線、下降的大陸斜坡、深海平原、高原與山脊。他花了約一小時完成初步草圖，然後把它交給薩普。他說：「你何不把剩下的部分填完？」當時他們兩人都沒有意識到，他剛剛交給她一項將占用她餘生的任務。

薩普開始用比較隨性的地文風格（physiographic）來畫圖，那是以傾斜的角度來顯示海底，就像搭洲際航班時透過飛機舷窗看洛磯山脈那樣。她運用所學的地理與地質訓練，把稀疏的資料點轉化為更容易了解的地形。在陸上，地質學家爬山、環顧四周、進行測量，然後繪製地圖。薩普沒有機會親眼勘測海底，她必須自己決定要凸顯哪些特徵，並營造出新疆域的「感覺」，而不止是展現一組資料點。[62]

她說：「在有資料的地方，這是一種很辛苦的技術，你可以展示一切。在沒有資料的地方，你可以創作與推斷。」[63] 她需要那種自由詮釋的餘裕，因為有太多的空白需要填補。大西洋是是世界上測繪最好的海洋之一，其勘測線的平均間隔是 200 公里。在一些測繪稀疏的地區，她使用水下地震的測量數據，以盡可能預測山脊的位置。科學記者庫齊格寫道：「相較於莫銳或任何製圖員，他們確實掌握了更豐富的測深資料。然而，海洋的規模過於廣袤，他們擁有的資料依然少得可笑。若說他們是憑直覺繪製海底的草圖，這種說法太委婉了。實際上，他們大多只是憑空想像。」[64]

第一張印度洋海床圖誕生

製圖師在繪製未知區域的地圖時，總是需要一些創作自由，否則地圖永遠畫不出來。十八世紀以前，製圖師直接在地圖的大片區域上寫下「未知地」（Terra Incognita）或「無主地」（Terra Nullius）就完事了。[65] 相較於中世紀更早期的製圖師，乾脆在未知的大陸上發揮想像力，那樣標註至少還是誠實的。記者霍爾寫道：「早期的非洲與亞洲地圖，就像是疊放在地球上的動物園。動物和魚類在廣闊的地區自由嬉戲，顯現出繪圖者缺乏地理知識。」[66] 在北大西洋一個勘測不足的區域，薩普也做了同樣的事情。借鑒十三世紀波特蘭海圖（portolan chart）的技巧，她建議在地圖上增添幾個美人魚與海蛇，但希森不同意。最後他們妥協的方法是，在一個空白處放一個大圖例——這是以前製圖師採用的另一個技巧。[67]

他們稱他們的新作品為「地文圖」（physiographic map）——這個詞是取自陸地製圖學。第一幅這樣的地圖是出現在一九五六年貝爾實驗室的技術期刊上，但幾年後一本地質期刊重新刊登該圖時，科學界才注意到它。那次發表重新點燃了大陸漂移的長期爭論，也促使地質學的發現在一九六〇年代初期高速進展。希森向《國家地理》雜誌的編輯展示薩普繪製的地圖初稿，編輯很喜歡那幅圖，並聘請薩普擔任顧問。後續十年，薩普持續往返奧地利，與高山畫家海因里希・貝倫（Heinrich Berann）合作，把她的地文圖轉變成《國家地理》上的生動彩繪地圖。其中一大挑戰是收集足夠的測深數據，好讓貝倫可以持續作畫。「我們會把所有的資料都畫出來，接著會剩下空白處。」她說，「所以我們會回到這裡，用我們能得到的資料來處理空白。然後再回去，讓貝倫把它畫出來。」[68]

他們準時完成了印度洋的第一張地圖。《國家地理》雜誌把它當成增刊出版，夾在一九六七年十月號的頁面之間——就在板塊構造理論成為主流那年。那張地圖的出版為大陸漂移理論在科學界獲得的遲來肯定奠定了基礎，不過大眾也很喜愛那些地圖。巨大的中洋脊系統把地球整齊地分成不同的板塊，讓外行人也能清楚看到板塊構造那些微妙、大多看不見的運動。瑪麗回憶道：「每個人都能看到它，包括《國家地理》雜誌的一千三百萬名讀者，有人睜大眼睛看到了。」[69] 她在另一處寫道：「俗話說，一圖勝過千言萬語，眼見為憑，確實有道理。」[70]

6

一份薄薄的包裹送到了我在聖地牙哥的家門口。我拿刀子小心翼翼地割開封住牛皮紙袋的膠帶。接著，我停頓了一下，試著想像一九六七年《國家地理》雜誌的訂戶可能有什麼感覺，他們從未見過完整的海底地圖。我從包裝中抽出那張全新的地圖，展開它，把它鋪在餐桌上，尺寸是長 63 公分，寬 48 公分。

迅速掃一眼，可以看出那是印度洋的地圖，但與一般地圖的最大差異是：海洋消失了，水抽乾、不見了。現在海底看起來像一個可散步的空間。從那宜人的光線判斷，海底似乎是下午三點左右。由於陰影處理得很巧妙，圖上看不見水，但依然可以感受到水的存在。陸上的地形呈淡黃色，沿海的水域呈天藍色，深海呈深藍綠色。在島嶼出現的地方，最能清楚看到這種分割畫面的效果：淡黃色的陸地冒出海面，海面下是天藍色。

這份地圖為地質學家呈現出一幅他們期盼了數十年的地球樣貌。把海水抽離後，整個星球的表面與紋理變得清晰，景色變得超凡脫俗，凡人也能窺探我們永遠無法看到的地方。突然間，你明白了，島嶼不是被海水包圍的陸地，而是隱藏在海面下綿延不絕的山脈的其中一個山頭。海洋的每一區各有其特色。印度洋的深海平原看起來冰冷，令人望而生畏，像寒冷的西伯利亞內陸。淺淺的南海（South China Sea）看起來溫暖誘人，像一個可以去海底度假的地方。這種地圖看起來像有志成為海洋製圖師的人會掛在床頭，或掛在大學走廊上的圖，很多人也確實這樣做了。這張地圖甫出版，即轟動一時。六十多年後，這份《國家地理》雜誌的增刊仍是現今最廣為人知的海底地圖，而且持續廣為流傳。

發現中洋脊使拉蒙特地質觀測台聲名鵲起。身為拉蒙特行政人員的凱斯納還記得，地圖發佈後她常接到大眾打來的電話。「大家常打電話來說：『那個希森，你和他共事，對吧？』我說：『是的。』『他們說整個地球的周圍都有一道裂縫。你能不能問他，那道裂縫會不會裂成兩半？』我說：『喔，好，我一定會問他。』……我們常笑看這種事。」[71]

在海洋研究方面，拉蒙特地質觀測台的地位，向來不如美國東岸的伍茲霍爾海洋學研究院，以及西岸的斯克里普斯海洋研究所。但不到二十年，尤因就把拉蒙特大宅轉變成媲美那些大型機構的世界級觀測台。不過，這種成功也伴隨著代價。早期的歡樂氣氛逐漸消失，取而代之的是比較正式的專業精神。斯克里普斯的海洋學家孟納寫道：「時代變了，到了一九六〇年代末期，拉蒙特有更多的科學家，更多的資金，以及擴大的行政結構。」[72]研究小組之間共進午餐、交談、聚會的次數減少了。

熱絡的新創企業文化冷卻下來是很自然的事，甚至是必要的，但尤因與第二任妻子離婚並與他的祕書結婚時，拉蒙特的緊張氣氛急劇上升。他的新婚妻子哈麗特（Harriet）繼續擔任他的祕書，並終止了尤因長久以來秉持的「隨時敞開大門」政策。以前，研究人員可以隨意走進尤因的辦公室和他聊天，但現在每個人都必須先跟哈麗特預約。哈麗特很快就成為拉蒙特的人都討厭的對象。許多人認為，她的出現代表拉蒙特早期比較自由放任的風格就此結束。[73]

隨著希森日益走紅，他與尤因之間的裂痕也愈來愈大。兩人的決裂發生在一九六四年，希森宣布，他的論文以後不再附上尤因的名字。[74]實驗室的首席研究員在該實驗室發表的每篇論文上掛名，一向是標準作法，但希森長久以來一直對這個政策很不滿，尤其他認為尤因獲得的讚譽不如其實質貢獻。為了報復希森的這項決定，尤因限制希森使用拉蒙特的船隻，後來甚至完全不讓希森取用拉蒙特的共用資料。儘管如此，希森還是找到了獲得資料的方法。「薩普提到這段時期的『午夜需求』時，露出了微笑。」孟納寫道，「但希森無法發表那些資料。」[75] 尤因管不了希森，也無法解雇這位獲得終身教職的教授，但他可以解雇希森的長期研究助理薩普。

發現中洋脊，以及之後薩普與希森的地圖在《國家地理》雜誌上發表，原本應該是拉蒙特的巔峰成就。相反的，拉蒙特的工作人員從此分成兩派，一派支持尤因，另一派支持希森。凱斯納說：「信不信由你，我是站在希森那邊，但我從未質疑過解雇薩普這件事。很多人說希森動不動就鬧脾氣，完全是咎由自取。但薩普反而成了代罪羔羊，完全遭到學校封殺。」[76]

不出所料，那些從拉蒙特成立以來就在那裡工作的研究人員開始離職。希森繼續透過他獨立承接的海軍合約，來支付薩普薪水。薩普後來的職涯，都在紐約奈亞克（Nyack）的家中工作，幾乎把家裡的每個房間都改造成工作空間。在薩普的家中，有時多達十幾人擠在一起看一大張海底地圖。小時候那個四處遊蕩的獨生女、永遠的局外人，現在再次被趕了出來。但薩普認為，她之所以能夠完成那項不可思議的任務，是拜這種新的居家工作方式所賜。她說：「只要希森能搞定我的薪資，我就有地方可以工作，就有人手可以幫我，我就能繼續做下去。」她向來是工作狂，現在沒有其他的事情可以分散她繪製地圖的注意力了。[77]

薩普職涯遭遇的最大衝擊

整個一九六〇年代到七〇年代，《國家地理》雜誌刊出愈來愈多薩普與希森的地圖，那些地圖是由薩普繪製草圖，再由貝倫完成彩繪。首先刊出的是印度洋的地圖，就是我手中那張。接著是北冰洋、大西洋，最後是整個地球。一九六〇年代，海軍解密了海底測深資料，但希森與薩普仍維持原來的繪圖風格。

晚年，希森把注意力轉向與海軍一起開發核動力潛艇。一九七七年，他有機會登上一艘核動力潛艇，並親自造訪一段中洋脊。那次從冰島出發的航程，先停靠巴黎去接全球知名的庫斯托。離開拉蒙特以前，希森走進凱斯納的辦公室道別。凱斯納記得希森告訴她：「我要去見庫斯托，我們要登上他的潛水艇。」凱斯納當下就有不祥的預感。[78]

她對他說：「希森，過來我這裡。」希森走了過去。他的身材矮胖，臉型渾圓，工作上常把自己逼得很緊，很少休假，身體不太健康。

「怎麼了？」希森問凱斯納。

「你知道你有多胖嗎？」她問他，「你鑽不過那個小小東西的門或舷窗。」更重要的是，希森在近二十年前的一九五九年就已經心臟病發一次，而且還因此住院三週。他一出院，就去紐約的國際海洋大會（International Oceanographic Congress）發表了 13 篇論文，回家的路上還換了一個爆胎。[79] 同年，他的父親心臟病發過世。希森叫凱斯納別擔心，敷衍了幾句。去巴黎的途中，他帶了《國家地理》雜誌的世界地圖校樣。[80] 但他永遠沒有機會看到那張最終的地圖出版，他在核動力潛艇上心臟病發過世了。

希森的死令薩普傷心欲絕。希森從未結婚，也沒有孩子。薩普經歷過一次失敗的婚姻後，也沒有再婚。這對搭檔的關係比職業夥伴更親密，但不是情侶——這一直是公開的祕密。「她真的很愛他。」凱斯納回憶道，「他也以某種方式愛她，那方式很有趣，例如他們會開玩笑說：『你離我遠一點，但我還是愛你』，或是『你給我從那張椅子上站起來』之類的。」以前凱斯納常拿他倆的關係來取笑薩普，問他們何時結婚。薩普總是回應：「哦，他根本不感興趣。」他們會談這件事，但什麼也沒發生。[81]

希森過世後，薩普的職涯也受到打擊。三十年來，她第一次在沒有希森的保護下工作，她開始失去喜愛的案子，其一是為GEBCO 繪製地圖（這個組織是現今「海床 2030 計畫」的幕後推手）。希森是 GEBCO 的長期成員與編輯，那也是薩普接到那個案子的原因。「我用他們製作的地圖來繪製草圖，他們的地圖是最好的。」薩普如此評價 GEBCO，並說 GEBCO 是個地下專案。雖然 GEBCO 從未涉及非法地圖交易，但它的運作確實有點像地下組織，是由一小群死忠的志願者，竭盡所能地收集與分享海底的測深資料，儘管工作性質是機密的。這種不穩定、資金不足的任務，在希森過世後特別容易受到影響。「我沒有和 GEBCO 簽約，也沒有預算，所以無法完成希森啟動的這項工作。他突然過世後，他們把所有的任務都分配給其他人，而不是我。他們甚至來我家拿走資料。」她說，「那是我人生中非常難過的一段日子，少了希森以後，我的人生就一直是那樣。」[82]

薩普與希森一起繪製的那些地圖雖然很有名，但可能產生了適得其反的效果，在無意間傷害了水文學。如今一般讀者看到那些地圖，會以為海底地圖已經完全繪製，大功告成了，我們可以轉而去做其他的事情。這就是邦喬凡妮現今面臨的挑戰，半個多世紀以後，她不得不一再地解釋，無論地圖顯示什麼，海洋尚未完全測繪。二〇〇八年，海洋探勘信託的創辦人與「鸚鵡螺號」的擁有者巴拉德在 TED 演講中展示薩普與希森的世界地圖，並說道：「這張圖顯示抽光海水後，海底是什麼樣子。它給人一種錯誤的印象，好像它是一張地圖，但它其實不是地圖。」[83]

地圖是冒險的開始，而非結束的紀錄

地圖在社會上擁有權威地位，但也散發出虛假的魅力。它們讓我們誤以為我們比實際更了解一個地方，尤其是偏遠地區。你無法像使用一般地圖那樣，用薩普與希森的地圖在海床上找到特定的位置。一九八四年，一群海洋學家嘗試那樣做，在南冰洋尋找部分的裂谷。他們發現，裂谷與薩普和希森的地圖所標示的位置，實際偏離了 240 公里。

薩普與希森的地圖，其實比較像十五世紀末歐洲製圖師所製作的地圖。其中一張由佛羅倫斯製圖師亨利克斯・馬特拉斯・傑馬努斯（Henricus Martellus Germanus）所繪製的地圖特別值得注意，據說那張地圖引導哥倫布航向西方，橫渡大西洋，尋找通往中國的路線，結果卻「發現」了美洲。一四九二年哥倫布啟航時，傑馬努斯的地圖在當時算是最先進的。它顯現出沒有美洲、南極洲、澳洲大陸的地球。那張地圖上有歐洲、非洲、亞洲的海岸線，並融入了從馬可波羅（Marco Polo）與巴爾托洛梅烏・迪亞士（Bartolomeu Dias）的旅程中獲得的新知識。但地球上最大的海洋太平洋在那張地圖中，只不過是邊緣的一點藍色。傑馬努斯地圖上的巨大空白暗示著，向西航行也許可以更快抵達亞洲。

如今我們嘲笑哥倫布，他死前一直堅稱他到達了東印度群島，但實際上他是登陸加勒比海群島。不過，那是他根據當時最好的地圖所了解的世界。[84] 薩普與希森的地圖也是如此，他們把某一時刻的探險定格了，連同當時的所有缺漏也一併保存下來。我把《國家地理》雜誌的那幅印度洋地圖，掛在書桌上以自我提醒：地圖永遠是某個事物的開始，而不是結束。

薩普的餘生都在紐約奈亞克的家中經營地圖配銷事業，並發表有關希森的文章。在希森過世三十年後的訪談中，她談起希森時，彷彿希森就坐在她身邊似的：「希森可以給你更深刻的見解。」她以一種特有的口吻說道，依然如往昔那樣推崇她的老上司。[85] 薩普在繪製新的海洋地圖時，往往很難爭取到資源。無論薩普與希森的海底地圖變得多熱門，相較於太空競賽總是黯然失色。一九六九年「阿波羅十一號」（Apollo 11）登月時，大家對月球探索的狂熱達到了顛峰。世界已經把焦點轉向新的疆域，對海洋測繪的公共投資已經減少了。

晚年，薩普的研究成果終於開始獲得更多的肯定，她也欣然在自家客廳接待那些懷著好奇心前來拜訪的歷史學家、記者和作家。儘管經歷了悲劇與挫折，她在最後幾次訪談中依然聽起來很樂觀，對自己的成就充滿了感恩之情。「確立這條綿延 6.4 萬公里、環繞全球的裂谷與中洋脊，是一項重大發現。這種發現一生只有一次。至少在這個星球上，你再也找不到比這更巨大的地質構造了。」[86]

第五章

被遺忘的北冰洋

1

「壓降號」駛入南冰洋時，浪濤愈來愈大，氣溫愈來愈低。幾天前，也就是二〇一九年一月二十四日，這艘船剛離開烏拉圭的首都蒙德維的亞。五大洋深潛探險隊在南喬治亞島短暫停留，向偉大的英國探險家沙克爾頓的墳墓致敬後，繼續前往世界上唯一溫度在零度以下的深海海溝。橫渡南冰洋到達另一端的南非開普敦，大約需要五週的時間。一位德國的冰域引水員隨船同行，引導船隻穿越佈滿冰山的海域。[1]

大西洋、太平洋、印度洋、北冰洋都是有明確邊界的海洋，被大陸包圍與隔開。許多人可能想不出來第五個海洋、也是最後一個海洋的名字。我聽過有人稱它為南極洋、南大西洋、南太平洋或南印度洋。事實上，雖然科學家一百多年來一直稱之為南冰洋（Southern Ocean），但它其實沒有國際公認的名稱。[2] 無論你怎麼稱呼它，只要知道南冰洋是一個特殊的海洋就好，它在地球底部冰冷的白色大陸周圍，無拘無束地流動著。

南冰洋的邊界是由環繞南極洲的快速順時針洋流界定的。沒有陸地阻擋洋流，因此海浪可達到異常的速度、強度與高度。[3] 那裡記錄過最高的海浪有七層樓高，但由於環境非常惡劣又難以監測，那只是一個估計值。這種海浪高如摩天大樓卻沒人看到的地方，給人一種奇妙的感覺。

惡劣的環境與漫長的旅程，使船員感到有些焦慮。海神潛艇公司的一位工作人員在離開蒙德維的亞以前，恐慌症發作，不得不臥床休息一天，才獲准啟航。地理位置上來說，五大洋深潛探險隊正駛向一片遠離文明的海域。除了進入外太空以外，找不到比那裡更與世隔絕的地方了。尼莫點（Point Nemo）位於南緯 60 度線以北的地方，那裡是地球上距離陸地最遠的點。它是以尼莫船長（Captain Nemo）的名字命名，這個拉丁文名字的意思是「無人」。尼莫點距離太平洋皮特凱恩群島（Pacific Pitcairn Island chain，這裡曾是「邦蒂艦」[22]〔Bounty〕叛變者的避難所）中的迪西島（Ducie Island）、智利的莫圖努伊島（Motu Nui）、南極洲的馬厄島（Maher Island）都超過 2,685 公里。海上沒有任何標記或浮標標出尼莫點的位置，那裡無人知曉，無處可尋，就只是地圖上的幾個坐標而已。南冰洋給人的感覺就像尼莫點一樣遙遠——與世界隔絕，四面八方都是無盡的水域。在船抵達彼岸的開普敦以前，船上的四十四人除了彼此互相依靠以外，就沒有其他的夥伴了。

南冰洋在哪？

那麼，南冰洋究竟在哪裡？由於沒有陸地精確地標明大西洋、太平洋、印度洋在哪裡結束，南冰洋在哪裡開始，科學家、政治家、水手對於邊界的位置莫衷一是。「你問海洋學家、化學家、生物學家邊界在哪裡，他們的回答各不相同。」柏涵解釋，「生物會隨著季節改變，化學會隨著天氣改變，海洋會隨著洋流與聖嬰現象（El Niño）改變。此外，還有不同的政治邊界。」

柏涵與邦喬凡妮最終採用南緯 60 度線作為邊界，這是 GEBCO 與一九五九年《南極條約》（*Antarctic Treaty*）所設定的邊界，該條約管轄南極大陸。對「五大洋深潛探險」來說，這是

[22] 譯註：邦蒂艦叛變事件，是一七八九年在英國皇家海軍「邦蒂艦」上發生的叛變事件。邦蒂艦上的船員罷免了船長，並把船長和效忠他的船員驅逐到小艇上，駕船離去。叛變船員尋找一個偏遠的地方，以避免英國海軍的追捕，最終他們選擇皮特凱恩群島作為藏身之處。

個不便的選擇。南桑威奇海溝橫跨著分隔兩大洋的南緯 60 度線。更糟糕的是，流星深淵（大家普遍認為那裡是南桑威奇海溝的最深處）位於南緯 60 度以北，這表示韋斯科沃可能因為南冰洋邊界的定義不同，而潛入該海溝的較淺點。萬一陸上某個權威機構對南冰洋有不同的定義，拒絕承認韋斯科沃的世界紀錄怎麼辦？為了安全起見，探險隊的目標是，在南緯 60 度線的兩側，都潛入南桑威奇海溝的最深點。

航行途中可以看到海豚跳躍，背景是眩目的藍白色冰山。韋斯科沃在他的探險部落格上描述：「我們一整天都在躲避冰山，剛剛經過了南桑威奇群島最南端的島嶼：圖勒群島（Thule Islands）和庫克群島（Cook Islands）。這兩個都是火山群島，我們看到裊裊蒸氣從它們的山頂冒出，側面有冷卻的熔岩流，冰山就在海岸附近。」

南冰洋開始衝擊躲在乾式實驗室內的五大洋深潛探險隊。室內紙筆紛飛。有人做了錯誤的選擇，為實驗室配備了有滾輪的椅子。這些椅子在搖晃的房間裡，像碰碰車一樣橫衝直撞。有些人在椅腳底部的穩定架貼上膠帶，希望能減緩滾動，但效果不佳。船經過一個特別陡的海浪後，大家開始向坐在聲納桌前觀看即時資料流的邦喬凡妮與柏涵大聲喊出賭注。當「壓降號」猛然向一側傾斜 12 度時，有人大喊：「12 度！」

船一到達南桑威奇海溝的南端，邦喬凡妮與柏涵就開始與時間賽跑。柏涵負責夜班，在海溝上來回畫勘測線。到了早上，換邦喬凡妮接手，解讀資料，撰寫報告，參加會議。兩位測繪員緊盯著聲納台，努力在錯誤出現時，立即逮到錯誤並修正。每次測量，無論是在水線上、還是水線下進行，都有一定程度的不確定性。這是我對海洋測繪員的工作最難理解的地方。你站在堅實的陸地上，手裡拿著尺時，可能很難了解這個概念。你會覺得，測量出 1 英寸，就應該是 1 英寸，不是嗎？但是，就像我在「鸚鵡螺號」上看到的，任何測量都難免會有誤差。地形愈極端，不確定性愈大，預測它的統計方程式也會改變。南冰洋上的顛簸起伏可說是勘測地球的絕對極端情況，一定會出現誤差。

柏涵說：「韋斯科沃人很好，很和善，但他也說：『我一定要知道最深點在哪裡，不能一年後才聽說那是錯的。』」。

在「壓降號」到訪以前，南冰洋的大部分區域都尚未測繪，南桑威奇海溝也是如此。由於多達 91% 的海溝未測繪，現有的地圖主要是根據衛星預測繪製的。EM 124 把衛星預測的模糊圖像，轉換成清晰的 3D 立體地形，顯示出海底的沙漣、裂隙與裂縫。已知與未知的部分之間有鮮明的對比，感覺就像第一次戴上有度數的眼鏡一樣。韋斯科沃非常興奮，他把新地圖列印出來，貼在船上各處。「我想，我們能夠向韋斯科沃展示什麼是測繪。」邦喬凡妮說，「船上的人大多從未看過水深圖，也不太了解測繪是什麼，而我們能夠證明測繪對這次航程的價值。」

發現南冰洋的最深點

「壓降號」抵達南桑威奇海溝的上方不久，蘇格蘭籍的船長和德國的冰域引水員發現，有一小段天氣平靜的時限即將到來。他們判斷二〇一九年二月四日的上午是最適合深潛的時間。即使在聲納台前工作了一整天，邦喬凡妮依然興奮得無法入睡。她決定陪柏涵完成海溝的最後幾條勘測線。她從桌上拿起一疊恐龍便利貼，在乾式實驗室裡分發給每個人。她宣布：「大家下注吧。」那個區域有三個點可能是最深點。當晚船員即將創造歷史：他們即將發現整個南冰洋的最深點。

柏涵回憶道，當天稍後，「我和邦喬凡妮坐在電腦前。」他們看著螢幕上持續出現測深的數字，突然間，一個沒人料到是最深點的盆地出現一個最高的數字。[4] 那一刻很安靜，近乎反高潮，就像許多發現時刻一樣。沒有人大喊「找到了！」或是去喚醒船上的所有人。只有兩個測繪員孤伶伶地在實驗室裡，他們面面相覷。柏涵說：「我們心想：『就是它！天哪！現在我們該怎麼辦？』」

一位電氣工程師押中了獲勝的數字。南冰洋的最深點是7,434公尺，誤差範圍為13公尺。[5] 第二天早上，就在他們發現南冰洋最深點的數小時後，韋斯科沃將潛入那裡。

南冰洋在另一方面也很特別：它是地球上最後的海洋荒野之一，其中逾50%的海域仍未受到人類活動的影響。韋斯科沃潛入南冰洋時，游過舷窗的海洋生物令他驚嘆不已：潛水的企鵝、成群的水母、密集的浮游生物。他回憶道：「我很驚訝，在寒冷的高緯度地區，生物竟然如此活躍。」他看到的是，工業化過度捕撈、汙染、氣候變遷造成不可逆的破壞以前的海洋景象。南冰洋中最豐富的生物之一是南極磷蝦，這種類似蝦的甲殼類動物成群地游動。牠們密集的程度，使海水呈現紅褐色。在南極生態系統中，磷蝦扮演重要的中層管理者角色。牠們以較小的浮游植物與冰藻為食，而海豹、鯨魚、海鳥、魚類、魷魚等較大的動物又以磷蝦為食。

但南冰洋也無法倖免於那些改變其他海洋的力量。很多捕魚船遠從挪威、中國、南韓等地航行至此，牠們更像是工廠，而不是船隻，每年捕撈60幾萬噸的磷蝦。這些磷蝦隨後被賣到不斷成長的Omega-3維生素市場。二〇〇六年，加州完全禁止捕撈磷蝦，他們知道這種小動物在生態系統中扮演很大的角色。[6] 不到1%的南冰洋受到海洋保護協議的保護，而且大部分的水域不在任何國家的管轄範圍內。[7]

韋斯科沃抵達海溝底部時，注意到另一件事：沉積物密實且粗糙，與大西洋波多黎各海溝那花生醬般光滑柔軟的沉積物截然不同。船上的地質學家史都華告訴他，他可能也會看到火山岩散落在海底。[8] 地球上很少人有機會看到一個海溝的底部，更何況是不同大洋的兩個海溝。韋斯科沃正成為那個罕見的幸運兒，他能夠以親身經歷告訴世界，海底究竟有多麼多元。

在南桑威奇海溝中漫遊了兩個小時後，韋斯科沃和潛水器再次浮出海面。測深儀記錄的深度為 7434.6 公尺。就像在波多黎各海溝一樣，測繪員的預測與最終數字只差了幾公分。「太美妙了。」柏涵回憶道，臉上露出燦爛的笑容。

2

雖然「壓降號」上的測繪員欣喜若狂，但是對科學團隊來說，情況並不是那麼順利。首席科學家賈米森曾多次航行到南極，這位蘇格蘭人覺得這次航行經驗很糟。「天氣糟透了。」他回憶道，「連續五六週，天天遭到暴風雨的蹂躪。」科學團隊的成員穿著笨重的求生衣在甲板上移動時，又厚又濕的大雪落在他們身上。每次「壓降號」在波浪中搖晃時，科學家都必須緊抓著結冰的欄杆，以免被拋入零度以下的海洋中。

賈米森帶了三個金屬框的採樣平台，名為「著陸器」（landers）。著陸器有如深海科學領域的瑞士刀，幾乎可以感測與採樣任何東西——溫度、鹽度、沉積物、深度——還可以捕捉深海生物。它們配備了帶餌的高解析度攝影機，可以吸引並拍攝海洋生物，記錄許多新物種的首次影像。相較於載人潛水器與遙控潛水器（ROV，例如「鸚鵡螺號」上的海克力斯〔Hercules〕），著陸器是一種在深海中大量收集資料的平價方式。賈米森花了10萬美元，在「壓降號」上打造了兩台著陸器。第三台著陸器是用10萬美元的補助金購買的，它配備了一個用來擷取深海沉積物的鑽取式採樣器（core sampler）。[9]

深海科學家受限於出海與採集樣本所需的時間與金錢，常被迫問一些地理上狹隘的問題。「五大洋深潛探險」提供一個難得的機會，讓他們可以針對世界深海海溝之間的關連，提出一些宏觀的問題。理論上，每個孤立的海溝可能都有它獨特演化的動物群，有點像刻入深淵的反向「加拉巴哥群島」[23]（Galápagos Islands），然而，事實正好相反，所有的深海生物都很相似，為什麼呢？探險隊的地質學家史都華想利用沉積物的樣本，來拼湊深海海溝的地質歷史，並預測下一次山崩或地震可能發生的時間。深海的地質與生物學有太多需要了解的東西了，這些問題常促成基礎的探索性研究。為了回答那些問題，研究人員需要從海洋深處收集具體的資料。

當「壓降號」向北駛過南緯60度線，進入南大西洋時，天氣變得很惡劣。接下來那幾天，船隻將沿著南桑威奇海溝向北航行，首次對其全長965公里進行測繪。邦喬凡妮與柏涵接連不斷有新發現。一座未知的海底山從海底升起數千英尺。當這座山出現在螢幕上時，柏涵愈來愈興奮。「你會心想：『我們該怎麼處理這些資訊？該告訴誰呢？沒有人知道這座山的存在！』她說，「這就是我想像中太空人可能會有的感覺，你覺得自己好像與世隔絕了。」

厄運接二連三

在抵達外界認為的海溝最深點「流星深淵」以前，科學團隊從「壓降號」的甲板上部署三台著陸器。賈米森是這項技術的先驅，多年來他已經部署了數百台著陸器（他的博士論文標題是〈自主著陸器技術用於中層水域、深淵帶、超深淵帶的生物研究〉）。不過，他從來沒有在一天內遇到那麼多糟糕的狀況。有一台著陸器的沉積物採樣器故障，沒有採集到任何樣本。另一台著陸器無法浮出水面，船員花了三個小時，用雙筒望遠鏡掃視波濤洶湧的大海，試圖找到它。第三台著陸器在大浪中浮出水面，船員忙著把它打撈上來時，船的螺旋槳割斷了把它繫在船上的繩子。 就在那個瞬間，著陸器撲通一聲墜入大海消失不見了，再也找不回

㉓ 譯註：以達爾文的演化論聞名。

來。[10] 賈米森完全愣在現場，不知如何是好。短短幾小時內，他就遺失了兩台著陸器、價值數千美元的個人裝備，以及來自未測繪超深海海溝的重要樣本。韋斯科沃提議把那個新發現的最深點，命名為「悲慘深淵」（Bitter Deep），賈米森覺得一點也不好笑。

第二天，又發生了更倒楣的事情：由於天候惡劣，賈米森原定的潛水器深潛被迫取消。多年來，他在深海部署著陸器，並遙控那些在深海中運作的機器，透過影片與照片、沉積物的樣本管，以及被著陸器捕獲但無法活著撈上水面的死亡動物，拼湊出超深淵帶的生態系統。但他從未親身潛入超深淵帶。全世界估計有五百名全職的深海生物學家，但深潛潛水器只有寥寥數台，他們要等待多年才能在船上找到一個夢寐以求的位置。[11] 如果有人在另一位資歷更高的同業之前搶到深潛的機會，那可能會結下樑子、引發宿怨。賈米森對於自己好不容易才等到機會，卻無法成行，感到非常失落。

南桑威奇海溝的形狀有如一輪新月，流星深淵位於海溝的中間，「壓降號」繼續朝流星深淵行駛，這時天氣已經從惡劣變成極度惡劣。狂風掃過海面，捲起 3 公尺高的巨浪。惡劣的天氣也清楚顯現在 RM 124 上。之前的探險畫面，線條清晰；現在變得支離破碎、模糊不清。邦喬凡妮解釋：「我們之所以會遇到這麼多麻煩，是因為縱搖得太厲害。」在整個航段中，她從未提到暈船或身體不適。

橫搖（roll）、平擺（yaw）、縱搖（pitch）——這些都是船隻移動的術語。每種移動都以略微不同的方式影響 EM 124。橫搖是指船隻從左舷到右舷的搖晃。聲波上，橫搖在 EM 124 掃描範圍的外緣產生波紋和凸起。平擺是指船頭從一側移動到另一側，它對聲波的影響是可修正的。縱搖是指船隻從船頭到船尾的搖晃——對測繪來說，縱搖是最糟的。邦喬凡妮解釋：「船隻縱搖時，我們會遇到很多問題，因為所有的氣泡都會下沉，並被推到船下。」船下方的氣泡層會阻擋聲納，導致 EM 124 與海底失聯，產生類似我在「鸚鵡螺號」接近康塞普申角時，所看到的飛點和模糊資料。

儘管韋斯科沃完成了潛水，但「壓降號」上的士氣一落千丈。每個人都想家了，大家已經好幾週沒見到陸地。3 公尺高的巨浪使大家根本無法睡覺。設備遺失、潛水取消、天氣惡劣——這些因素都使船上的人情緒低落。五大洋深潛探險隊在波多黎各培養出來的團隊精神，感覺已是遙遠的記憶。隨著南半球的冬天迅速逼近，「壓降號」終止了這次旅程，向北駛向開普敦，預計兩週後才會抵達。當船駛向南桑威奇海溝的北端時，EM 124 偵測到一條從主幹分出來的海溝，衛星預測地圖完全遺漏了它。測繪員勘測這條未命名的新分支時，發現這裡才是南桑威奇海溝真正的最深點，流星深淵並不是。在海上航行不到一個月，這兩位測繪員顛覆了近一百年來大家對南冰洋的基本認知。

「我們可能要在這之後修改維基百科了。」韋斯科沃在他的部落格上興奮地寫道。當船開始前往開普敦的長途航行時，他著手修改南桑威奇海溝的維基百科條目：「南緯 60 度以南的最深點，也是南冰洋的最深點，由韋斯科沃命名為『費克托里安深淵』（Factorian Deep），他希望這個名字能成為官方名稱。」[12]

重新嘗試

在那之後沒多久，預報顯示流星深淵的上方會出現晴朗的天氣。賈米森回憶道，韋斯科沃有一天來到我的辦公室，告訴他船可以折返去流星深淵潛水。賈米森突然開始與韋斯科沃一起為臨時的潛水做準備。天氣依然不好，但可以接受。「壓降號」把潛水器拖到潛水地點的坐標處，他們兩人坐在潛水器裡，等著開始潛水。這時，一個大浪沖上來，使潛水器撞上了船尾。賈米森瞪大了眼睛，韋斯科沃向他保證沒事，並指著潛水器的控制面板。每個按鈕都亮著綠燈，表示「準備就緒」了。一艘小艇開到潛水器旁邊，檢查外部的損壞情況，賈米森與韋斯科沃在潛水器內等了幾分鐘。接著，無線電響起，通知他們可以潛水了。韋斯科沃打開閥門，為潛水器的壓載艙注滿水，把「限因號」拖到海面下。「你離開海面時，是以三節的速度下潛，所以陽光是在五、四、三、二、一秒內消失，然後就變成一片漆黑了。」賈米森回憶道，「那過程令人感動。」

他們開始迅速下沉，剛到500公尺深時，水下電話突然傳來一個指令：終止潛水。潛水器從海面消失後，一名船員注意到潛水器在海面上留下一道閃亮的油跡。碰撞切斷了連接水下攝影機與潛水器的管線，導致管線漏油。那最終會導致海水滲入潛水器的接線盒，引發連串代價高昂的相關問題，最終潛水器將無法抵達海底。萊希下令終止潛水任務，所以他們兩人又回到海面。[13]

這下子，賈米森覺得自己真的倒楣透了。他幾乎就快要親眼看到超深淵帶了，卻被一個意外的大浪打回來。他們兩人爬出潛水器時，賈米森的臉上滿是失望之情。拍攝小組湧上前去採訪他，這令他更加惱火。

他們把受損的潛水器牢牢地綁回船上後，「壓降號」開始駛向南非，這次是確定不再回頭了。十二天後，他們看到了陸地：一排環繞著開普敦海岸建成的海灘公寓，遠看有如一道牆。一群座頭鯨護送著他們的船駛入港口。[14] 賈米森仍為了丟失的設備與錯過的潛水機會耿耿於懷。他覺得自己在海上度過的幾個月，除了在大西洋海底丟了一隻潛水臂，以及在南冰洋遺失兩台著陸器外，幾乎毫無科學成果。他開始考慮退出這次探險。船靠岸後，他飛回英國，心想他再也不會看到這艘船或五大洋深潛探險隊的其他成員了。

3

五大洋深潛探險隊從南冰洋回來後不久，我透過 Zoom 聯絡上邦喬凡妮。透過共用螢幕，我看著她旋轉、調整、清理一張南冰洋的海底地圖，涵蓋的面積是 167 平方公里——這個面積大約與華盛頓特區相當。地圖上有數千個紅色與橘色的點，每個點大約代表 93 平方公尺。當她把視角拉遠時，這些點會呈現出南桑威奇海溝清晰的 V 形，有點像 Etch a Sketch 素描板的圖畫。她說：「這裡一團糟。」指著因船隻縱搖而在 V 形海溝外造成的模糊測深結果。零散的點（所謂的「飛點」）漂浮在海溝中間的兩側或上方。雖然這些飛點在統計上沒有意義，但仍有極小的可能性，其中有一些點可能是真的。邦喬凡妮花了無數小時整理測深資料，所以她毫不猶豫地迅速刪除那些零散的點。她坦言：「我清理資料時可能有點無情。」但製作地圖的方式是一門藝術，取決於負責清理資料的人。「兩個人用相同的資料製作地圖，得出來的地圖永遠不可能一樣。」她一邊解釋，一邊刪除更多的點。

整體而言，邦喬凡妮和柏涵在南冰洋測繪了 1.5 萬平方公里的面積——大約是比利時的一半面積。對科學界來說，那一整片地形幾乎都是新的。邦喬凡妮說：「我們最終收集了南桑威奇海溝的第一組完整資料集。」雖然賈米森厭惡他在南冰洋度過的時光，但他也不得不承認，那些新地圖令人目眩神迷：「想像一幅模糊的莫內睡蓮畫，然後卡拉瓦喬（Caravaggio）出現了，把細節都補齊了。」

㉔ 譯註：1TB = 1,000GB = 1,000,000MB。

看著邦喬凡妮拼湊海底的樣貌有種療癒感，那就像看著某人讓世界恢復秩序一樣。邦喬凡妮說，那是船員的普遍反應。她在「壓降號」上清理飛點時，船上的生物學家或大副穿過混亂的乾式實驗室，可能從她的辦公桌旁邊經過，瞥見她的螢幕上出現海底山或峽谷，然後就被那景象吸引住了。這種情況經常發生，所以她開始把清理地圖雜點稱為「聲納療法」，部分原因在於它對路過的人有一種禪意般的效果，另一部分的原因在於大家常在她工作時，對她透露自己的情緒狀態。

根據韋斯科沃與「海床 2030 計畫」簽署的備忘錄，「壓降號」上製作的所有地圖都將納入全球地圖。邦喬凡妮整理完原始資料後，她把好幾 TB[24] 的新地形資料存在一個硬碟裡，郵寄到科羅拉多州的博德市（Boulder）。美國國家海洋暨大氣總署（NOAA）的大樓是一棟由玻璃與磚塊打造而成的閃亮混合結構，座落在洛磯山脈的山腳下，國際海道測量組織（International Hydrographic Organization）的數位測深資料中心（Data Centre for Digital Bathymetry，簡稱 DCDB）就設在裡面。這個檔案館裡有一間又一間的磁盤室，磁盤裡儲存著有關世界海底的集體知識。

海床 2030 計畫的前身

DCDB 成立於一九九〇年，正值紙本地圖轉往數位地圖發展的過渡期。目前儲存了近 40TB 的壓縮海底測深資料。DCDB 的最大貢獻者是美國學術船隊中的近 50 艘船，但來自世界各地政府、產業、學術測繪員的更多資料正源源不絕地湧入。邦喬凡妮的硬碟抵達 DCDB 時，她的資料會納入更大的全球網格中。納入後，地圖背後的測繪者將會消失，地圖將成為世界的財產：第一張完整的海底地圖，精簡到只剩下資料點，免費開放給所有人使用。

「海床 2030 計畫」與之前的海洋測繪地圖截然不同，這種差異之大難以言喻。長久以來，海洋測繪的模式一直是大家各自囤積與隱藏資訊，而不是分享與協作。十六世紀的《皇家航海圖》（Padron Real），相當於「海床 2030 計畫」的前身，就是這段歷史的一個很好例證。這張記錄西班牙王國所有新領土的主圖，可能掛在塞維亞的西印度貿易廳的牆上。那裡是世界上最古老的海道測量組織，成立於一五〇三年。當時，西班牙及其主要的海上對手葡萄牙正派遣領航員探索新大陸。到了一五〇〇年，哥倫布已經完成了三次航行。領航員一回到西班牙，就被命令把所有新加註的海圖交給首席領航員。他與首席天地學家一起管理貿易廳。他們兩人把西班牙對海流、深度、海岸線不斷增加的知識，鎖在一個保險箱裡。

國家間諜與地圖盜版者在貿易廳的附近打轉，試圖竊取機密地圖以牟利或從事間諜活動。威尼斯的領航員賽巴斯丁・卡伯特（Sebastian Cabot）試圖向英國出售西班牙的航海機密後，西班牙國王下令所有西班牙船隻上的領航員與大副，都必須是西班牙人。葡萄牙採取的作法更極端，他們的領航員幾乎不保留任何有關其活動的筆記或海圖。洩露葡萄牙的航海發現或遠征計畫，變成一種可判處死刑的罪行。後來在海上擴張中超越西班牙與葡萄牙的荷蘭東印度公司（Dutch East India Company），有隱匿了它通往荷屬東印度的祕密地圖集。

到了十八世紀，這種隱匿做法證實效果不佳。地圖史學家布朗寫道：「多數的『海洋祕密』不再是祕密，而且由於資訊不足或相互矛盾，太多的船隻和寶貴貨物遺失了。」大多數的「國家已經準備好，也大多願意在國際上合作。」[15] 如今我們所知的現代航運業，是建立在合作繪製航海圖及共享海上多變情況的相關資訊上。

雖然勘測海岸線與海洋不再像以前那樣祕密進行，但海洋深處仍籠罩在神祕中。在海底僅四分之一準確測繪下，比敵人更了解未知地形仍是一種軍事優勢。二〇二一年，造價三十億美元的核動力潛艇「康乃狄克號」（Connecticut）在南海某處撞上海底山。南海是太平洋上一片爭議頻仍的水域。幾十年來，中國一直主張南海的大部分區域歸中國所有，無視國際規範以及東南亞各國數千年來共用那些水域的悠久歷史。美國定期派遣軍艦穿越南海，以示其維護公海航行自由的承諾。然而，潛艇撞擊事件顯示，美國海軍在水下的行動可能不止於此。國防部的官員拒絕具體說明撞擊發生的確切位置，但斯克里普斯海洋研究所的地球物理學家桑德威爾接受 CNN 採訪時表示，他把衛星測量的地球重力場資料與南海地圖結合在一起，接著再和 GEBCO 的海圖比對，結果發現 27 座未記錄的海底山，潛艇可能是撞上其中一座。海圖上沒有標示那 27 座海底山[16] 一位科學家友人後來告訴我，海軍對於桑德威爾那樣做感到不滿。

如今許多國家普遍認為，在一國的領海內勘測是侵犯其主權。這正是「海床 2030 計畫」面臨的核心挑戰：如果世界各國不願合作，那要如何畫出完整的世界海底地圖？

4

在「壓降號」上，邦喬凡妮隨口向韋斯科沃提到，他們發現的所有新山脈和峽谷都需要命名。光是在南冰洋，探險隊就發現了數十個新的山脊、海底山、深淵。由於韋斯科沃是資助這次探險的金主，他有權為它們命名。韋斯科沃得知這個消息時，非常高興。「我完全不知道這件事！你要做到怎樣才有資格命名？」他問道，「你要真的碰過它嗎？要測繪到某個解析度嗎？那解析度是多少？」邦喬凡妮回答：「嗯，對，它們以前從未被發現或潛水過，所以，是的，你可以為它們命名。」

韋斯科沃特別喜歡給東西命名。「壓降號」以及船上那些科學著陸器的名稱（Flare、Skaff、Closp）都是取自蘇格蘭作家伊恩·班克斯（Iain Banks）的科幻小說。[17] 他為他養的每隻狗都取了俄文名（Rasputin、Misha、Nicholai），他每一台車的名字都是以字母 G 開頭。他在命名方面非常嚴謹，在每個名字中注入了歷史、型態、圈內笑話。

在南冰洋，韋斯科沃延續了這個傳統。他以星宿來命名許多新發現的地形，以紀念一九二〇年代發現流星深淵的德國研究船「流星號」。不過，對於其他地形他偏離了星宿，改用名字向「五大洋深潛探險」的故事致敬。一如他的承諾，他把賈米森遺失著陸器的海溝深點命名為「悲慘深淵」。韋斯科沃說：「賈米森第一次看到時很不高興，但後來他覺得沒關係。」

像韋斯科沃那樣的人很少見：一個擁有頂級勘測設備的億萬富豪探險家，免費贈送好幾 TB 的優質地圖。「海床 2030 計畫」對於這樣的捐贈，無法提供太多的回報，但命名權是一個誘因。

邦喬凡妮說：「目前這是深海測繪為數不多的激勵措施之一。」身為五大洋深潛探險的首席測繪員，她的任務是收集科學證據來佐證韋斯科沃的命名權。邦喬凡妮仔細耙梳海底地圖，挑出那些足以突顯出新發現海底地形的資料。這項任務比她預期的還要棘手，有時不見得能夠確切地劃分一座海底山的起終點。這項任務有時感覺更像藝術，而不是科學。

充滿政治角力的海床命名學

邦喬凡妮與賈米森一起把每個新地形打包成單一提案，裡面包括對應的水深圖、描述、坐標，以及把新地形固定在海底的多邊形。接著，他們把文件提交給負責為國家管轄範圍外的海底地形命名的官方機構：GEBCO 的海底地形命名小組委員會（SubCommittee on Undersea Feature Names，簡稱 SCUFN）

在地圖上寫下一個名字，可能聽起來像製作地圖的最後一個步驟。但在海洋測繪界，這比想像的還要複雜，也充滿政治敏感性。SCUFN 是 GEBCO 底下的眾多小組委員會之一，負責把資料納入「海床 2030 計畫」。那些小組委員會都是以難以發音的字母縮寫命名，例如 SCRUM、SCOPE、TSCOM。每個小組委員會是由十幾名或更多的成員組成，他們大多是科學家，聚在一起討論及辯論地圖製作的某個狹隘方面，例如技術升級或大眾宣傳。這種艱巨的工作幾乎沒有金錢回報，更談不上光鮮亮麗。對多數人來說，這是他們在大學或公家海道測量組織任職以外，所承接的興趣專案。雖然 SCUFN 的十幾名成員也是無償的專家，但這個小組委員會比其他的委員會更正式，也更嚴格。它的結構錯綜複雜，入會也有嚴格的規定。它有點像聯合國的安理會，有五個常任理事國，一定包含某些國家。例如，一名俄羅斯成員已加入 SCUFN 四十年了。[18]

「SCUFN 是根據正式的法律授權為海底地形命名，這個過程充滿政治性，時至今日依然如此。」GEBCO 的長期成員法科納告訴我，「某種程度上，這與製作海底地圖的其他方面不同。」

自然地理學家通常會盡量避免政治爭議。他們對地形比較感興趣，而不是占據那些地形的人類。[19] 過去，法科納曾警告其他科學家，與 SCUFN 合作是個挑戰。一個由海洋專家組成的志願組織，可能看起來不是一個特別有影響力的團體，但 SCUFN 卻擁有一種奇特的權力地位。隨著「海床 2030 計畫」的地圖持續擴大，一些國家開始在幕後操弄政治，以主張他們在國際海底的國家利益。雖然韋斯科沃為他發現的海底山和深淵命名，是很單純的事情，但是關於海底地形的命名，乃至於未來可能的領土主張，都涉及重大的利益角力。

第六章

我來、我見、我征服

1

身材魁梧、直言不諱的紐西蘭人凱文·麥凱（Kevin Mackay）說道：「妥協不是我的中間名。」（意指妥協不是我的特色）他的中間名其實是亞瑟（Arthur）。麥凱正對著海底地形命名小組委員會（SCUFN）發言，竭盡所能地說服其他十一位成員核准韋斯科沃提議的南冰洋海底名稱。

他談到他對那十幾個提議的看法：「我贊成接受所有的名稱，我喜歡它們背後的故事。」他特別喜歡「悲慘深淵」那個名稱。「那傢伙損失了兩台著陸器，其中一台甚至浮出水面，卡在船的螺旋槳下。他們失去了所有的資料，那天真是糟透了，他極度失望。」麥凱靠在椅子上笑了起來，他坐在威靈頓（Wellington）的國家水文與大氣科學研究所（National Institute of Water and Atmospheric Research，NIWA），NIWA 相當於紐西蘭版的美國國家海洋暨大氣總署（NOAA）。

一些 SCUFN 成員不太喜歡「悲慘深淵」這個名稱。一位塔斯馬尼亞的成員指出，在海洋科學中，遺失昂貴設備是很稀鬆平常的事。荷巴特（Hobart）的塔斯馬尼亞大學（University of Tasmania）海洋與南極研究所的海洋學家邁克·科芬（Mike Coffin）說：「兩週前，我們也在一個非常悲慘的情況下，損失了價值 33 萬美元的設備。」不過，對科芬來說，更麻煩的問題不是「悲慘深淵」這個名稱缺乏原創性，而是韋斯科沃的提議，幾乎都沒有遵循 SCUFN 的海底命名規範：B6 ——這份規範連文件名稱都乏善可陳。

科芬說：「身為新成員，我盡力遵循 B6，所以我對此提出異議。」他開始朗讀那份文件：海底名稱應該紀念「船隻或其他載具，探險隊或科研機構」。名稱也可以紀念名人，但那個人必須已經離世，而且應該對海洋科學有貢獻。他說：「顯然我們昨天接受的名稱與今天可能接受的名稱，並不符合這些準則。」視訊會議中的另兩名成員點頭附議。為韋斯科沃破例，可能削弱這份規則。此刻，SCUFN 陷入了僵局。

二〇二〇年底，我在聖地牙哥的家中，戴著耳機聆聽上述對話。就在拜登贏得總統大選幾天後，SCUFN 舉行成立四十五年來的首次線上會議。原定當年在俄羅斯聖彼得堡舉行為期五天的年度會議，因新冠疫情而取消。於是，SCUFN 成員改採視訊會議的模式，在兩天內安排了六個小時的緊湊會議。他們打算處理五十幾個新的海底地形名稱。為了配合新的線上開會形式，這次處理的名稱數量比以往少。在上次的實體會議上，SCUFN 處理了近兩百個新名稱。

SCUFN 會議開始時，並沒有敲槌宣布，但感覺應該要有這道程序。疫情以來，大家透過 Zoom 開會已持續十個月了，這場會議無疑是我參加的線上會議中最正式的一場。十幾名成員從澳洲、中國、法國、義大利、日本、肯亞、馬來西亞、墨西哥、紐西蘭、俄羅斯、南韓、美國上線開會。還有十幾名旁聽者也一起來旁聽海底命名的過程（從海底山到峽谷再到海脊），我是唯一的記者，也是有史以來第一個旁聽 SCUFN 會議的記者。我申請旁聽時，顯然驚動了一些成員，有些成員認為他們的會議應維持私密性。最後，他們允許我旁聽，條件是在會議結束以前不能提問，而且我只能向同意受訪的成員提問。

這場視訊會議在實務上不可能顧及每位成員的時區，所以會議是從中歐時間的早上七點開始。在聖地牙哥，這相當於晚上十點開始——時間雖晚，但至少我不必半夜爬起來旁聽。在美國東岸，當地時間已過凌晨一點，一位看來一臉憔悴蒼白的旁聽員懶洋洋地坐在桌前。電腦螢幕的反光映在她的眼鏡上，難以判斷她是否還醒著；在南韓，與會者戴著口罩坐在辦公室裡；在日本，SCUFN 的成員坐在兩面掛在旗桿上的旗幟之間；在越南，一位代表在他的前面放了一個「越南」的名牌，彷彿在參加聯合國會議似的；美國的狀況比較隨性一點，SCUFN 的美國成員從維吉尼亞州的春田市（Springfield）打電話進來，他坐在昏暗的飯廳裡，背後的牆上掛滿了裱框的兒童畫作。他幾乎每次發言結束後都會講：「報告完畢（Over）。」由此可見其軍事背景。

缺乏共識的開始

會議開始時，我傾身貼近螢幕，努力聆聽他們的發言，因為當時屋外大雨滂沱，屋頂傳來響亮的雨聲。加州再次經歷創紀錄的夏日野火季後，冬季的第一場暴風雨來臨了。我先生在隔壁的房間裡輕輕打鼾，我的狗蜷縮在我旁邊，不時睜開一隻眼睛，狐疑地盯著我，彷彿在質疑：「你怎麼還沒睡？」今晚，我熬夜是為了了解海底地圖，是如何由一個接一個的名字拼湊出來的。在會議的第二天，議程是以韋斯科沃在南冰洋發現的十二個新地形的名稱開始。

麥凱插話道：「程序問題——這裡我們需要達成一致的決定嗎？」在麥凱所在的威靈頓，現在是晚上七點半。太陽在他身後的辦公室窗外緩緩落下，使一座背光的山逐漸陷入黑暗。他們的討論已經離題，轉而爭論 B6（SCUFN 規範）的措辭。科芬指出，B6 把命名規則稱為「原則」，原則難道不是神聖不可侵犯的嗎？科芬與麥凱針對「原則」的正確定義，來回爭論了幾次。SCUFN 的主席是來自南韓的地球物理學教授韓賢哲（Hyun-Chul Han），他很有耐心地表示，他希望大家能盡快討論「悲慘深淵」。然後，小組就可以把他們的決定，套用在韋斯科沃提議的其他十一個名字上，讓議程繼續進行。有待處理的新海底名稱堆積如山。二〇一三年，SCUFN 處理了五十三個新提案；二〇一八年，新提案的數量暴增至兩百八十一個——那幾年間增加了五倍。SCUFN 的下一場線上會議預定在二〇二一年初舉行，邦喬凡妮打算在那場會議上，提交韋斯科沃的九十個新提案。越南和中國每年的提案數量屢屢創紀錄，菲律賓和馬來西亞的提案也正在迎頭趕上。

半小時後，「悲慘深淵」獲得批准，小組委員會對韋斯科沃提交的所有名稱也做出了決定。費克托里安深淵（Factorian Deep）：核准。「凍脊」（Frozen Ridge）：修改。這個地形嚴格來講是一座山丘，而不是山脊，所以名稱修改成沒那麼驚人的「凍丘」（Frozen Hill）。接著，「海德里斯深淵」（Hydris Deep）：修改。「海神深淵」（Triton Deep）：待定，因為地形不能以商業實體命名，在這個案例中是指海神潛艇公司。就這樣會議一直持續到深夜——或白天，就看成員的所在位置而定。

SCUFN 的所有成員，都是在與海底命名有利害關係的機構裡任職。每次開會以前，成員都會按紅綠燈系統來標記提案：紅色（否絕）、綠色（批准）、黃色（修改）。會議的進行很冗長、正式，也有點怪異。身為 SCUFN 的成員意味著，你必須非常關心海底的地圖製作，但海底是一個很少人看過、也沒有人居住的地方。

麥凱無疑是這種組織的合適人選。過去二十年來，他一直參與編撰紐西蘭的地理地名錄（geographic gazetteer）。[25] 全世界只有少數幾份國家地名錄，持續擴充增補的地名錄更是少之又

[25] 原註：對不知道地名錄（gazetteer）的人來說（我在寫這本書以前也不知道），地名錄是地理地名的目錄。地名錄也可能包含地名的歷史或起源、官方或非官方地位的註解，以及地名的描述。地名錄通常與地圖一起使用，以收集一個地方的更多資訊。

少。但麥凱說，紐西蘭在海底命名方面非常積極。這要歸功於一八四〇年英國王室與毛利人簽署的《懷唐伊條約》（*Treaty of Waitangi*）。該條約把毛利人的權利與語言納入法律[1]，並要求紐西蘭在為新土地命名時，必須與毛利部落共同治理與協商。套用麥凱的說法，那表示「紐西蘭走到哪裡，毛利的影響力就到哪裡」。如今，SCUFN 的地名錄中有兩百多個來自紐西蘭（Aotearoa [26]）的海底名稱，例如庫瑪拉丘（Kūmara Hill，Kūmara 是毛利語的「蕃薯」）。

麥凱之所以參與 SCUFN，是因為他注意到 SCUFN 為紐西蘭的專屬經濟海域（EEZ）的地形命名時，並未諮詢紐西蘭，當然也沒有諮詢過毛利人，但毛利人的文化與海洋有非常深厚的關連。起初，他和他在 NIWA 的團隊認為，他們直接忽視 SCUFN 的命名就好。紐西蘭可以像多數國家幾百年來的作法那樣，用自己的名字來印製自己的地圖。在網際網路出現以前，比較容易那樣做。如今世界上許多海底圖都數位化了，SCUFN 的國際公認名稱可以凌駕小區域付出的心力。麥凱意識到，如果紐西蘭希望其毛利命名法獲得更廣泛的認可，他就必須加入 SCUFN，從內部獲得支持。所以二〇一八年，他成了 SCUFN 的成員。

持續混亂的海底命名

不久以前，海底命名還很混亂，有些人可能會說現在依然混亂。海洋地質學家史都華回憶道，二十一世紀初她開始在英國地質調查局（British Geological Survey）工作時，科學家仍經常為新發現的地形隨意命名。一位科學家可能寫一篇論文，描述新發現

---

[26] 譯註：毛利語的紐西蘭。

[27] 譯註：knob 在俚語中可指男性生殖器，因此這個名稱帶有性暗示。

的海底山或海谷，並為它命名，然後就結案了，繼續去做其他的研究。幾年後，另一位科學家可能「發現」同一地形，在另一篇科學論文中給它取一個新名字。這樣的循環會無限重複下去。史都華說：「我認識一個人，他想盡一切辦法，把一個離岸的小火山體命名為希欽丘（Hitchen's Knob）[27]。」

在海底地圖中偷偷加入有性暗示的名稱，對他們來說還不是什麼大問題。當時描述海底缺乏標準化的定義。在陸上，大家對於什麼地形算是山谷、什麼地形算是峽谷，有一些共識。我們都能親眼看到峽谷或山谷，而且在陸地上測量與定義它們容易多了，但是在海底很難獲得同等的視角。隨著聲納技術的進步，最近六十年來才開始出現比較清晰的視野。

最早測量海底深度的方法，是使用測深杆或測深線，而且那只能測量勘測船正下方的單一點。早期的勘測員通常會把一條加重的繩子放入海中，並在繩子觸底時，記錄深度數據。當他發現看似特別深的點時，他可能稱之為挑戰者深淵或東加深淵（Tonga Deep），儘管他每次只能窺見海底的一小部分。隨著技術的進步，多音束聲納為測繪員提供更廣闊的海底視角。他們不必像薩普在一九五〇年代與六〇年代繪製地圖時那樣，想像所有小點測深之間可能存在的情況，而是可以看到——或者更確切地說是「聽到」——整個海底區域，並以 3D 立體模式來重建海景。

許多情況下，那些所謂的「深淵」其實並不是最深點。「一旦你說某處是『深淵』，那就意味著那裡是終點，是那個區域的最深處。」史都華解釋，「所以最後你得到許多實際上毫無意義的小深淵。」邦喬凡妮在「壓降號」上面臨的一個挑戰是，判斷哪個深淵是整個海洋中的真正最深點，哪些深淵是以前沒有更好的海底勘測方法時，看似最深的。

SCUFN 的成立是為了給混亂的海底名稱帶來一些秩序。幾個海洋製圖小組試圖解決這個問題，但要找到所有的利害關係人相當耗時。來自世界各國的科學家、勘測員、水手、漁民、船長經常往返於各地的國際水域。他們每次出海，一次就長達數週或數月，很難找到或追蹤他們。而且，即使聯絡上那些人，他們可能只對某個特定海域的命名問題有濃厚的興趣，例如麻六甲海峽的航行或南極洲西海岸的冰層覆蓋。他們可能對了解全球地圖的其他部分毫無興趣。

一些國家成立了自己的命名委員會，例如美國的海底地形諮詢委員會（Advisory Committee on Undersea Features，簡稱 ACUF）、紐西蘭地理委員會（New Zealand Geographic Board，簡稱 NZGB）。但在國際水域，更大的問題依然存在。需要一個集體的國際機構來協商一套標準規則與定義。誠如科芬與麥凱之間的爭論所示，SCUFN 的海底命名規則仍有很大的詮釋空間。

命名就會產生情感，還是產生所有權？

為什麼我們要為海底命名？那對生活在海裡的動物來說，並沒有任何影響。「給東西命名是人類才做的事情。」史都華解釋，「無論是你花園的一角，還是任何東西，人類就是喜歡給東西命名。」父母會花很多心思為新生兒命名，可能是為了紀念最愛的祖母或叔叔，並在幾個世代的人之間建立一種無形的聯繫。對人類這種會說話的物種來說，名字也是實用且必要的。沒有名字的話，我們就必須以超長的描述來指稱一個人、地點或事物。

但是，說到地球上和外太空的極端地形時，我們為什麼需要名字？科學家通常會主導命名，因為他們需要名字來分類及定義自然界。SCUFN 在外太空領域的對應機構，是國際天文學聯合會（International Astronomical Union），它設有一個天文學家組成的工作小組，負責監督星辰的命名。在南極洲，南極研究科學委員會（Scientific Committee on Antarctic Research）負責核准在這片冰凍大陸上有領土的二十二個國家所提交的名字。雖然科學家最初為地方命名是出於務實的原因，讓它們更容易識別及導航，但一個地方有了名字以後，它也變得更有親和力及人性化。這種轉變有利也有弊。

一九七五年，SCUFN 的前身在加拿大的新斯科舍（Nova Scotia）首次召開會議。[2] 由於首次會議有太多的事情需要處理，該小組只核准了一個名字：火地島（Tierra del Fuego）附近的一個海底峽谷。十年後，SCUFN 成立，由斯克里普斯海洋研究所的地質學家羅伯·費雪（Robert Fisher）擔任會長。接下來的三十年裡，費雪以鐵腕治理 SCUFN，為海底命名的方式制定規則與指南。SCUFN 與以前成立的其他海底命名委員會截然不同，因為它招募了世界各地的專家，來監督地球表面約 50% 的命名工作。

「探索與發現的一個傳統先決條件，是有『權利』為發現的地形命名。」費雪在《GEBCO 的歷史》（*The History of GEBCO*）中寫道，「一些陸上偏遠地區的地圖，充斥著以裙帶關係、自我宣傳或粗俗幽默為特色的個人遺跡……海底的某些區域也是如此。」[3]

在這裡，費雪暗示了勘測的陰暗面，尤其是探險家為他們的「發現」命名，並在過程中取代了原住民早就使用的名稱。美洲的地圖就是一個很好的例子，上面佈滿了歐洲地名，抹除了原住民的地名。殖民國家隨後可以依靠這些新名稱，以及幾何上精確的地圖，來鞏固其領土主張及征服當地居民。地圖史學家布萊恩·哈利（J. Brian Harley）寫道：「地圖就像槍炮與軍艦一樣，一直是帝國主義的武器。」[4]

如今的《國際法》中依然可見這種帝國主義的遺跡，尤其是涉及領土爭議的時候。在南海，儘管越南與中國的漁民和水手幾千年來一直利用那些水域，但英國與法國等前殖民大國可能比越南、中國等附近國家對有爭議的島嶼提出更強勢的法律主張。記者比爾・海頓（Bill Hayton）是南海爭議專家，他寫道：「幾個世紀以來，《國際法》把強國的要求與歐洲民事法院的正式程序結合起來，以建立一套合法化其領土利益的制度。」海頓指出，這個法律系統優先考慮書面證據（例如地圖與名稱），而不是一個民族的祖先使用該區的歷史，或對該區的文化依附。[5]

身為 SCUFN 的新會長，費雪希望避免那種充滿爭議的過去，並以科學作為海底命名的指導原則。他在 SCUFN 的命名規範中禁止帶有政治動機的名稱，不再以那些與海洋探索無關的海軍上將來命名海底地形，也不再有冠上品牌名稱的峽谷或冠上知名人物的海底山。一切都有指導方針、規則、原則可循，如 B6 所示。費雪寫道，SCUFN 成員「應該是無偏見，不帶政治色彩，沒有沙文主義，懂得欣賞機智或適當的幽默，立即譴責粗俗、諂媚或裙帶關係」。[6] 簡言之，成員應該是海底專家，而不是國家代表。

但即使是 SCUFN 的成員也承認，在海底這樣的國際舞台上，總會涉及一些民族主義的因素。「我們不是國家代表，」麥凱附和，「但現實是，總是有一些誘惑讓人忍不住想要顧及本國的最大利益。」

在聖地牙哥的凌晨時分，SCUFN 的會議結束了。這次會議決定了五十三個名稱，還有四百三十個提案等著他們審核。三個月後，成員將再次啟動程序，審核下一批海底名稱。我關掉電腦，拖著疲憊的身體上床。這時的我身體很疲倦，但思緒轉個不停。這場會議給人一種精心安排的感覺，幾乎就像演戲一樣。我懷疑，要是沒有記者旁觀，情況可能不同。

我提醒自己，要記得觀看下一次的 SCUFN 會議。之後，我輾轉反側好幾個小時才終於入睡。

2

在英國南安普敦（Southampton）「海床 2030 計畫」的全球中心，海倫・史奈思（Helen Snaith）監督一個拼接世界海底超級地圖的小團隊。新的地圖從世界各地的區域中心湧入，這些區域中心是設在德國、美國、瑞典、紐西蘭，各自負責特定的海域。

冠上新名稱的海底地形小地圖也從 SCUFN 流入。史奈思雖然很感謝 SCUFN 的貢獻，但是把一個小型海底山或海脊的地圖，納入一個龐大許多而且大部分是空白的地圖中，其實是一種製圖噩夢。

「煩人的是，」史奈思愉悅地說，聽起來好像一點也不煩，提案人只需要提供佐證他們那個名稱的地圖，「如果他們想要命名一個海底山或某個小海灣，我們可能只收到約 2 平方公里的資料。他們有更多的相關資料，但他們只需要發佈那一點點資料。」對史奈斯來說，在未知的海洋中，那一點點資訊往往顯示，有人擁有更多的地圖，只是他們還不願分享。

二〇一七年「海床 2030 計畫」啟動時，完成一幅完整的海底地圖，估計需要耗資 30 億到 50 億美元。日本財團捐了 1,800 萬美元以啟動「海床 2030 計畫」，那筆錢後來用於設立區域中心與全球中心所組成的網絡，以及聘請行政人員。但顯然 1,800 萬美元離 30 億美元還有很大的差距，完全不足以完成這項任務。

對此，「海床 2030 計畫」採取低成本的作法，從研究航行、商業航運業、政府海道測量組織收集地圖——目前為止，這種作法已得到顯著的成果。二〇一九年，「海床 2030 計畫」宣布，它的最新地圖（名為「全球網格」）在兩年內增加了一倍多的面積，以 1,000 米的解析度涵蓋了 15% 的海底。㉘ [7] 然而，這裡有一個重要的但書：嚴格來說，很少資料是「新的」。那些資料大多本來就存在某處的硬碟裡，「海床 2030 計畫」只不過是追蹤到那些地圖，並請求地圖的擁有者公開資料罷了。這看似很明顯、很簡單，但考慮到各國囤積地圖的歷史後，就非比尋常了。這對環境也有好處。勘測船是使用柴油，它們產生的聲波會影響海洋哺乳動物。收集現有的地圖，可以減少各地派出更多的勘測船出海勘測，進而減少它們在海上製造的噪音汙染與碳排放。

二〇二〇年底我與史奈思交談時，她估計「海床 2030 計畫」可能還需要一年的時間，才能真正找到現有的資料，更遑論實際取得資料並把它們納入地圖了。

開圖進度供不應求

幾天後，維琪・芙瑞琳（Vicki Ferrini）說：「我們的進度遠遠落後，不只需要一年。」芙瑞琳在紐約帕利塞茲的拉蒙特－多爾蒂地球觀測所（Lamont-Doherty Earth Observatory，簡稱 LDEO，一九六九年從拉蒙特地質觀測台更名）擔任地理資訊研究員，她也是「海床 2030 計畫」的大西洋與印度洋區域中心的負責人。為了說明她那句話的意思，她舉手邊一個棘手的案子為例：尋找最近一次，前往加那利群島（Canary Islands）的科學航行所完成的地圖。她知道有一艘研究船去了加那利群島，也知道那艘船在群島周圍測繪。她大致知道它測繪了哪個區域，但不知道誰擁有那些資料，也不知道如何找到那個人。她若是真的找到那個人，在處理資料或把資料轉換成她可以使用的格式時，可能

㉘ 原註：二〇二二年，「海床 2030 計畫」修訂了其測繪海底的方法。現在它的目標是在最淺和最深的水域都達到更高的解析度，介於 100 公尺至 800 公尺之間。

還會遇到更多的問題。芙瑞琳說，這種情況在「海床2030計畫」中很常見。一群過勞、低薪的海洋測繪員在黑暗的海洋中，追蹤像麵包屑那樣的蹤跡。

對「海床2030計畫」來說，光是找到那些隱藏的海底地圖就是一大挑戰。史奈思談到分散的海底地圖時說：「那些地圖究竟在哪裡，實在難以捉摸。」透過更多的宣傳與推廣，她希望未來可以扭轉這種情況，也許大家會主動來找海床2030計畫。「如果你電腦的USB隨身碟裡存了海底測深資料，能不能跟我們分享，拜託？」她半開玩笑地懇求道，「請聯絡我們，我們會好好運用那些資料。」

史奈思很希望看到SCUFN的命名提案，有機會處理到更大的海底地形——愈大、愈未知的地形愈好「如果有人想要命名南極洲附近威德爾海（Weddell Sea）的部分區域，比如100平方公里的面積，那很適合納入地圖，但大家通常只命名一座海底山或峽谷。」

在全球網格上，很難忽視資料急劇縮減的現象。史奈思在南安普敦全球中心的團隊，對於如何把已測繪和未測繪的區域合併成一張地圖，一直很苦惱。他們應該把SCUFN提交的詳盡海底地圖，配上周圍模糊的衛星預測圖嗎？還是應該反過來？地圖中的巨大空白該如何處理？在薩普使用圖例來掩蓋地圖上的空白六十年後，海洋測繪員仍為同樣的問題苦惱。

在「海床2030計畫」的網站上，有一個勘誤頁面，讓大眾通報錯誤。「我們有點依賴那些對特定區域感興趣的人，我們需要他們看到網格，仔細檢視，然後喊出：且慢！」史奈思說，「科學家使用資料去研究特定區域時，通常會發現錯誤。」她讓我看一位科學家最近在印度洋發現的錯誤：馬爾地夫附近的地圖上出現一些位置擺錯的珊瑚礁。在啟動「海床2030計畫」以前，GEBCO每年可能只收到一兩個錯誤通報。現在每週都有人通報錯誤，史奈思認為這是好兆頭。「我認為這不表示現在的網格比幾年前還差。」她說，「我認為這反映了現在有那麼多人使用這個網格。」

「海床 2030 計畫」亟欲收到勘誤通知並利用群眾的力量，這有點像維基百科的編輯運用集體智慧來推動全球免費的線上百科全書。

那些錯誤大多很普通，可以追溯到人為錯誤，但偶爾會出現一些刻意的錯誤，那是冷戰時期的製圖審查留下來的。如今每個擁有智慧型手機的美國人都是使用全球定位系統（GPS），但不久前，GPS 的使用仍受到嚴格的限制。美國軍方投入數十億美元開發 GPS，以協助引導彈道飛彈或核彈飛到確切的位置。第一顆 GPS 衛星是一九八〇年發射的。[8] 到了冷戰末期，民間科學家也開始獲得這些資訊的使用權。

連 GPS 都有詐騙

史奈思記得一九九五年在南冰洋的一艘勘測船上使用 GPS。她是負責追踪船隻的位置，她記得當時看到船隻坐標上出現神祕的故障。她回憶道：「它可能突然把你跳到那邊 500 公尺或這邊 500 公尺的地方。」這就是 GPS 詐騙攻擊（GPS spoofing）：刻意干擾衛星訊號——這是美國軍方在政治緊張時，期採用的一種早期電子戰術。測繪員後來以一種方法來解決 GPS 詐騙攻擊：他們把勘測船與附近的一個固定站點連起來，然後用三角測量法來確定船隻的確切位置。但是，只要測繪者不夠注意，這種詐騙攻擊就會悄悄地融入海底地圖中。現今「海床 2030 計畫」的全球網格中仍包含這些小問題。

「海床 2030 計畫」與 SCUFN 一樣，極力維持政治中立。全球網格不包含任何國界，而是把焦點放在勘測國際水域上——這就夠「海床 2030 計畫」忙碌很多年了。該組織也努力避免區域中心之間的競爭或分階級高下。我問史奈思，英國的「海床 2030 計畫」全球中心是不是其他四個區域中心的樞紐時，她糾正了我：「海床 2030 計畫」的每個中心都是平等運作的。SCUFN 的紐西蘭成員麥凱同時也擔任「海床 2030 計畫」南太平洋與西太平洋區域中心的負責人，他也對我說了同樣的話。我問他，他的區域中心目前為止對全球地圖貢獻多少時，他不太確定要不要給出確切的數字。

他解釋，該組織的政策是避免國家之間的競爭，所以「海床 2030 計畫」不對外公開區域中心的進度報告。每次我直接問「海床 2030 計畫」的測繪員，哪些國家限制地圖或隱藏資料時，他們通常會避免說出是哪幾個國家。或者，他們會轉移話題，說他們希望有朝一日每個國家都開放其資料庫，與大家分享。

3

接下來那幾天，我得知我再也無法參加 SCUFN 的會議，以後所有的會議都不開放讓記者旁聽。據說原因是 SCUFN 原本就應該快速並按程序開會，而且該委員會已經忙著處理一百六十個提案。我承諾我不會以任何方式拖慢會議進程時，他們依然不願讓我參與。顯然，委員會已經一致決定不對記者開放會議。這實在令人費解，那會議看起來很平常，我也遵守了所有規範，為什麼不讓我旁聽？

查閱線上發布的會議紀錄，依然可以得知會議上發生了什麼。我閱讀會議紀錄時，從字裡行間意識到，我錯過的下一場 SCUFN 會議（二〇二一年一月初舉行）不僅有趣，而且在海底命名方面還充滿火藥味。越南、中國、馬來西亞都為南海新發現的地形提交了命名提案——南海也是地球上競爭最激烈的水域。越南提出了七十個新的地形名稱，馬來西亞提出十一個，中國提出三個。

歷史上，南海是由東南亞國家共享。越南、菲律賓、印尼、馬來西亞、韓國、汶萊、婆羅洲、中國的漁民與水手都在這片水域上航行，但中國一向是這個水域中的大國。過去十年，中國從區域大國，轉變為有能力禁止他國進入該水域的世界超級大國。中國的海岸巡防隊與海軍艦艇騷擾及阻礙，在這些主權國家的專屬經濟海域（EEZ）內，工作的石油勘測船。中國的海岸巡防隊曾經撞沉在中國所謂的「九段線」（nine-dash line）內，發現的越南漁船。[9] 九段線一直是爭議的核心。

中國的九段線是從中國大陸的海岸，沿越南、馬來西亞、汶萊、菲律賓、台灣海岸向南延伸，將 80% 至 90% 的南海水域包含在一個 U 形區域內[10]，這個區域比墨西哥還大。二〇一六年，海牙法庭裁定，該線在《聯合國海洋法公約》（*United Nations Convention on the Law of the Sea*，簡稱 UNCLOS）中沒有法律地位。那是第一個全面的全球海洋國際條約[11]，中國也簽署了該公約。[12] 此外，中國在礁石上傾倒沙子及建造島嶼，也破壞了海洋環境。填海造陸是另一種歷史悠久的策略，那是從海底竊取土地——新的無主地——來主張領土主權。

海洋邊界是根據水線以上的陸地面積來劃定，所以奪取更多海洋領土的可能性，取決於岩石（無法住人）和島嶼（可以住人）之間的區別。㉙ 海頓寫道：「就海洋資源來說，島嶼與岩石之間的差異可說是天差地別。一塊岩石只能產生 452 平方海里的潛在領海（π×12×12）。一個島嶼不僅可以產生相同的領海，還可以產生至少 125,600 平方海里的專屬經濟海域（EEZ）（π×200×200）。」[13]

南海的漁業很重要，海底蘊藏的數十億桶未開採的石油與數兆立方英尺的天然氣也同樣重要。但根據國防部的一份報告，這裡的爭議，其實是源自於中國想要確保其航運路線通暢，以及維持它身為製造業超級大國的地位。[14] 中國在高度工業化的海岸線上，生產及運送運動鞋與電路板到全世界。那段海岸線被一串東南亞島國包圍，其中包括印尼、菲律賓，當然還有台灣，而中國已經宣稱台灣是其領土的一部分。

中國行使控制權的一種較軟性策略是透過海底命名。二〇二

㉙ 原註：SCUFN 不負責管理水面以上的海洋地形命名，也不監督海上邊界的劃定。聯合國大陸棚界限委員會（United Nations Commission on the Limits of the Continental Shelf，CLCS）的任務是實施《聯合國海洋法公約》（*UNCLOS*）的規則。然而，CLCS 並不執行這些規則，它只向各國提出建議，指導它們如何劃定大陸棚的外部界限。這可以擴大一個國家對海底資源擁有專屬權的區域。

〇年，中國為它在越南大陸棚附近新發現的五十五個地形命名。[15] 中國還為整個南海水域的數百個島嶼與礁石的名稱、甚至形狀註冊了商標——表面上看來，這在法律上毫無意義，但考慮到名稱與地圖可用來強化領土的主權宣示，那就更容易了解中國的動機了。[16]

持平而論，中國不是唯一這麼做的國家。根據一些報導，日本已經花費數十億日元來建造沖之鳥島（Okinotorishima），那是一個離日本海岸超過 1,000 公里的珊瑚環礁。[17] 這兩個太平洋小島上沒有人居住，較大的那個島只有一個小臥室那麼大。[18] 但日本堅稱沖之鳥島是一個島嶼，因此該國擁有 200 海里（370 公里）的專屬經濟海域（EEZ），以及 EEZ 內的所有海洋資源。[19] 二〇〇四年，中國政府表示，沖之鳥島只是一塊「礁石」，不再承認日本在那些小島周圍的擴大海上邊界。㉚

共同利益區也是「共同爭議區」

整體來說，亞太地區的名稱與邊界充滿了爭議，因為許多沿海國家與島國所主張的專屬經濟海域（EEZ）相互重疊。夾在俄羅斯、韓國、日本之間的太平洋，沒有國際公認的名稱。韓國稱之為東海（East Sea），日本稱之為日本海（Japan Sea）。[20] 南海這個名稱是國際公認的，但在這個區域內，名稱因國而異。菲律賓宣稱南海的部分海域是西菲律賓海（West Philippine Sea），印尼宣稱南海的另一部分海域是北納吐納海（North Natuna Sea），越南稱之為東海（East Sea）。

㉚ 原註：為了回應中國的挑釁言論，日本財團提提議，如果日本政府不願意自行建造，他們願意出資一百萬美元在沖之鳥島上建造一座燈塔。那座燈塔將引導船隻靠岸，從而提升該島的經濟地位。

SCUFN 把各國有領土主權爭執的地區稱為「共同利益區」（mutual areas of interest）。這個外交中立術語也適用於北冰洋的部分地區和福克蘭群島（馬維納斯群島），但 NIWA 的麥凱解釋，「SCUFN 其實沒有涉足那些地區，因為那些地方是沿海地區」，通常是落在有爭議的領土範圍內。SCUFN 的職責範圍僅限於國際海底。

在二〇二一年一月那場我未獲准參與的會議上，SCUFN 把南海中幾乎所有提議的名稱，都納入所謂的「共同協商」（mutual consultation）程序。這個程序既不核准、也不否決那些名稱，而是鼓勵利害關係人自行協商解決方案。

麥凱告訴我，自從他二〇一八年加入 SCUFN 以來，他從未見過這種方式奏效。各國的國務院通常會介入協商。麥凱與其他成員指出，有些國家會刻意為爭議性的海底區域提交名稱，他們明知 SCUFN 不會核准那些名稱，但仍藉此操弄程序。在幕後，各國會努力為它們提交的名稱爭取支持，極力討好 SCUFN 的成員。南海國家的代表曾飛往瑞典和紐西蘭，去職場和家中拜訪 SCUFN 的成員。二〇二〇年，塔斯馬尼亞的海洋學家科芬剛加入 SCUFN 時，從未親自參加過會議，但他已經體驗過這類腹黑的手段。

難以迴避的國家利益

「我曾被南海周邊的一個國家游說過，還接到從坎培拉大使館打來的電話，尋求我的支持。」他說。「我覺得，主要是開發中國家把這視為在海洋中留下足跡的機會，他們以前從來沒有這種發言權……美國、德國、英國、法國已經測繪並命名大部分海底一百多年了。如果那個海域在某個國家的專屬經濟海域（EEZ）內，而裡面有許多被命名的地形與該國無關，我可以理解那些開發中國家的不滿。」

然而，SCUFN 的主席並不認同這種看法。韓國地質資源研究院（Korea Institute of Geoscience and Mineral Resources）的地球物理學教授韓賢哲指出，中國與日本是兩個最積極提案的國家，一個是開發中國家，另一個是已開發國家。韓賢哲認為，海底命名的提案愈來愈多，是一個國家優先考慮科學的象徵。當然，科學也免不了受到政治的影響。從一八七〇年代英國「挑戰者號」的探險時代，到冷戰時期的太空競賽，長久以來科學一直是一國向國際社會展現其威望與軍事優勢的工具。

身為南韓人，他被選為 SCUFN 主席是有爭議的人選，因為他的國家在南海有經濟與外交利益。他以一票之差險勝。自從擔任主席以來，他一直努力在成員之間培養信任。但他打算當完一屆主席後就辭職，雖然這個職位通常有兩屆任期。「我不想再當主席，這太難了。」他說，「我努力以正確的方式塑造 SCUFN，尤其是在共同利益區的提案方面，SCUFN 該如何處理那些事情。我會為此制定規章然後就辭職，這是我的原則。」

儘管「海床 2030 計畫」在繪製世界首張完整的海底地圖時，努力迴避政治的影響，但政治因素仍持續滲入。在南安普敦的「海床 2030 計畫」全球中心，史奈思表示處理爭議性地圖的原則，是從資料「消除衝突」，把兩組資料合併起來，以找出最準確的呈現方式。但遲早有一天，SCUFN 將不得不為海底命名，做出一些棘手的決定。

4

在會議的空調微風中，流言蜚語四處飄蕩。在小組會議後的晚宴上，不便公開的祕密隨著葡萄酒一起洩露出來。連海洋測繪員也有自己的陰謀論。有些國家擁有的資料，可能比他們透露的還多。也許——只是也許——整個海底早就完全測繪了，所有的東西都藏在某個政府的硬碟裡。已開發國家很自然地變成主要的嫌疑對象，因為他們有船隻和資金來完成這項任務。

經營非營利組織「測繪缺口」的基恩斯認為，英國、美國、俄羅斯聯邦是在海底測繪上投資最多的國家。尤其，英國的「史考特號」軍艦自一九九八年下水以來，每年都在海上勘測海底三百多天。[21] 六千多天的海底測繪結果到哪裡去了？據基恩斯所知，沒有人真的知道。

當然，我們很難證明一個國家把地圖隱藏起來，連提出這樣的指控都顯得有些荒謬，因為某種程度上，每個國家都這樣做。對一個國家來說，暗示自己擁有的情報比實際還多，也是一種戰略優勢。在海洋測繪的世界裡，全球大國的軍事目標常常潛伏在昂貴的海上行動背後，所以對你聽到的每個故事都保持疑慮是最好的作法。就像在希森與薩普那個年代，貝爾實驗室鋪設了一條橫跨北大西洋的電報電纜，也同時為美國海軍鋪設了祕密的敵方潛艇監視電纜。或者，就像軍方資助巴拉德搜尋「鐵達尼號」，只要他先找到失蹤的核潛艇。又或者，就像霍華・休斯（Howard Hughes）的「格洛瑪探險家號」（Glomar Explorer）去開採太平洋海底，但實際上是去調查俄羅斯核潛艇的祕密行動。諸如此類的故事，不勝枚舉，並在多年後才解密。因此，這些陰謀論有一些可信度，部分原因在於那是心存疑慮的科學家審慎分析出來的；另一部分的原因在於以前發生過類似的情況。

一九八〇年代，紐約拉蒙特－多爾蒂地球觀測所的研究員威廉·哈克斯比（William Haxby）使用美國太空總署海洋衛星（Seasat satellite）的解密資料，製作出第一幅衛星預測的海底地圖。該衛星於一九七八年發射，三個月後失效。[22] 一九九九年，斯克里普斯海洋研究所的桑德威爾，聯手美國國家海洋暨大氣總署（NOAA）的史密斯，兩人使用大地測量衛星（Geosat satellite）的解密資料，精進了哈克斯比的技術。大地測量衛星是一九八五年由海軍發射的，測量了海平面的高度與地球的重力場——這些測量都有明確的軍事目的：避免潛艇與彈道飛彈脫離軌道。史密斯和桑德威爾把解密資料拼湊起來，證明美國海軍已經從天空測繪了全球海底。只需要一些民間的科學家深入挖掘資料，即可揭開全球海底的奧祕。[23]「史密斯與桑德威爾最終發現了，如何從衛星資料製作海底地圖，但那從來不是發射衛星的目的。」邦喬凡妮說，「那只是幾個人在偶然間發現了，如何利用這些無人使用的隨機資料罷了。」

與國安高度相關的海床繪測資料

二〇二〇年我與桑德威爾交談時，他認為自己在「海床 2030 計畫」的世界中是局外人。[31] 我採訪的「海床 2030 計畫」測繪員比較謹慎，桑德威爾與他們不同，他直言不諱地指出哪些國家在隱藏海底地圖。他談到美國時說：「聽起來好像我們有分享資料，但實際上沒有。冷戰期間的測繪，留下了約一百船年（ship

[31] 原註：二〇二一年，斯克里普斯海洋研究所與「海床 2030 計畫」簽署了一份合作備忘錄。如今桑德威爾與「海床 2030 計畫」更密切地合作，以分享及彙編水深圖。

year）[32] 的軍事資料仍被列為機密。他們在北太平洋與北大西洋都做了大量的測繪，幾乎測繪了百分之百，但那些資料仍鎖在某處的保險庫裡。」

桑德威爾補充說，這種政策不僅限於美國。幾乎每個有能力測繪的國家，都偷偷藏了地圖。「以前是日本人藏地圖。」他說，「但他們幾年前開放了所有資料，所以現在他們沒問題了。英國以前也很糟，他們現在依然沒有分享所有的南極資料。法國也很糟，他們在印度洋的留尼旺島（Reunion Island）附近，有一些非常大的地圖，你可以大致看到他們去了哪裡，但你無法獲得任何資料。」[33]

那時，我正考慮提出幾個「資訊自由[34]」（freedom-of-information）的申請，以查看桑德威爾所說的祕密地圖——雖然我要等到幾十年後它們解密時才看得到。但不久之後，我採訪了美國海洋地球物理學家約翰・霍爾（John Hall），他以一種全新的視角來描繪海底測繪競賽。我與霍爾暢所欲言地聊了幾個小時，他在那幾個小時內，幾乎批評了現今涉入海洋測繪的每個實體。從 SCUFN（最近拒絕了他的海底名稱提議）到國際海道測量組織（他說「那是海軍上將退休的地方」），霍爾認為目前每個單位所做的努力，都不足以讓「海床 2030 計畫」如期完成。霍爾目前已從以色列地質調查局（Geological Survey of Israel）退休，每天花十三個小時在他以色列的家中繪製海底地圖。他說：「二〇三〇年我就九十歲了。」他不確定自己離世前能不能看到「海床 2030 計畫」完成使命。

---

[32] 譯註：這是一種計量單位，用來量化船隻在特定任務上所花費的時間總和，以年為單位計算。100 船年可能是一艘船工作 100 年，10 艘船各工作 10 年，或任何其他組合，總計 100 年。

[33] 原註：整個二〇二〇年與二〇二一年，法國一改常態，分享了印度洋的地圖。

[34] 譯註：查閱公共機構、政府等保存的資訊的權利。

除了投入大量的時間以外，霍爾也投入可觀的個人資金，以贊助地圖的完成。根據他的估計，他已經捐了 33 萬美元給 GEBCO；他也捐了超過百萬英鎊，用來開發及操作氣墊船，以測繪北冰洋和南冰洋極地覆冰層周圍的區域。雖然投入了那麼多時間和金錢，但進展依舊極其緩慢，這讓霍爾相當惱火。他私心最愛的專案是北極海底的某一段區域，那裡可能是幾百萬年前小行星撞擊的地點。[24]

不是不透露位置，是根本不知道在哪？

他花了好幾年的時間，從各種來源取得北極地圖。我以為他可能會分享一些勁爆的內幕，但每次我追問細節時，他總是否認存在任何間諜活動。他說：「99% 的海底活動都不是什麼祕密，主要是大量的生物繁殖。」說到這裡，霍爾顯然被逼急了，鬆口說道：「好吧，對，確實有一些詭計在進行。」他告訴我一些故事，例如，蘇聯解體後，解密的俄羅斯地圖落入他的手中；一個在沙烏地阿拉伯工作的英國測繪員告訴他，國王要是發現任何測繪員無緣無故攜帶地圖，會砍掉他的頭。

但他堅稱，那些政治陰謀都不是重點。他說：「你知道美國潛艇通常不會透露其所在位置的原因嗎？在 GPS 出現以前，他們根本不知道自己在哪裡。」霍爾堅信，藏匿地圖只是一種轉移注意力的手段，以諜報故事來掩蓋「海床 2030 計畫」所面臨的更明顯挑戰：海洋本身的巨大規模。

5

「海床2030計畫」背後的海洋測繪員首次構思這個計畫時，他們想像每個國家都派出船隻，共同探索這片最後的龐大疆域。他們根據當時現有的專用勘測船數量，選定二〇三〇年作為一個遠大但依然可實現的目標。但另一個想法一直在背後醞釀：眾包。

海上幾乎每艘船艦（從航空母艦到小漁船），都安裝了探測海底的聲納設備。海床2030計畫的一份早期宣傳冊子寫道：「這些船隻可以利用既有的海上資產，組成一支國際研究船隊，收集水深資料，並把那些資料捐給海床2030計畫，以納入全球網格。」即使是基本的魚群探測聲納，也可以收集到比衛星預測更準確的測深資料。

一艘勘測船的每日運作成本超過5萬美元，所以缺乏精密勘測船的貧窮開發中國家參與「海床2030計畫」的方法有限。諷刺的是，這些國家其實最需要更好的海底地圖，同時也最容易因為海圖不足而蒙受損失。隨著海平面上升及海岸線變化，帛琉、吉里巴斯、馬紹爾群島等太平洋上的小島國家，都迫切需要精準的新海圖。眾包是一種不需要已開發國家的大預算，就能進入測繪世界的方式。小型的本地勘測船可以經常前往較淺、難以進入的海岸線；大型勘測船前往那種地方可能會卡住或只能偶爾返回。

珍妮佛．詹克斯（Jennifer Jencks）對於眾包海底測繪的可能性感到興奮。她負責管理科羅拉多州博德市的NOAA資料中心，那裡保存了「海床2030計畫」的所有地圖。她也負責領導國際海道測量組織（International Hydrographic Organization，IHO）的眾包測深工作小組。多年來，她參加了無數次海洋測繪講座與研討會，往往每次都是看到同樣的面孔。她不是要抱怨這點，她很喜歡這個深切關心海底測繪的熱情小團體。但很顯然，這群人的數量並沒有增加，地圖也沒有增加。對詹克斯來說，這些問題似乎密切相關。

她回憶道：「眾包測深的概念是幾年前出現的，當時 IHO 說：『以目前的測繪速度，我們永遠無法測繪整個海洋。我們真的需要開始跳出框架思考。』」她的工作小組帶頭推動眾包專案時，她開始注意到海洋測繪活動中出現了新面孔。我訪問她時，她才剛結束一場加勒比海測繪研討會。在那場研討會上，哥斯大黎加同意讓大家在其國家管轄水域裡進行眾包。她說：「現在來開會的人比以前廣泛很多。」

詹克斯提到幾個剛在帛琉、南非、格陵蘭島啟動的眾包專案。有一項專案已經在澳洲展開，海洋地質學家羅賓・畢曼（Robin Beaman）在十幾艘捕魚船和旅遊船上安裝了資料記錄系統。大堡礁的地圖中仍有很大的空白，尤其是在現代勘測船難以抵達的較深瀉湖、水道、礁間區域。

釣客與遊客也是完善海底地圖的一大助力

我打電話給畢曼時，他告訴我：「大堡礁這裡，可能有數千人擁有船隻，每一艘船上都有回聲測深儀。多數人只為他們最喜歡的釣魚點記錄一個航路點[35]（waypoint）。他們輸入正確的點，把船開到那裡，捕魚，然後就回家了。他們不會收集那個系統傳來的任何數位資料。」那些補漁船與旅遊船安裝了畢曼的資料記錄器後，當它們在大堡礁穿梭時，就會填補地圖上的空白。畢曼說，每次他收到一個新的 USB 隨身碟，裡面裝滿志願船提供的

[35] 譯註：航海每一階段的坐標點。

新地圖時，感覺就像收到聖誕禮物一樣。他永遠不知道裡面裝了什麼。

另一個專案也在加拿大的北極區啟動。詹克斯告訴我：「那裡的航運流量正大幅增加。」過去六年增加了 25%，「而且那裡幾乎都沒有測繪過。」[25] 就像南冰洋一樣，北冰洋也是廣袤、浩瀚、未知的區域。而且，就像太平洋上的小島國家，首先感受到氣候變遷和海平面上升的影響一樣，北極的原住民社群正努力適應不斷變化的環境。在加拿大努納福特區（Nunavut）的因紐特村莊亞懷亞特（Arviat）發生連串的船難事故後，原住民社群決定採取行動。那裡的獵人無法再等待政府或企業，來為他們測繪水域了，他們開始自己動手。

第三部

無人機與深海繪測

第七章

只要你懂海，海就會幫你

「文明就像混沌深海上的一層薄冰。」

——韋納·荷索（Werner Herzog）

1

亞懷亞特（Arviat）是加拿大哈德遜灣西岸的因紐特村莊。我第一次瞥見亞懷亞特，是從一架雙螺旋槳飛機的圓形舷窗向外望。六排房屋整齊地排在一道淺淺的海灣邊，海水呈現出明亮的加勒比海藍。海邊的淡綠色凍原逐漸滑入海洋，不知不覺間陸地變成了大海。我來這裡是為了會見眾包繪製海洋地圖的先鋒，這趟旅程把我帶來了政府與產業都忽視的未知水域。

北冰洋是五大洋中最小、最淺的海洋。[36] [1] 我在夏末時抵達這裡，當時正值獵捕白鯨的高峰期，白鯨遊進海灣，成了殺人鯨、北極熊、因紐特人追捕的目標。夏季也是貨船運送大型物品的季節，例如越野車、建築機具、建材。不過，貨船從不駛入亞懷亞特的海灣。那裡太淺了，而且仍持續變淺。此外，當地海圖也已經老舊過時。所以貨船是停泊在遠離岸邊的地方，有時是停泊在3.2 公里外的哈德遜灣，那裡的水域較深。貨船把一整年的貨物卸到平底駁船上，並在後續幾天運到岸上。

這是全球航運業在海洋偏遠角落的運行方式：它們會避開這些地方，只走有詳細海圖的海岸線和跨洋航線。歐洲最大的海港[2] 位於荷蘭的鹿特丹市，那裡每天都會重新測繪，以掌握不斷變化的馬士河（Maas River）底部。[3] 在流入倫敦港（Port of London）的泰晤士河，一組勘測團隊也遵循著類似的時間表。[4]

波士頓港（Boston Harbor）的員工每個月都會製作一份新地

---

[36] 原註：北冰洋是唯一沒有深海海溝的海洋。它最深的地方是莫洛伊深淵，深度僅五．六公里，不符合深海海溝的標準。

圖。對於這些交通繁忙的航線，大家會特別仔細地繪製海圖。不過，如今僅約四分之一的海底完成測繪，因此有詳細海圖的水域算是例外，而不是常態。海洋的絕大部分區域，幾乎沒有任何航運。船隻一旦偏離航線，很快就會迷航——從製圖上來說，船體是經過未知地形的上方。

地球的極地邊緣有大片區域從未有勘測船經過，這主要是因為那裡曾有全年鎖住極地的海冰。在亞懷亞特所在的加拿大北極區，僅 15% 的海圖符合國際標準[5]；在美國的北極區，僅 2.5% 的區域使用現代方法與設備做測繪。在有測深資料的地方，那些資料可能是源自十九世紀，當時的人是從木質舷緣放下鉛繩，以尋找傳說中的西北航道[37]（Northwest Passage）。現代的貨輪穿越北極的未知海峽與水灣時，其處境與十五、十六世紀歐洲探險家橫渡海洋時所面臨的情況大致相同。[6] 在地球的極端緯度地區，海圖往好的方向來說是不可靠的，往壞的方向來說根本是空白一片。相較於地圖，當地人往往更依賴記憶與傳統知識。

北冰洋誕生帶來便捷航線，也反映極端氣候加劇

北極是地球上暖化最快的地方之一，溫度上升的速度是全球平均速度的三到四倍。長久以來，大家一直夢想著能找到西北航道和一條連接歐亞的更快航線。如今這個夢想終於實現了，但我們也因此付出了慘痛的環境代價。每年，地球的冰冠都會融化一點，導致海平面上升，重新定義邊界；永凍層融化，釋放更多的溫室氣體到大氣中；[7] 愈來愈多的船隻試圖穿越西北航道。過去幾十年間，船隻與遊客的數量、造訪的區域[8]，以及航行的範圍都在增加。[9] 二〇一二年是一個分水嶺，有三十艘船成功穿越西

[37] 譯註：一條穿越加拿大北極群島，連接大西洋和太平洋的航道。

北航道（在此之前，每年只有二到七艘船通過）。[10] 到了二〇四〇年，北極預計會出現無冰的夏季，那將使這片未知的淺海面臨前所未有的商業運輸與開發。到時候無論北冰洋是否已經測繪，船隻都會開來這裡。

這一帶發生史上最嚴重的環境災難之一，是一九八九年超級油輪「艾克森瓦德茲號」（Exxon Valdez）在阿拉斯加海岸附近觸礁，導致1,100萬加侖的原油，流入原本純淨的威廉王子灣（Prince William Sound），使海鳥全身覆蓋著有毒的汙泥，當地的漁業破產。官方釋出的事故原因是工作過度與人為疲勞，但報告中沒有提到的是北冰洋的測繪有多糟。[11] 不到一百年前，一艘蒸汽船撞上同一處暗礁，被遺棄在那裡整整十年，正好可以提醒船員遠離當地。[12] 二〇〇九年，一艘為了防止威廉王子灣再次發生災難而啟用的安全拖船撞上了布萊礁（Bligh Reef），在海面上留下了一條長達4.8公里的柴油油跡。

為了拯救家園全族投入海底測繪

航運與郵輪業需要更好的北冰洋地圖，但一年到頭都住在當地社區（如亞懷亞特）的居民也同樣需要。這裡的生活與大海息息相關，亞懷亞特的海灣是社區的出入口與命脈。過去，因紐特長老是環境導航方面的傳統知識寶庫，他們把傳統知識稱為Qaujimajatuqangit，所以因紐特的傳統知識（Inuit Qaujimajatuqangit）簡稱IQ。在亞懷亞特，以前常出現為期三天、白茫茫的暴風雪，現在已經很罕見了。海灣結冰的時間愈來愈晚，解凍的時間愈來愈早。[13] 一些動物愈來愈繁盛，另一些動物的生存愈來愈困難。

長老分享知識時會提醒大家，由於氣候變遷急速地轉變世界，他們的IQ可能已經過時，不可靠了。過去十年，在加拿大北極圈內的努納福特，野外受傷與救援的情況增加了一倍。緊急狀況往往發生在溫暖的冬日，那時的狩獵條件很好，但冰上的情況很危險。[14] 隨著環境變化，一種鮮為人知的地質現象正在抬升凍原與海底。這些變化在亞懷亞特的海灣最為明顯，以前從未出現的島嶼與淺灘現在露出了海面。誠如有些人所說的，陸地正在回歸，這些年來變淺的水域已造成一系列的事故。努納福特的二十五個社區之間沒有公路連接，所以除了小機場以外，遊客只能搭小船從兩個最近的城鎮來到亞懷亞特：北方努納福特的蘭京海口（Rankin Inlet），或南方曼尼托巴省的丘吉爾（Churchill）。

我們的飛機停下來後，機上五十名乘客魚貫下機，走過塵土飛揚的停機坪，來到小機場。幾乎每個乘客都是因紐特人，他們都背著背包，裡面裝滿了從南方帶來的物資：罐裝的健怡可樂、釣竿、洗漱用品。一群孩子在機場大樓的落地窗前觀望等待，當我們一行人走近門口時，他們的興奮之情溢於言表。踏進機場的感覺就像返鄉一樣：狹小的候機室裡擠滿了年輕的家庭、奔跑的孩子、長者、吠叫的狗、堆積如山的行李，充滿了喧鬧與活力。

我放下行李，打開手機。我的位置在 Google 地圖的空白網格上顯示為一個藍點。手機貼心地提示：「無服務，無網路連線。」抵達前，我問過正在亞懷亞特領導測繪工作的魁北克海洋測繪員朱利安．德斯羅謝（Julien Desrochers），萬一我到達時沒有手機或網路連線，要怎麼找到他。身為測繪員，他對於提供自己的確切位置卻顯得漫不經心。他說：「只要問人雪麗（Shirley）的房子在哪裡就行了。」雪麗是指雪麗．塔加利克（Shirley Tagalik），她是社區領袖，聘請德斯羅謝來教當地獵人，如何測繪不斷變化的海岸線。

不久，我就在亞懷亞特的主要街道上漫步，尋找可能知道雪麗住哪的人。我只知道她的房子在海灣附近，但僅此而已。碎石路上幾乎空無一人，偶爾有一輛越野車呼嘯而過。接著，我看到一大群孩子走過，他們看起來約十二、三歲，都穿著休閒運動鞋、運動衫，黑白相間，帶點螢光色。他們大搖大擺地走在碎石路的中央，其中一人高舉著手機，把重金屬音樂播放到清新的北極空氣中。

亞懷亞特是個年輕的城鎮，居民的平均年齡是二十五歲，近40% 的人口不到十四歲。[15] 這裡的年輕人既是測繪員，也是繪製海岸線的靈感來源。手機與 GPS 等新技術為北方帶來了便利，也帶來了虛假的安全感。當然，青少年注意力不集中，不是亞懷亞特獨有的問題。整個人類社會都有注意力分散的問題。不過，在亞懷亞特周圍的北極凍原上，忘記為衛星電話充電這種簡單的事情，可能會釀成致命的後果。一踏出家門，就是荒野。北極熊可能正在你家的垃圾桶覓食。越野車可能在黑暗的路上呼嘯而過。（我離開當地幾天後，一名酒駕司機在鄰鎮的蘭京海口撞死了一名青少年。[16]）冒險走出小村莊的街道，你可能會在沒有明顯地標的平坦凍原上迷路。這裡一年的大部分時間是冬季，冬季的低地都覆蓋著皚皚白雪，更難四處行走。

測繪行動背後的生命代價

庫基克・貝克（Kukik Baker）告訴我：「觀察力是一種正在消失的技能，但在這裡生存就需要這種技能。」貝克和她的母親雪麗・塔加利克以及其他人一起在亞懷亞特經營非營利組織「阿奎瑪維克協會」（Aqqiumavvik Society）。他們對那些帶著新想法突然出現，又在有了發現後就消失的外來專家抱持警戒心，因此阿奎瑪維克協會採取在地化的方式運作。雪麗向我解釋：「我們做的任何事情，都源於社區提出的問題。」前幾代的人在小型的遊牧因紐特群體中，磨練觀察力與自力更生的能力。如今的年輕人面臨著一個被全球力量顛覆的北極環境，這些力量包括氣候暖化、新技術、不斷增加的船舶交通。阿奎瑪維克協會努力把傳統知識與海洋測繪之類的創新工具結合起來，以適應不斷變化的世界。

對一個人口不到三千人的小村莊來說[17]，亞懷亞特面臨著許多問題：嚴重的糧食不穩定[18]、長年貧困[19]、長期的住房短缺，好幾世代的人一起住在政府六十年前建造的破舊小屋裡。[20] 此外，自殺潮以驚人的頻率席捲努納福特的社區，這與上述問題不無關係。三十歲以下的人受到的衝擊最大，也最常選擇自殺。[21] 如果努納福特是一個獨立國家，那裡有全球最高的自殺率。[22]

阿奎瑪維克協會在聯邦政府撥款的資助下，規劃了一系列方案，目的是灌輸源於因紐特教義的使命感和認同感。協會打造了溫室，以栽種當地的蔬果，因為從南方運來這些食物的成本太高了。協會也開設課程，教大家如何烹煮從當地獵捕與採集的食材。食譜包括醃製的鯨魚皮沙拉、炒馴鹿肉。但目前為止，最成功的方案是 Ujjiqsuiniq 青年獵人計畫（Ujjiqsuiniq Young Hunters）。年僅八歲的孩子，可以跟著經驗豐富的獵人一起前往凍原學習 Ujjiqsuiniq（這個字的意思是如何觀察與管理環境）。二〇一二年這個計畫開辦以來，沒有一個參與者自殺。

全球仍有 70% 以上的海底尚未測繪，這個統計數字不僅包括遠離陸地的國際深海海底，也包括像加拿大這樣的已開發國家的偏遠海岸線。那裡是原住民居住、旅行、工作的地方。阿奎瑪維克協會的最新計畫是，他們終於要測繪那些未知的海岸線了。多年來，意外事故在鎮上頻傳：經驗豐富的獵人意外擱淺在那些悄然露出海面的淺灘與暗礁上，有些事故是致命的。

2

二〇一四年八月的一個晚上，三名獵人搭乘兩艘船出發，前往亞懷亞特以北 48 公里的一個熱門釣魚點去檢查魚獲，他們抵達那個名叫桑迪角（Sandy Point）的漁場時，一名獵人駕駛一艘船離去，但兩艘船仍用無線對講機保持聯繫。當那兩名獵人的無線電再也沒有回訊時，那名獨自離開的獵人回去找他們，發現他們的船撞上了一處暗礁或淺灘，兩人的屍體都被拋出船外。[23] 在像亞懷亞特那樣的北方社區，這種突如其來的悲劇更令人悲痛，因為死訊是透過無線電即時傳播，整個村莊都聽得到：一個男人在搜尋時，一遍又一遍地呼喚著失蹤的朋友，另一端陷入沉默，每個人都在聆聽及等待消息。

那兩人在桑迪角溺水身亡的前一年，喬．卡雷塔克（Joe Karetak）在亞懷亞特附近的水域也有一次瀕死體驗。卡雷塔克當了一輩子的獵人，六十幾年前在亞懷亞特出生。他一生都在那裡的水域中航行，無論有沒有結冰。二〇一三年一月某個異常溫暖的日子，他和兒子乘坐一艘雙人木艇去獵海豹。下午，風速突然加快，把他們吹離岸邊。不久，這對父子發現他們困在一大塊漂流的浮冰上。一架前來救援的直升機降落在薄冰上，並在卡雷塔克的面前落海。他無助地看著飛行員踢開正在下沉的駕駛艙，游到浮冰上。於是，受困者從兩人變成三人，他們全身濕透，在冰上瑟瑟發抖，等待著另一架直升機的到來。

三人都活了下來，但現年六十幾歲的卡雷塔克說，他穿著濕衣服在浮冰上等候太久，身體受到的傷害一直沒有復原。亞懷亞特周圍有一些不可預測的地方，他再也不會去那裡釣魚了。那些地方太淺，北極紅點鮭（Arctic char）已經不再來了。[24]

「有些事故是我們自己造成的，因為我們在淺水區捕鯨。」卡雷塔克談到亞懷亞特周圍的船難時這麼說，「但今年夏天，我以為我在退潮時離海岸線已經夠遠了，結果還是撞上了。」他拼命搶救了撞彎的螺旋槳軸，但舷外馬達破損在這個村落很常見。修理舷外馬達要花幾千美元，而且從南方運來新零件也要等候一段時間。這些時間和金錢可能讓一個獵人停工數月，甚至數年。如果連卡雷塔克這樣經驗豐富的獵人，都無法安全地在海上航行了，因紐特人的技能與獵人都有消失的危險。

注意力分散的青少年、暖化的氣候、上升的海岸線，以及不可靠或空白的海圖——這些因素都很容易釀成災難。貝克告訴我：「我們決定製作地圖，讓大家看到這些新形成的淺灘與暗礁在哪裡。」在海灣外，幾乎沒有任何海岸圖，在地人只能彼此分享避開危險的技巧與竅門。加拿大政府上次測繪亞懷亞特海灣是二十五年以前了，從那時起，當地的水深已大幅縮減。商業航道和漁場永遠是聯邦預算中優先考慮的事項，但可用的資金很有限。雪麗告訴我：「政府對於測繪我們的沿海水域不感興趣。」不過，她和貝克並未氣餒，他們聯繫小型的魁北克公司 M2Ocean，因此認識了該公司的前營運長德斯羅謝。M2Ocean 生產一種操作簡單的聲納，讓非專業人士也能夠測繪沿海水域。

你即使不是經驗豐富的船員，也看得出來亞懷亞特周圍的海洋發生了什麼變化。我走在碎石路上尋找雪麗的房子時，隱約可以在主要街道上的建築物之間看到海灣的水面。當地人提醒我不要沿著海岸線走，他們說北極熊會在那裡出沒。但迅速瞥一眼應該沒事吧？那水面看起來離街道很近，實在太誘人了。如果真的有一隻巨大的北極熊從平坦的綠色凍原朝我走來，我應該會看到吧？我決定冒險一下，沿著短短的碎石坡走到海岸。

過去一百年來，亞懷亞特周圍的陸地和海底上升了 1 公尺以上——這點在海岸線上清晰可見，那裡的房屋離水邊有 9 公尺遠。那個距離每年持續增加 7 到 13 公釐。亞懷亞特的最後一批冰河時期的冰川大約在八千年前融化了，但當地的地形仍持續感受到被近 3.2 公里厚的冰層覆蓋的效果。[25] 陸地與海床一點一點地彈起，就像你起床後床墊回彈那樣，這就是所謂的「後冰期回彈」（postglacial rebound）現象。由於這些古老的冰層在某些地方比較厚，在其他地方比較薄，因此上升程度不平均，也無法預測。另一個複雜的因素是：地形不僅會因後冰期回彈而上升，也可能下降。在接下來的一百年間，乞沙比克灣（Chesapeake Bay）預計將會下沉 45 公分，這是因為古代冰河邊緣形成的陸地隆起正逐漸塌陷。地質學家把這種現象稱為「冰河均衡調整」（glacial isostatic adjustment），以此描述幾千年前冰河的龐大重量所造成的地表微妙變化。[26]

潛藏在蔚藍之下，活躍的地質活動

我小學的地質課沒教過「後冰期回彈」，當然也沒教過海底其他的驚人活動，例如薩普發現的洋中脊擴張、把舊海底吸入地函的深海海溝、以及從熱點上升的海底山。我們大多忽視了海底在塑造地球方面所扮演的角色，因為海洋掩蓋了大部分的地質活動。超過 80% 的火山噴發是發生在海面下，但除非它們引起海嘯或形成新島嶼，否則我們很少聽說這些現象。微妙調整（包括後冰期回彈）又更難察覺了。但是，因紐特人的傳統生活方式非常需要密切觀察環境，他們早在歐洲人到來以前，就注意到海岸線持續變化。[27] 長老流傳下來的故事是講述不久以前的年代。在那個年代，我剛剛在亞懷亞特行走的道路還在海面下。短短一個世代間，因紐特人的世界已經發生了變化。

努納福特區有二十五個社區，它們一開始幾乎都是因紐特遊牧群體的聚集地（包括亞懷亞特在內）。這些遊牧群體是二十世紀上半葉從他們祖先的土地遷過來這裡，或被迫離開祖先的土地。有三個群體最終來到亞懷亞特，其一是阿哈米特人（Ahiarmiut），那是生活在哈德遜灣以西約 321 公里、以馴鹿為生的內陸部落。[28] 一九四〇年代末期，加拿大作家法利・莫瓦特（Farley Mowat）遇到這個群體時，他們的人數已經從幾十年前的數百人，減少到只剩約六十人。[29] 政府打著拯救部落的幌子，把阿哈米特人粗暴地遷移了 96 公里，到沒有庇護所和補給品，也沒有馴鹿可獵捕的地方。（有傳言指出，真正的遷移原因是，附近氣象站的工作人員希望部落遷走。）三個月後，在一些阿哈米特人生病死亡後，剩下的族人徒步返回他們的傳統領地。幾年後，政府再次把他們遷移到 160 公里外的地方，那裡的惡劣環境又導致七名族人死亡。[30]

加拿大政府以這種方式在北方遷移了許多其他的部落，但阿哈米特人的故事是一個極端案例。莫瓦特的暢銷書公開了他們差點滅絕的經歷。如今，這個名稱某種程度上成了北方文化種族滅絕的代名詞。倖存的阿哈米特人最終定居在亞懷亞特和附近的兩個社區。二〇一九年，加拿大的一位部長在亞懷亞特的一個社區大廳裡，向二十一名倖存者正式道歉。其中一位倖存者瑪麗・阿諾瓦塔利克（Mary Anowtalik）當年目睹政府的特務強行拆除她家時，還只是個小女孩[31]。在那場道歉儀式中，她不禁低下頭，掩面啜泣。[32]

如今，新舊古今在亞懷亞特交織，就像油與水共存卻不交融那樣。亞懷亞特的主要街道上有一家提姆霍頓連鎖咖啡店（Tim Hortons）和一家肯德基。鎮上的三家超市裡，年輕的母親推著購物推車，在明亮的走道上來回走動。她們用因紐特的傳統大衣把嬰兒綁在背上。房屋的屋頂上堆著馴鹿角，門廊上掛著馴鹿皮。我站在水邊，看到最近捕獲白鯨的證據散落在鵝卵石海岸上，包括一條切斷的尾鰭、灰色的皮膚上佈滿了傷痕。附近有一個手工製作的雪橇，那是回收運送南方貨物的棧板製成的。這種雪橇在亞懷亞特被稱為 qamutiq[33]，可用各種材料製成。當地人用這種雪橇把鯨魚的屍體拖上岸。後來我得知，在亞懷亞特，幾乎每條被捕獲的白鯨背上，都有北極熊在岸邊徘徊時留下的爪痕。

夏季大部分的時間裡，北極熊都在游泳。牠們可能像鱷魚那樣，迅速地從水中冒出來。二〇一八年，一名年輕父親帶著女兒去亞懷亞特外的一個島上撿鳥蛋時，遭到北極熊攻擊而喪命。北極熊衝向這家人時，那名父親並沒有隨身攜帶槍枝，他的孩子僥幸逃脫了。[34] 後來我得知這些事故時，覺得自己無視在地人的警告，在毫無防備下獨自在岸邊隨意走動實在很愚蠢。

一陣寒風吹過海灣，我趕緊把手插入口袋，真希望自己帶了手套。太陽很快就要下山了，我得在天黑前找到雪麗的房子才行。

雪麗與貝克聯繫上 M2Ocean 的魁北克測繪員德斯羅謝時，他已經向三個北極的社區介紹過一種早期的海洋測繪原型了。遺憾的是，那個工具並沒有像德斯羅謝希望的那樣流行起來。在一個社區裡，那套勘測系統被遺棄在一個棚子裡。他認為，亞懷亞特可能不一樣，因為他們是主動來找他，而不是反過來。他很清楚加拿大南北之間有緊張的殖民關係：南方會派專家去「修復」北方，提供原住民社區從未要求過的援助。[35] 但雪麗和貝克是主動請他來，那就不一樣了，那是很大的轉變。

我轉身離開水邊，費力地走回岸上。在亞懷亞特主要街道附近的一個斑馬線上，一輛看起來像公務用的卡車在我身旁停了下來。我揮手示意，車內的人搖下車窗。我問道：「你知道雪麗·塔加利克住在哪裡嗎？」他點點頭，張開嘴，彷彿要跟我說明似的。接著，他示意我上車。現在我明白德斯羅謝的建議了。在這裡，直接向人求助比依賴手機上的地圖容易多了。

3

第二天早上，德斯羅謝在雪麗的客廳裡開了一堂海底測繪的速成課。製作一份正確的海底地圖需要考慮數十個變數，但要製作一份基本的水下地形圖——這也是「海床 2030 計畫」預計在十年內完成的地圖——只需要三點：深度、時間、位置。德斯羅謝與 M2Ocean 團隊開發的 HydroBlock 是一種簡化版的聲納，目的是在盡量減少人為輸入下，收集這些資料點與其他資訊。

HydroBlock 與我在「鸚鵡螺號」上看到的一整牆多音束聲納不同，它是獨立的勘測系統，裝在一個比隨身行李箱還小的輕便硬殼箱裡。「海床2030計畫」的負責人兼眾包的大力支持者傑米·麥邁克—菲利普斯（Jamie McMichael-Phillips）解釋：「單音束回聲測深儀的資料不見得比多音束差或好，它只是資料比較少，所以測繪時可能需要花更長的時間。」相較於衛星預測，基本的單音束測深依然效果好很多。「眾包的魔力在於，測深可能品質較差，但對海床 2030 計畫的網格來說，依然很有價值。」麥邁克—菲力浦斯說，「有觀測資料總比沒有資料好。」

以下是那天早上我在培訓課中學到的測繪海底知識。第一，漲潮時出海，這時你可以勘測到退潮時乾涸的淺水角落與縫隙。第二，勘測線要與海岸線垂直，而不是平行，這樣聲納才可以捕捉到下降深度的橫截面，而不是沿著相同的深度走。第三，勘測線的間距應該是平均深度的三倍（在亞懷亞特，由於海灣很淺，勘測線緊密排列，間隔 9 公尺）。最後一點，但同樣重要的是：不要猛踩油門，最適合勘測的速度是 4 節或 5 節，大約是跑步的速度。

對安德魯・穆克帕（Andrew Muckpah）來說，最後一條建議最難遵守。培訓課結束後，他和其他四位阿奎瑪維克的指導員在下午出海，沿著亞懷亞特海灣拉勘測線。他們用金屬虎鉗把橘色的 HydroBlock 箱固定在阿奎瑪維克船的舷邊，然後裝上兩支杆子：一支杆子是伸向空中的衛星感應器，用來三角定位與計時。另一支杆子伸入水中，向海底發送聲波及接收聲波以測量深度。硬箱裡還有一個慣性測量單元（inertial measurement unit，簡稱 IMU），用來追蹤 HydroBlock 的位置，以及修正船隻的縱搖、平擺、橫搖。他們逐一確認了深度、時間、位置。乳名巴倫（Balum，因紐特語的意思是「胖」）的穆克帕努力地把船速壓在 5 節，駕駛著船隻穿越海灣。他說，以前從來沒有開過那麼慢。他們的目標通常是盡快到達漁場，以那麼慢的速度筆直前進，不能像平常那樣飛快地穿越海灣，需要耐著性子。他前面的儀表板上放著一台筆記型電腦，顯示目前為止的勘測進度。

在那群指導員中，測繪海底對巴倫的切身關係最大。幾年前他出海獵捕海豹時，在回程途中，撞壞了舷外馬達。那是發生在秋天，海灣變成雪泥，海豹爬到剛形成的冰面上曬太陽。那也是獵人出擊的時候。那天巴倫捕獲五隻海豹——不是個人紀錄，但仍是大豐收。他在獵人家庭成長，身強體壯，早已甩掉嬰兒肥。他摘下運動墨鏡時（他很少摘下），露出眼周的深色曬痕。那是長時間待在水上、冰上、雪地上的標誌，明亮的北極陽光從各個表面反射過來。然而，他的五官中帶有些許的柔和感，臉頰上散佈著曬斑。或許這是乳名一直跟著他到成年的原因。

事故那天，他們把船開回岸邊時，巴倫的朋友接手掌舵，沿著他們出海時穿越雪泥的航線行駛。在獵捕海豹的雪泥季，那是在亞懷亞特的未知海灣中行駛的典型方法，但那天這種慣用的方法失效了。他們出海狩獵時，潮水退去，導致穿越雪泥的航道移位。他們直到船擱淺在岩石上才發現這點，兩人不得不跳入淺水中，把船推下岩石。他回憶道：「海水的深度大概到我們的臀部，水溫可能是攝氏零下 20 度，或甚至更低。」

巴倫不知自己何時才付得起 1,500 美元的修理費，以修復破裂的舷外馬達。[36] 我們見面時，他的女友剛生下一名女嬰。後來，他們結婚，又生了一名男嬰。這些日子以來，籌錢修船似乎又更不可能了。

追求最好的地圖是種迷思

普遍認為，在新罕布夏大學海岸與海洋測繪中心（CCOM）等，精英海道測量學校受訓的海洋測繪員，可以繪製出最好的地圖。CCOM 的副主任布萊恩・考德（Brian Calder）指出，但是「做決策不見得需要最好的海道測量資料。要求最好的地圖是一種迷思」。考德對於專業製作的地圖中所包含的不確定性，做過廣泛的研究。他自己也在實驗眾包。他說，沒錯，受過訓練的海道測量員可以製作出好地圖，但「超級觀測員」（superobserver）也可以——他以「超級觀測員」這個詞來稱呼致力投入測繪但未經訓練的眾包貢獻者。

考德與德斯羅謝都不喜歡「眾包」這個標籤。這個詞很自然會讓人聯想到世界上最有名、最成功的眾包計畫：維基百科（Wikipedia）。這個線上百科全書有大量無償的寫手與編輯，他們憑著純粹的數量優勢，來驗證彼此書寫的條目，最終達到一個接近真相的版本。你閱讀維基百科的條目時，隱約知道那可能不是最權威的說法，但是用來解決你與家人的爭論時，那通常已經夠好了。眾包繪製海底地圖也是遵循大致相同的原則：大量的志願者勘測同一片海底，最終得到一個夠準確的測量結果。

德斯羅謝解釋，HydroBlock 不是這樣運作的。一位專家指導非專業人士完成勘測過程，勘測系統有更精確的 GPS，可以製作出更好的地圖。一般智慧型手機的GPS定位，最多只能精確到4.9公尺內。HydroBlock的GPS定位可以精確到幾公分，那是驚人的精確度。[37] 巴倫駕著船隻穿越海灣時，德斯羅謝在勘測過程中，偶爾會提出一些建議或糾正。

德斯羅謝對著風喊道：「你拉勘測線時，不能只是想著走直線。」前一天還很明亮的夏日天空，今天已經變成灰濛濛的一片，陰暗多風。德斯羅謝說，海灣裡到處都是小羊（他把法語的「白浪」直譯成英語），並繼續說道：「這是一片水域，它在移動，所以你必須考慮到洋流、風向等所有因素，並調整你的航線。」

我在風中問道：「巴倫，這有多難？」德斯羅謝才剛講完，船就開始乘風破浪，顛簸而行。筆記型電腦從船的儀錶板上滑了下來，德斯羅謝在它掉落前接住了它。他把筆電重新設置好時，螢幕顯示船偏離了航道幾公尺。巴倫與方向盤搏鬥了一會兒。

「每次都不一樣，風有時往這邊吹，有時往那邊吹。」他一邊回答，一邊把船拉回航道。這需要集中注意力，所以他無法做別的事，包括看手機。與此同時，潮水正在退去。每次我們繞海灣一圈，潮水又退了一點，在沙灘上留下一道潮濕的邊緣。

資訊必須分享，才有價值

根據德斯羅謝當時的計算，勘測整個海灣需要兩天。至少，那是書面上的計畫。但實際上，情況複雜多了。夏天是捕獵白鯨的季節，一個好的捕獵日往往比Ujjiqsuiniq青年獵人計畫的其他任務還要重要。對亞懷亞特來說，白鯨是重要的當地食物來源。他們會把鯨肉分享給整個社區，並保存起來以度過漫長的冬季。指導員也會對鯨魚做活體檢查，收集樣本做環境監測。當時小組的非官方領導人、也是當時小組中的唯一女性奧帕・爾寇克（Aupaa Irkok）認為，如果指導員輪流值班，他們可以在海灣結冰以前，找到兩天的時間完成測繪。明年夏天，當海冰融化，船隻再次出海獵捕時，阿奎瑪維克協會就可以和社區分享更新後的地圖了。那是因紐特人身份認同的關鍵原則。長老說，資訊必須分享，才有價值。[38]

德斯羅謝的同事馬修·隆多（Mathieu Rondeau）曾協助開發HydroBlock，他說，過去十年間，大家對海洋地圖眾包的偏見開始減弱。二〇一〇年，隆多在一次海道測量大會上談地圖眾包這個話題時，他才剛投入地圖眾包不久。那場大會的出席人數很少，他演講完後，沒有人提問——這在學術界有如被判了死刑。目前隆多在加拿大航道測量局（Canadian Hydrographic Service，簡稱CHS）工作，他說他看到這個領域出現很大的轉變。雖然一些政府勘測員仍然抗拒眾包，但海床2030計畫和其他主要的測繪團體，已經全力支持眾包了。

也許大家是勉強接受一個事實：光靠訓練有素的海道測量師並無法完成「海床2030計畫」。就像霍爾所說的，需要測繪的海洋實在太廣了。加拿大航道測量局（CHS）是負責測繪北極近207萬平方公里的區域，其中僅15%已準確勘測。隆多解釋：「在南方準備一艘勘測船，然後開到北方，接著讓船上的海道測量師開始勘測，這整個行程非常昂貴。」破冰船要花好幾天，甚至好幾週的時間，才能穿過去年冬天形成的冰層。再加上食物、燃料、人員、船舶時間，以及承租昂貴設備的費用，一次北極探勘的花費都是百萬美元起跳。隆多解釋：「我可以想像，善用當地居民，提供設備給他們，訓練他們，讓他們為我們完成任務，可能比較便宜。」

北冰洋的航運量日益增加，使得新地圖的測繪變得更加緊迫。加拿大航道測量局（CHS）鼓勵船隻，沿著加拿大北極地區已經確立的航線行駛。那些航線的測繪比例較高，約有42%。但郵輪的船長不見得聽從建議。為了提供富有的乘客「真正的」北極體驗，郵輪會偏離航線，駛入未知的峽灣和海口，讓客人觀賞高聳的鋼藍色冰河、長牙的海象，以及白鯨群。二〇一〇年，郵輪「冒險號」（Clipper Adventurer）在努納福特區的海岸附近撞上水下懸崖。破冰船花了兩天的時間才抵達現場，救出船上的乘客。[39] 一年前，「冒險號」才在南極洲營救擱淺在那裡的姐妹船「海洋新星號」（Ocean Nova）。[40] 愈來愈多更大的船隻駛向北極，二〇一六年，第一艘巨輪「水晶尚寧號」（Crystal Serenity）穿越了西北航道。[41] 二〇二〇年，北極圈內發生了五十八起航運事故，是三年來的最高紀錄。[42]

為什麼政府多半反對眾包繪測？

在加拿大航道測量局（CHS），隆多正努力以下面因素說服上級接受眾包：事故數量不斷增加；尚待勘測的區域龐大；派船隻北上的成本高昂。典型的反對意見是，眾包可能導致重大的航運事故。嚴格來講，海圖是法律檔案。海圖會不斷更新，以支持國際海運業及損害索賠。海上事故的成本極其高昂，甚至可能徹底摧毀相關的公司和當地經濟。

二〇二一年，貨櫃船「長賜輪」（Ever Given）堵住蘇伊士運河六天，導致近百億美元的貿易中斷，保險理賠與法律費用高達數億美元。雖然眾包地圖並未導致「長賜輪」堵塞事件，但海道測量師反對非專業人士參與製圖時，常提起這類頭條事故：萬一發生嚴重事故，誰要負責？

或許支持眾包製圖最有力的論據，不是成本或效率，而是避免重蹈北極勘測的殖民歷史。過去，南方政府隨意劃分北方，在傳統的領土上劃定邊界：例如，薩米人（Sámi people）分散在瑞典、挪威、芬蘭、俄羅斯[43]；哥威迅人（Gwich'in）橫跨美加邊界，分布在阿拉斯加、育空地區、西北領地；因紐特人生活在美國、加拿大、格陵蘭、俄羅斯。

歐洲探險家的名字遍布北極地圖：福克斯海峽（Foxe Channel）、弗羅比舍灣（Frobisher Bay）、哈德遜灣（Hudson Bay）。[44] 有些地形甚至是以從未涉足北極的富商名字來命名，例如布西亞半島（Boothia Peninsula）和費利克斯港（Felix Harbour），是以琴酒大亨費利克斯・布思（Felix Booth）的名字命名，因為他贊助英國探險家約翰・羅斯（John Ross）一八二九年尋找西北航道的探險。[45] 原住民對小徑、路線、地理特徵的命名被排除在地圖之外，隨之消失的不僅是名稱，還有原住民對這片土地的深厚認知。原住民對北極地區的全面認知，遠遠超越了歐洲人只想尋找西北航道的狹隘視角。[46]

俄國、加拿大、丹麥早已瞄準了北冰洋

隨著極地冰冠的融化，北冰洋變得更易航行，北方國家開始把目光放在一個新目標上：北極。二〇〇七年，一名俄羅斯的探險家兼議員在北極的海底插上了俄羅斯的國旗。[47] 當時加拿大的外交部長說這種插旗行為，有如十五世紀歐洲殖民者的土地掠奪[48]，但加拿大也在玩類似的把戲。

聯邦政府向居住在北極的聖誕老人和聖誕夫人發放了加拿大護照。[49] 前總理史蒂芬・哈伯（Stephen Harper）領導的保守黨政府，斥資數百萬美元在北極尋找英國探險家約翰・富蘭克林爵士（John Franklin）的失蹤船隻。

二〇一四年富蘭克林的旗艦「幽冥號」（Erebus）被發現時，哈伯親自宣布了這個消息，宣稱富蘭克林的探險隊在兩百多年前就「奠定了加拿大北極主權的基礎」。挪威探險家羅阿爾・阿蒙森（Roald Amundsen）——首位穿越西北航道的歐洲人——的沉船遺骸被送回了挪威，但這個決定違背了沉船地點努納福特區的

在地人意願，也不顧沉船考古學家的反對。[50]

相較於南海的激烈爭議，北冰洋的地緣政治氣氛目前暫時稍冷一些。但北方國家仍在為全年無冰封的未來做準備。俄羅斯、加拿大、丹麥（透過格陵蘭）都依循《國際法》，向聯合國大陸棚界限委員會（UN Commission on the Limits of the Continental Shelf，簡稱 CLCS）提出申請，以擴展其北極領土。根據《聯合國海洋法公約》，沿海國家的專屬經濟海域（EEZ）是從海岸線向外延伸 200 海里。但是，如果一個國家能證明其大陸棚延伸得更遠，它就可以對更多的海床主張專屬經濟權。它必須透過測繪海底，還要收集詳細的水深圖像和海床沉積物樣本，以提供證據。這種勘測成本相當昂貴（例如，加拿大迄今在十七次北極測繪探險上，花了逾 1.17 億加幣），但一國可能因此獲得的海洋資源是無價的。澳洲與紐西蘭已成功向 CLCS 提出申請，澳洲在二〇〇八年增加了近 259 萬平方公里的海床控制權，紐西蘭增加了 170 萬平方公里的海床控制權，是其陸地面積的六倍。[51]

測繪亞懷亞特海灣的地圖不涉及國際利益。這個海灣的新地圖可以充分說明，如果由當地人為當地人繪製地圖，那會是什麼樣子。巴倫、爾寇克，以及其他的阿奎瑪維克指導員決定先勘測海灣，因為他們知道那條水道對社區有多重要。加拿大航道測量局（CHS）的隆多說：「亞懷亞特社區主動購買及安裝勘測設備，開始自己完成測繪任務，這是一股非常強大的力量。」

在海灣拉了幾條勘測線後，德斯羅謝和指導員回到雪麗的溫暖客廳。我們啜飲咖啡時，指導員仔細研究他們剛剛製作的地圖，用因紐特語低聲交談（我和德斯羅謝這種局外人不在場時，他們會使用因紐特語）。在雪麗的電視螢幕上，德斯羅謝叫出了我在邦喬凡妮的螢幕及「鸚鵡螺號」上見過的測深漩渦圖。他開始檢查那些資料點，清除飛點，並教他們把資料傳給他審核之前該如何處理資料。當他的說明變得太技術性時，指導員開始滑手機。

測繪海洋感覺離北方的日常生活太遙遠了。

在亞懷亞特，狩獵很酷。男男女女從頭到腳都穿著迷彩服，使用迷彩手機殼與迷彩包。優秀的獵人受人敬仰，大家會覺得他擅長養家，是出色的因紐特人。有人獵到大型獵物時，他會提前用無線電通知，大家會湧向碼頭去搶一塊新鮮的白鯨肉。狩獵與分享已融入這裡的社區結構。有時指導員會抱怨在海灣來回拉勘測線很單調乏味，抱怨這與狩獵有什麼關係？或是抱怨為何要追蹤冰況？貝克說：「我只能告訴他們，這是我們必須做的，我們追求的是最終成果。」翌年春天，當指導員看到他們製作的新地圖並與亞懷亞特約六百個家庭分享時[52]，他知道他們會為此感到自豪。

4

二〇一七年「海床 2030 計畫」啟動時，我聽到的都是大家對於在十年內完成海底地圖的樂觀聲音。大家說，那個期限雖然很緊迫，但是可行的。我採訪的專家指出，「海床 2030 計畫」在最初幾年有顯著的進展，完成度從二〇一七年的 6%，到二〇二一年已突破 20%。[53] 他們宣布了一些重大的眾包合作案。離岸勘測公司國海輝固（Fugro）承諾，捐贈他們在工作站點之間航行時所收集的全部地圖。新罕布夏大學的一位以色列測繪員，他開始招募超級富豪和他們的超級遊艇，在世界各地的旅行中做眾包測繪。

隨著二〇二〇年代的到來——伴隨著新冠疫情、供應鏈中斷，以及二戰以來歐洲最大規模的陸上戰爭——「海床 2030 計畫」的前景轉趨暗淡。二〇二一年我向詹克斯詢問帛琉和南非的眾包專案時，這兩個國家仍在等待設備運抵當地，供應鏈問題導致運送無限期延遲。「海床 2030 計畫」不是唯一遭到打亂的宏大目標。一些更無形的長期目標（例如對抗氣候變遷），也因緊迫的短期問題而受阻。[54]

我也聽說海洋測繪圈的樂觀氣氛開始減弱。非營利組織「測繪缺口」的加拿大測繪員基恩斯告訴我，他依然看不到如期完成「海床 2030 計畫」的可行方案。他說：「如果我們真的要在二〇三〇年以前認真看待海洋測繪，我們需要一套方案。」把資料記錄器綁在超級遊艇上、追尋鎖在保險箱裡的地圖等等——這些零散的方案當然有幫助，「但這些方法，始終無法解決它們永遠不會觸及的數億平方公里海洋」。領導澳洲大堡礁眾包專案的海洋地質學家畢曼也告訴我類似的看法。在沿著大陸棚的淺水區，眾包的效果很好，但「海床2030計畫」需要動員深海多音束聲納，以便更精準測繪國際海床。

還有超過 8.2 億平方公里的海底等待繪測

一些測繪員開始暗示，「海床 2030 計畫」不僅抱負遠大，可能也無法實現。我們勘測亞懷亞特海灣的最後幾天，德斯羅謝表示：「我不需要想很久，就知道那是不可行的。」他說，你看北極的地圖，或者只看哈德遜灣就好，亞懷亞特就坐落在哈德遜灣的西岸。哈德遜灣比德州還大，也比加州還大，加拿大有三分之 的河流流向哈德遜灣，美國 些大河流也流向哈德遜灣。你只看哈德遜灣的海圖時，會發現已測繪的面積出奇的小。沿岸有一些現代勘測，還有幾條安全的航線穿過海灣，但那裡約 8.2 億平方公里的海底大多尚未測繪。在這片大多尚未測繪的海灣中，亞懷亞特只是一個小村莊。這片海灣位於一個大多未測繪的海洋中，而這個海洋又位於一個大多未測繪的世界中。我在很多時點請製圖員向我展示，還有多少海洋需要測繪。哈德遜灣清楚地顯示，未測繪的海洋規模極其浩瀚。這也讓我覺得「海床2030計畫」幾乎不可能在最後期限之前完成。

眾包似乎終究不會成為完成「海床 2030 計畫」的主要力量，但也許這從來就不是重點所在。新罕布夏大學的考德說：「我認為，志願測深的社群性質更有可能激發大家參與的熱情。某種意義上來說，這種參與感可能才是它真正的價值所在。」看著獵人測繪亞懷亞特的海灣，我看到他們測繪傳統水域時所產生的巨大力量。「海床 2030 計畫」可能無法如期完成，但一份更好的海灣地圖將為亞懷亞特的居民帶來很大的效益，那比「海床 2030計畫」帶來的影響更大。

經歷了三十六小時的濃霧與航班取消後，我終於離開了亞懷亞特，進入了更迅速、更繁忙的南方世界。我的手機恢復了訊號，大量未接簡訊與未接來電湧入。原本空白的 Google 地圖又重新填滿了詳細標註的街道。我的小藍點又出現了，追蹤著我在世界各地移動的位置。脫離地圖的經歷，讓我不禁想到另一個問題：如果眾包不是達成「海床 2030 計畫」的萬靈丹，那麼什麼才是？

「海床 2030 計畫」啟動之初，大家常同時提到眾包與自主測繪，也就是使用無人機或其他遙控硬體來測繪海底。隨著二〇二〇年代的推進，我聽到的人力方案討論（例如眾包）愈來愈少，有關重大技術突破的討論則愈來愈多。當一個宏大目標轉趨黯淡時（例如把全球暖化幅度限制在攝氏 1.5 度以內），大家往往開始轉向科技以彌補不足。

海底無人機帶來的新希望

丹尼斯．海恩斯（Denis Hains）形容自己天性樂觀，他也如此描述「海床 2030 計畫」的期限：樂觀看好。身為前海道測量總監及加拿大航道測量局（CHS）的局長，他對加拿大的海洋測繪能力有獨特的見解，他認為加拿大不會派出船隻去協助「海床 2030 計畫」。

他說：「在加拿大，目前唯一能那樣做的船是「聖勞倫號」（Louis S. St-Laurent），除非有政治意願把那艘船的時間，投入到國際上，否則那艘船不太可能，被分配去做國家優先要務以外的事情。」儘管如此，他還是希望「海床 2030 計畫」能夠成功。他認為，實現那個目標的最佳方式是導入無人機。

他說：「我相信無人水面載具（unmanned surface vessels，簡稱 USV），Saildrone 那種商業模式。」他指的是一家加州的新創公司，該公司生產的海洋無人機，已經獨自穿越了半個太平洋。

以色列的霍爾也認同這個觀點，他表示：「我們達成目標的唯一方法，是利用 Saildrone。」Saildrone 有獨特的螢光橘色碳纖帆板，預示著海洋測繪的新未來：完全不需要人出海測繪了。

第八章

當 AI 潛入海底

1

海底測繪的未來會是什麼樣子？如果你是 Saildrone 的創辦人兼執行長理查・詹金斯（Richard Jenkins），未來的測繪就是坐在一間明亮的會議室裡，俯瞰著舊金山灣，一邊喝著咖啡，一邊看著電腦螢幕上的一個圖示在離 160 公里的未知海底移動。

這就是某天早上我去參觀這家新創公司位於加州阿拉米達（Alameda）總部時所做的事情。前一天，Saildrone 公司派出 22 公尺長的海洋無人機——這是「勘測號」（Surveyor）機型的第一艘——去海上執行測試任務。我和詹金斯聊天時，「勘測號」正在加州外海約 160 公里處的一片海底，靜靜地來回拉著間距完美的勘測線。

詹金斯偶爾會在椅子上傾身向前，點一下那個在太平洋上移動的 Saildrone 小圖示。他是在檢查「勘測號」的「機房」，那裡的儀表板顯示船上太陽能板的剩餘電量、柴油儲量，以及風力與風向。另一個頁面顯示從「勘測號」的感應器持續湧入的資料流，追踪風速與風向以及波浪高度。「探索號」（Explorer）是與「勘測號」類似的較小機型，7 公尺長，基本上是一台巨大的海洋測量機，內建超過 20 個感應器，追踪海洋溫度、鹽度、相對濕度、氣壓、溶氧、葉綠素等。（公司的口號是：「隨時隨地感測一切。」）

在另一個螢幕上，詹金斯瀏覽著從「勘測號」的各個角度拍攝的照片，每分鐘都有新的照片源源不斷地傳進來。多年來，Saildrone 派出各種無人機出海，累積了數千萬張的照片，據稱是全球最大的海洋圖像集。這些照片經過人類添加註解後，會輸入一種已經申請專利保護的演算法。該演算法可以訓練無人機根據所見來評估狀況。無人機看到貨船迎面而來時，應該改變航線嗎？應該向邊境控管處通報可疑船隻嗎？這些問題會傳給陸上的真人操作員，讓他們做出最終的決定。詹金斯解釋，目標是減少人類親自出海測繪海底的需求，使海洋測繪變得更快、更便宜、更環保。

詹金斯把螢幕切換到「勘測號」桅杆頂端（海面上方 15 公尺處）的即時影像，他說：「我們的目標是，讓你在陸上坐著喝咖啡，就能獲得站在艦橋（駕駛艙）上的海域意識（domain awareness）。」他的英國腔聽起來很輕柔，我不得不傾身向前才聽得清楚。示範結束後，他又靠回椅背。他說，「勘測號」運作得很好，我們又聊回剛剛的話題。怪的是，海洋測繪的未來，感覺很像我們現今查看社群媒體，或在手機上做其他的事情一樣。

海洋測繪員談到無人機或無人水面載具（USV），是如期完成「海床 2030 計畫」的唯一方法時，他們指的是像「勘測號」這樣的深水機型。雖然還有兩種較小的近岸機型，但「勘測號」是第一款配備康士伯多音束聲納的無人水面載具，可以探測到 11 公里深的地方——剛好超過馬里亞納海溝的最深處。終於，完成全球海底測繪的工具出現了！

過去幾年，Saildrone 完成了一系列精彩的任務，包括橫渡大西洋、環繞南極洲、駕駛最大的無人水面載具（USV）從加州到夏威夷再返回。[1] 最後一項任務是由「海床 2030 計畫」資助的。新罕布夏大學海岸與海洋測繪中心（CCOM）的主任賴瑞．梅爾（Larry Mayer）監督這個專案，並盡量安排「勘測號」的路線沿著未測繪的海底前進。整體而言，「勘測號」在舊金山與夏威夷之間收集了約 2 萬平方公里的未測繪海底資料 [2]，大約是夏威夷大島（Big Island）面積的兩倍。Saildrone 無疑深深吸引了海洋測繪員。

CCOM的副主任考德說：「以Saildrone的『勘測號』在太平洋上完成的任務為例，我們讓一艘無人船，從阿拉米達一路航行到夏威夷再返回，即使你是五年前提出這個概念，大家也會覺得你瘋了，那對測繪來說就像黑魔法一樣。」

可以潛入深海，還可以穿越颶風

二〇二一年夏天，一個較小的Saildrone機型駛過颶風山姆（Hurricane Sam）的風眼——那是波多黎各附近的四級颶風，最終變成當年最強的颶風。[3]那次任務的畫面一曝光後就迅速爆紅，揭開了颶風眼的真實樣貌。那麼，航行穿過颶風是什麼樣子？答案是非常非常混亂。畫面非常混亂，很難分辨上下，也看不清楚前方有什麼。海洋無人機乘著一個大浪而起，攝影機似乎懸浮在水面上15公尺高的地方，然後以可怕的速度與力量掉回水面。閃電劃破天際，狂風捲起驚濤駭浪，天空彷彿被一層低垂的白牆封住，能見度頂多只有8公尺。從來沒有人看過那種景象，因為以前只有在船隻沉沒的前一刻才看得到。

Saildrone的海洋測繪副總裁布萊恩．康農（Brian Connon）說：「那次穿越颶風的任務確實很精彩。有趣的是，現在再也沒有人問我海洋無人機的耐用性問題了。」康農是退役的海軍上校，他職涯的一部分時間是在海軍的海洋局（Naval Oceanographic Office）工作，那是美國海軍的測繪部門。就像我訪問霍爾時那樣，我也向康農追問了海洋測繪的祕密面。海軍究竟在其保險庫裡藏了多少海底資料？美國是否已經測繪了整個海洋？康農回應：「海軍確實有很多資料，但基於正當理由，他們不會分享。」果然是忠黨愛國的優秀海軍將領。

Saildrone與美國海軍仍有一些其他的聯繫。二〇二二年，一艘伊朗軍艦短暫地劫持了一架，由美國海軍部署在波斯灣的

Saildrone「探索號」，使兩國原本已緊張的關係進一步升溫。一艘美國海軍軍艦和直升機接近時，伊朗軍艦就釋放了無人機，並離開該區域。Saildrone 的總部，也設在阿拉米達的前美國海軍航空站內。

阿拉米達是一個面向舊金山的港市，市中心的多數街道上都是佈滿塗鴉的廢棄海軍機庫，其中許多空間成了灣區激增遊民的藏身之處，只有 Saildrone 的倉庫是例外。那個倉庫有一面漆成亮橘色，充滿了能量與活力。我一進門，櫃台上的 iPad 就要求我簽署一份保密協議，發誓不透露我即將在裡面看到的專利技術。

走過接待區後，進入一個龐大的機庫，這裡就是 Saildrone 的裝配線。我眼前是碳纖維與玻璃塑鋼的巨大捲筒。另一邊是巨大的烤箱，碳纖維帆在烤箱裡的巨大帆形模具內烘烤成形。機庫裡散落著野餐桌，副總裁與一般員工自由地交流。這裡常見的穿著打扮是牛仔褲、毛線帽、巴塔哥尼亞（Patagonia）的抓絨衫。我拍了一張現場照片，但一位行銷人員連忙過來阻止我。她說這裡不能拍照，那可能會洩露 Saildrone 的專利帆翼科技，那是該公司的優勢所在。Saildrone 公司即將成立滿十年，但依然洋溢著新創企業的滿滿活力。

詹金斯回憶道：「二〇一二年，只有我一個人，在海灣的另一邊，窩在一個不到兩坪的房間裡製造第一架海洋無人機。」他花了十年的時間，在二〇〇九年打破陸上風帆（land sailing）的世界紀錄後，便開始投入無人機技術的研發。如果你不知道陸上風帆是什麼——我當時也不知道——基本上那是在陸上比風力賽車。詹金斯駕著他自己製造及改良的環保碳纖裝置，在平坦的內

---

[38] 原註：二〇二二年底，帆船俱樂部「阿聯酋紐西蘭隊」（Emirates Team New Zealand）打破了詹金斯的紀錄，在澳洲行經一個鹽湖時，達到時速兩百二十二公里的極限速度。

華達沙漠上行駛，最終達到時速 203 公里的速度。[38] 這個世界紀錄為他帶來了酷炫的信譽，以及很適合作為矽谷創業家的起源故事。他認為這項看似天馬行空的探索，為幾年後推出 Saildrone 提供了必要的研究與開發。

Saildrone 草創時期，詹金斯結識了 Google 的艾力克・施密特（Eric Schmidt）與其妻子溫蒂，當時施密特夫婦正在為他們的研究船「佛克號」安裝設備。那是億萬富豪慈善家們，紛紛加入海洋保護投資的高峰期。然而，詹金斯對傳統的海上科學研究方法不感興趣。「我與施密特夫婦最初合作的海洋無人機，是協助他們的勘測研究船，我很快就發現他們所做的只是測量。」他說。「三十個人搭一艘大船，用一個小感應器去測繪海底，根本沒有意義。」他記得當時詢問參與的科學家：「你們難道不能用一個小機器來做這件事，而不是用一艘燃燒大量燃料的上億美元船艇嗎？」那個科學家小組說：「不可能，小型無人機永遠無法橫渡大洋。」對我來說，那說法就像在公牛面前揮舞著紅旗。

創新的動力往往來自「不可能」

詹金斯接著證明了海洋無人機可以安然無恙地跨越大洋。同一個科學家小組隨後告訴他，無人機能橫越大洋固然很好，但無人機永遠無法像科學家那樣，在海上測量任何東西。於是，詹金斯展開了一項新任務，直接比較海洋無人機的測量結果，與研究船上獲得的資料，證明無人機確實可以像船上的科學家那樣採樣。[4] 詹金斯說：「我想，動力是來自於有人說這是不可能的。」雖然他的創業故事聽起來可能像現在很多創業家的故事，但他堅稱 Saildrone 是真材實料。

其他的新創公司用試算表來證明事業可行，他直接用機器來證明無人機可以跨越大洋、經得起颶風的摧殘，並在公海上做複雜的測量——還有什麼比這更嚴酷的試驗場呢？

在這個海洋測繪的新世界裡，人在海上是多餘的。在我目前為止看到的所有測繪中，從邦喬凡妮勘測五大洋的最深點，到「鸚鵡螺號」測繪加州外海的海床，再到巴倫測繪亞懷亞特的底部，有一個因素始終不變：總有一個人掌控測繪。但詹金斯顛覆了這種思維。人需要船，船需要燃料，還需要各種讓船員在船上快樂生活的舒適設施。人的因素使每天的勘測成本高達數萬美元，也限制了海上停留的時間，因為這些人終究都得回家。Saildrone 估計，它的無人機價格只是傳統勘測船的一小部分。它的海洋無人機不僅更經濟，也更環保，因為它們減少了噪音汙染、燃料消耗、碳排放。

詹金斯告訴我，Saildrone 有一個更遠大的目標。他說：「公司成立的目的是為了拯救地球。」接著他又補充提到一個重要的附加條件，「你必須打造一家能夠處理那麼大問題的公司。但要做到這點，唯一的方法是以營利公司的形式經營。所以，雖然我們的動機是為了地球的健全發展與氣候，但你必須是一家營利公司才能發揮影響力，因為光靠政府的資金是遠遠不夠的。」

我提到 Saildrone 的幾個競爭對手時，詹金斯垂下目光，露出微笑。他每次講到不認同的事情時，都有這樣的反應。他指著那個在太平洋上的 Saildrone 圖示，輕聲說道：「我不知道有誰能與我們現在在螢幕上做的事情競爭。」但競爭確實很激烈。

我們交談幾個月後，瑞典汽車公司紳寶（Saab）用自己的自主測繪載具「劍齒虎號」（Sabertooth），在南極洲附近找到了沙克爾頓那艘失蹤的「堅忍號」（Endurance）。另一家自主海洋測繪公司海洋無限（Ocean Infinity）也在爭奪政府與產業共同協力的測繪合約。

「勘測號」從夏威夷返回後不久，Saildrone 獲得了 1.9 億美元的創投資金[5]，並開始大規模地招募人才。我參觀 Saildrone

時，員工人數在一百人左右，一年後的員工數增加了一倍。在Saildrone 的機庫裡走動時，我可以感受到這家公司的發展動力。它即將蓬勃發展了嗎？還是註定像許多科技新創公司那樣崩垮？

2

「開了嗎？」

「鸚鵡螺號」的海洋測繪員赫夫倫從控制 EM 302 聲納的龐大電子設備牆退後一步。她剛剛按下了那個大大的「啟動」按鈕，但什麼也沒發生。一整天的暴風雨，阻礙了我們在加州北海岸的勘測，待雨勢漸歇赫夫倫認為現在可以再次啟動聲納了。我們兩人站在那裡看著電子設備，直到一個紅燈亮了起來。在隔壁的資料室裡，電腦螢幕上充滿了程序指令，每個指令描述著一個新儀器的即時啟動。接著，赫夫倫打開測繪軟體，電腦螢幕上閃爍著大大的紅色警訊。她匆忙地在幾台電腦之間奔走，調整設定及消除警訊。

詹金斯在 Saildrone 描繪的海洋測的未來，聽起來相當精彩，尤其當我回想起現今測繪海底的現實狀況時，更覺得那未來很驚人。除非你親自進入勘測船的中心，親眼看到收集一小片海底地圖是多大的挑戰及多麼耗時，否則很難解釋，為什麼測繪世界海洋需要那麼長的時間，以及 Saildrone 可能帶來多麼顯著的進展。啟動 EM 302 的後端後，我和赫夫倫走進勘測船的中心，確保所有的電路板都正常運轉。

我們爬下一個梯子，沿著一條狹窄的走廊行走，走廊兩側是多數烏克蘭船員的船艙。走廊瀰漫著很濃的魚腥味。赫夫倫解釋，烏克蘭人喜歡在休息時間捕捉及醃製鯖魚。接著，我們又下了另一個梯子，來到水線以下，時間似乎倒流了。相較於上面翻新過的區域，這裡有一種塵封已久的感覺。牆上掛著一部舊式旋轉電話，表面蓋著厚厚的灰塵。還有一些德語標誌，那是「鸚鵡螺號」

以前還是東德的漁業研究船時，所留下的遺跡。接著，我們抵達「聲納室」，就在寫著「Proviantkuhlanlage」（補給冷藏系統）的冷凍室旁邊。

赫夫倫把她的重型工業手電筒放在地上，用雙手扳開鋼門。門的另一邊是一個小而冷的壁櫥般空間，她偶爾會發現廚房工作人員，在隔壁冷凍室空間不足時，把幾箱洋蔥或牛奶擺在這裡。今天，這裡只有一個183公分高的金屬櫃，裡面裝著大家稱為「板子」（the boards）的東西：幾十塊電路板，負責發送及接收EM 302的所有聲波。

赫夫倫說：「這東西很不穩定，例如線路可能會鬆動。」拿著手電筒照著插入電路板的一排乙太網路線，「而且這台聲納要上百萬美元。」EM 302出現嚴重問題時，赫夫倫通常會來這裡查看。「大部分的故障排除只需要輕輕地拔開這些東西，再插回去就好，然後祈禱。」她一邊說，一邊示範怎麼處理那些線路。去年某次探險時，一塊電路板出問題，赫夫倫最終擠在聲納箱的後面好幾個小時。她指著一個很髒的空間，她曾站在那裡，靠在一根管子上保持身體平衡，頭頂著天花板，透過無線電與其他的測繪員通話，一邊做一系列的修復。[39]

彷彿為了強調這種古老氛圍似的，赫夫倫退後一步，拉起聲納室地板上的鋼柵，走入一個艙口。我把手電筒遞給她，她用高瓦數的光束，照亮了一個約1公尺高的爬行空間。一側是船的通海閥箱（sea chest），那是一個微波爐大小的防水鋼盒。海水透過外部閥門被灌入通海閥箱，以冷卻引擎。通海閥箱裡的感應器，也衡量從外部吸入的水中聲速變化。每次航行結束後，赫夫倫都

---

[39] 原註：後來「鸚鵡螺號」升級了聲納系統，安裝了康士伯 Simrad EC150-3C 150千赫茲的換能器。那是同類中第一個把聲學都卜勒流剖儀（acoustic Doppler current profiler，ADCP）和EK80分束漁業聲納結合在一起的儀器。

會爬進去那裡，打開通海閥箱，擦掉感應器上覆蓋的厚厚海洋生物黏膜。她舉起一個像溫度計的感應器說：「這麼快就長出這麼多東西，真是太奇妙了。」

更少的汙染、更穩定的繪測結果

我在「鸚鵡螺號」上的第一晚，剛要入睡時，聽到一種奇怪的噪音，有點像是有人踩到了橡皮鴨。聲音是勘測船的大敵，這是我在「鸚鵡螺號」裡看到的，或者說是聽到的。船上的任何噪音（從嘎嘎作響的空調，到隆隆作響的柴油引擎），都會與探測海底的聲納競爭。我們在船裡持續往下層前進時，我聽到的噪音愈來愈大。原來那是船上眾多聲納儀中的另一台：海床底質剖面儀（sub-bottom profiler）。它就放在「鸚鵡螺號」的鋼製船體旁邊。多音束聲納是發出人類聽不到的音頻；海床底質剖面儀不一樣，它是發出人類聽得見的上升和下降序列。多音束聲納顯示船下的海底；海床底質剖面儀更深入，它顯示沉積物底下埋藏的東西，無論是石油儲量、埋藏的電纜，還是失落已久的古文明遺跡。

聲音是海洋無人機比任何勘測船更有優勢的地方。除了一個小型的柴油引擎以外，無人機安靜地滑行，甚至沒有堅硬碳纖帆的拍打聲。「鸚鵡螺號」那台難搞的老舊引擎，因其轟鳴聲而被稱為「雷神」（Thor），最近已被替換。新引擎理當安靜很多，但安裝後，船上的背景噪音反而增加了。海洋測繪員在引擎室的黑暗狹窄空間裡爬了很久，終於找到噪音的罪魁禍首：一根嘎嘎作響的燃料進油管。

船上空間狹隘，爬行空間擁擠，空調室裡的伺服器嗡嗡作響——測繪海底需要那麼多的人力。海上的測繪員總是需要適應，解決問題，拼湊解決方案，還要戴多種帽子（意指身兼數職）——這不止是比喻，實際上也是如此，一天戴安全帽，另一天戴草編遮陽帽，以便在炎熱的陽光下站立數小時。現代航海的第一守則是，永遠不要穿戴你喜歡的東西，因為那會馬上被油或油漆濺到（這是我的親身經歷，因為我倚靠在船員剛粉刷的牆上）。

我告訴赫夫倫，海洋測繪似乎出奇的老派，她不禁笑了出來。那時她告訴我，她曾在政府勘測船上目睹一種特別古老的流程：校準一個計魚的單音束聲納。她說：「我第一次看到時心想：不會吧，我們真的是這樣做的嗎？」在海上，迎新儀式很常見，所以船員可能是在戲弄她這個新人。最有名的例子是越線儀式。在這個傳統中，第一次越過赤道的新人要經過一番戲弄的考驗，才能晉升成為海上老手。這個有四百年歷史的古老儀式，對軍艦和商船上的新人來說曾經很殘酷。現在則變成一種餘興活動，是把拖把放在頭上，裝扮成海神的藉口。

另一個專門針對海洋測繪員的戲弄儀式是：老手騙新手穿戴繁複的安全裝備，包括護目鏡、頭盔、護膝等，然後要求新手做很簡單的任務，例如把衡量海水溫度的探針放入水中。赫夫倫人很好，她沒有讓我經歷這樣的考驗。

不過，赫夫倫後來發現，她目睹的聲納校準，不是船上的成員精心設計的戲弄儀式。這個流程會持續一整天，一群科學家用彩虹色的魚線所編織的掛籃，來固定一個高爾夫球大小的碳化鎢球體。接著，把這個球體懸掛在多個舷外托架上，讓它在船的聲納下面幾公尺處晃來晃去。經過多次船下的盲目操作後，聲納終於探測到碳化鎢球體，這樣聲納就算正確校準，可以計算魚的數量了。

二〇二〇年因新冠疫情爆發，美國國家海洋暨大氣總署（NOAA）取消了年度阿拉斯加鱈魚業的船舶勘測，改向Saildrone租了三台「探索號」海洋無人機來做聲納勘測。 這項勘測任務通常需要一艘船載著三十到四十人出海數週，這次換成陸上一兩名操作員，同時監督多台無人機完成。康農告訴我，無人機的探魚聲納仍需要以同樣辛苦的方式校準；聲納勘測的某些方面（例如拖網與魚類採樣）仍需要人力。不過，一旦海洋無人機開始運行，它就不需要用餐、休息，也不需要返回陸上加油或補給。無人機在陸上的人類操作員可以輪班二十四小時工作。這種對人力需求的大幅下降讓我不禁思考，海洋測繪員會不會像現今許多職業那樣，擔心自己的工作被自動化取代。

康農說他經常被問到這個問題，答案是否定的。「我想讓海洋測繪員專注在需要人為介入的困難事情上，不必擔心那些耗時的瑣碎事務。」他說，「我認為這份工作正在改變。我受過國際海道測量組織（IHO）的標準培訓。他們的培訓沒有提到使用機器學習或人工智慧。」赫夫倫在「鸚鵡螺號」上做的那種故障排除，很可能很快就會變成過去的事了。

AI 如何改變深海繪測？

老實說，想到無人機與演算法可能取代真人海洋測繪員，我覺得有點難過。[40] 在船上解決各種實務問題、電路的晃動、爬到電路板的後面、實際出海，似乎比透過手機 App 檢查測繪無人機有趣多了。最初吸引我注意的，是「海床 2030 計畫」背後的製圖者。我曾經想像，海底地圖就像是由全球各地的許多人，共同編織的掛毯。也許我想得太過浪漫，但古往今來地圖一直都是這樣製作的。誠如丹尼斯・渥德（Denis Wood）在《地圖權力學》（*The Power of Maps*）中所寫的，一份地圖不是一個獨立的文件，而是「許多人所見、所發現、所探索的彙編。這些人中，有些人

---

[40] 原註：Saildrone 澄清，它的技術不是為了取代海洋測繪員，而是為了「擴增」海洋測繪員的能力範圍。然而，一項發明往往可能帶來意想不到的後果，進而改變整個產業與社會。

還活著，但更多人已經過世了。他們獲得的資訊層層堆積，所以即使是研讀看起來最簡單的地圖，那也是在回顧文化累積的年代」。[7] 以後，人類不必出發探險，從一無所知逐漸摸索以累積知識，機器人將為我們完成這項任務。誰會願意放棄這麼棒的工作呢？

支持自動化的一個論點是，它可能擴大海洋測繪的參與範圍。傳統上，海洋測繪一直是由已開發國家的白人男性主導。雖然在薩普與其他早期女性測繪者的努力下，如今有更多的女性參與海洋工作，但她們通常還是來自已開發國家的白人女性。相較之下，海洋無人機的操作員可以是全球任何地方能上網的任何人。想像一下，聽障人士或坐輪椅的測繪員也有機會貢獻一己之力。此外，無人水面載具（USV）的低成本可能意味著，預算有限的開發中國家，也能負擔得起繪製該國海岸線的費用。目前只有工業化國家負擔得起勘測大陸棚的費用，並透過聯合國的大陸棚界限委員會（CLCS）來擴大其海洋邊界。有了無人機測繪海底後，這一切可能會改變。

新罕布夏大學海岸與海洋測繪中心（CCOM）的梅爾對於使用無人機測繪海底毫無疑慮。我問他：「身為培訓海底測繪員的人，你難道不擔心無人機會導致測繪員失業嗎？」

他非常認真地回應：「我很樂意讓海洋測繪的需求消失。」梅爾在他四十年的海洋測繪生涯中，參與了九十幾次研究航行，每年夏天他都會乘坐美國破冰船「希利號」（Healy）穿越北極的西北航道。你可能以為他希望這種冒險能夠持續下去，但他似乎已經經歷了夠多的遠征。花好幾個月，在海上收集零碎的地圖資料固然浪漫，但現在他只想盡快完成這項工作，去解決更緊迫的問題。他說：「我不擔心有人因此失業，我認為我們只會創造出更多、更好的地圖。這只是起點。我們將會更了解地球，發現令人費解的神祕事物，並找到揭開那麼謎團的方法。」

3

如果說「海床 2030 計畫」有前身的話，那可能是「國際百萬分之一輿圖」（International Map of the World，簡稱 IMW），它更廣為人知的名稱是「百萬輿圖」（Millionth Map）。這個構想是由維也納大學的年輕地理學教授阿爾布雷希特・彭克（Albrecht Penck）於一八九一年提出的，目的是按照一比一百萬的比例（1:1,000,000，亦即 1 公分對應 10 公里）來繪製全球所有陸地的地圖。[8]

就像我們對火星地形的了解比海底還多一樣，一八九一年竟然還沒有一份完整的世界陸地地圖，這點也同樣令人驚訝。到了十九世紀末期，勘測陸地的工具已經存在一百多年了。

一七八九年，法國完成了全國現代地形勘測[9]，是世界上第一個完成這項壯舉的國家。這項工程耗時數十年，是由卡西尼家族（Cassini）好幾世代的製圖師共同完成的。[41] [10] 一八一五年，威廉・史密斯（William Smith）發表了第一張英國的地質圖，他用手工精心為每個岩層上色，這不僅是世界首創，也是非常精美的作品。十五年後，倫敦地理學會（現為皇家地理學會）成立，其明確的目標，是以科學方式繪製世界地圖。

那時正值帝國時代的巔峰，殖民國家習慣在官方地圖上誇大自己的領土，而忽視繪製其他地區。那主要是指地球上那些太偏

---

41 原註：法國國王路易十四（King Louis XIV）對早期的草圖感到失望，因為草圖顯示的法國領土比他預期的還小。他不滿地說：「我付給學者那麼豐厚的薪酬，他們卻縮小了我的王國。」

遠、抵達成本太高、或勘測困難的極端地區，因此一些基本的地理問題仍未解答，例如：尼羅河的源頭在哪裡？[11] 珠峰有多高？南極洲是世界第七大洲、還是只是一大塊冰？[12] 地圖史學家布朗寫道：「直到一八八五年，據估計已經勘測或正在勘測的陸地面積，不超過1,554萬平方公里，不到全球陸地面積的九分之一。許多國家因為對此漠不關心或儀器勘測成本高昂，而無法為自己的國土繪製準確的地形圖。」[13]

一九八一年，彭克沿著阿爾卑斯山，前往瑞士伯恩，在第五屆的國際地理年會（International Geographical Congress）上提出了《百萬輿圖》的構想。他稱之為「全球同繪，天下一圖」（A common map for a common humanity.）——這句話呼應了一百多年後「海床2030計畫」想要完全測繪全球海洋的目標。[14] 彭克的同事都為這個構想喝采，有些人甚至不明白，自己怎麼沒想過這個概念。

「百萬輿圖」的目標不止是解決陸地測繪不均的問題而已。對製圖師來說，另一個重要的問題是一致性：在全球使用相同的符號、顏色、語言、度量衡、經線（又名子午線）。其中，度量衡與經線，變成了當時帝國勢力之間的國家榮譽象徵。英國把本初子午線設在格林威治，並使用英制單位。法國是採用公制，把本初子午線設在巴黎。其他國家也提出自己的子午線。布朗寫道：「這些提議大多毫無理由，只是出於政治妒忌、扭曲的愛國主義或智識偏見。」唯一真正中立的領域是海洋，但在公海上建立及維護觀測站顯然困難重重。[15] 在民族主義情緒日益高漲的時期，這種國家規則與標準的分歧，預示著第一次世界大戰即將爆發，席捲歐洲。

一九〇四年，也就是彭克首次在伯恩提出構想十三年後，他再次鼓吹「百萬輿圖」計畫。[16] 在華盛頓特區舉行的第八屆國際地理年會上[17]，彭克展示了三張按照他提議的標準，所繪製的測試版地圖。這些地圖說服了與會代表，「百萬輿圖」計畫因此開始有進展，儘管進度緩慢。他們決定，語言採用拉丁字母，格林威治成為國際本初子午線（這個決定對法國來說是沉重的打擊，他們被迫重畫一七二〇年代設立第一個水文測量局以來，所繪製的三千張地圖。[18] 不過，英國人輸了度量衡之爭，比例尺最終是採用公制單位。

十年後的一九一三年，各國代表再次齊聚巴黎。最終，在國際世界地圖會議上，三十五國的代表針對「百萬輿圖」的一整套規則達成了協議。[19] 彭克花了二十幾年的時間，才使這項工作真正開始。英國地形測量局（Ordnance Survey）的總部在南安普敦成立了一個中央辦公室，負責收集「百萬輿圖」的地圖（巧合的是，這個地點距離英國國家海洋中心〔National Oceanography Centre〕僅幾公里，史奈思和她的團隊在那裡監督「海底 2030 計畫」的海底地圖收集工作）。一時間，彭克的夢想似乎終於有望實現了。

因關注度太低最後無疾而終

然而，半年後，一位年輕的南斯拉夫民族主義者，從塞拉耶佛的人群中站出來，舉起手槍，朝著奧匈帝國皇帝的侄子法蘭茲·斐迪南大公（Archduke Franz Ferdinand）及其妻子蘇菲（Sophie）射去。這次刺殺事件引發了第一次世界大戰，並在接下來那幾年奪走了數百萬人的生命。「百萬輿圖」計畫及其推動全球地圖統一的號召，立即遭到擱置。戰爭需要地圖來作戰，而不是團結世界。一九一四年，南安普敦的中央機構在戰爭期間關閉。戰後重新開放時，「百萬輿圖」難以重拾進展。

整個二十世紀，重振「百萬輿圖」計畫的熱情時有起伏，不時陷入長期的停滯與僵局。彭克在二戰尾聲死於布拉格，但他繪製世界陸地的夢想又延續了半個世紀。最終，「百萬輿圖」計畫因另一種地圖的完成而就此結束。二戰後，航空測繪技術突飛猛進，從一九四〇年代末期的空拍非洲與南美洲[20]，到一九七〇年代首次利用先進的雷達技術，勘測整個亞馬遜流域。[21] 隨後，大眾航空運輸的興起，創造出盡快繪製世界陸地地圖的迫切需求與商機。航空業需要確保飛行員和乘客不會撞上山脈。一九八九年，聯合國教科文組織（UNESCO）的一份報告，建議聯合國停止監督「百萬輿圖」計畫，因為多數國家已停止製作新地圖。於是，「百萬輿圖」計畫就此悄然結束，取而代之的是「世界航空圖」（World Aeronautical Chart），這成為第一張持續更新且完整的世界陸地地圖。

產業界的發展比科學家與政府的行動更快，或許並不令人意外。但為什麼「百萬輿圖」計畫會失敗？它比「世界航空圖」更有啟發性，卻依然失敗了。一九四九年「百萬輿圖」計畫再次陷入停滯時，地圖史學家布朗絕望地寫道：「百萬輿圖計畫的進展，重演了製圖史上的種種複雜情節，反映了人類抗拒變革的天性，以及過度關注自己的小天地。」[22]

「海床 2030 計畫」和「百萬輿圖」計畫有很多相似之處，兩者都始於歷史上的政治動盪時刻：「百萬輿圖」計畫是始於二十世紀初民族主義興起之際，「海床 2030 計畫」是始於二十一世紀初民粹主義崛起與民主倒退的浪潮中。兩個計畫都是為了讓各國團結起來，一起追求了解地球的共同目標。然而，「百萬輿圖」計畫之所以失敗，不是因為任務不可能完成，而是因為關注的人不夠多。

4

如果自動測繪是按時完成「海床 2030 計畫」的唯一方法，Saildrone 公司的詹金斯怎麼看待這一切？海洋無人機能否完成一百多年前摩納哥親王阿爾貝一世所設想的第一張海底地圖呢？詹金斯對此做了一些粗略的估算，他告訴我：「用二十台「勘測號」，可以在十年內測繪整個世界。」他說這些話的時候是二〇二一年底，即使忽略當時還不存在二十台「勘測號」這個事實，要趕上期限還是非常趕。當時只有一台「勘測號」。理論上，「海床 2030 計畫」仍有可能實現。但實際上，似乎很難。

詹金斯也粗略估算了，在沒有海洋無人機下，完成「海床 203 計畫」的可能性，他直言不諱地說：「絕對不可能，真的不可能。這成本太高了，需要的時間太長了。全球沒有足夠的船隻來完成這項任務，所以我認為是痴人說夢。」接著，他稍微緩和了一下語氣：「我欽佩『海床 2030 計畫』的動機與活力……我們已經投資了數千萬美元，來尋求完成它的解決方案。我並不是不相信它，但除非是使用 Saildrone 這樣的載具，來做『海床 2030 計畫』，否則是不可能完成的。乾脆放下幻想，改名為『海床 2090 計畫』吧。」

二〇三〇年一直是一個任意設定的期限。即使趕不上期限，也不會有罰金或懲罰，頂多就是錯過未知的發現罷了。測繪全球陸地花了近一百年，但過程中令人驚嘆的發現，絕對值得付出這番努力。自從測繪全球陸地以後，我們解決了地理學中長期存在的爭論：南極洲確實是一塊大陸，而不是一個島嶼或冰層。大家普遍認為尼羅河的源頭是維多利亞湖（Lake Victoria），儘管仍有

一些競爭性的支流被提出來討論

此外，還有一些出乎意料的發現。一九七六年，衛星發現加拿大北極地區有一個未知的島嶼，長達 200 公里長[23]，並以繪製該島的衛星把它命名為大地衛星島（Landsat Island）。一年後，對瓜地馬拉雨林的空中勘測，發現了一個運河網絡，那是瑪雅人在歐洲人到來以前，就發展出複雜農業系統的第一個確鑿證據。[24] 單就測繪範圍來看，「海床 2030 計畫」遠比「百萬輿圖」計畫的雄心更大。我們無法預知測繪地球沉沒的一半表面時，會發現什麼。那麼，如果「海床 2030」計畫未能完成，我們會錯過什麼？我飛到佛羅里達去尋找答案。

第四部

從平面到立體的全球新戰場

第九章

水下考古連結的未來

「給我一張地圖，
讓我看看這世界還有多少地方有待我去征服。
—— 克里斯多福．馬羅（Christopher Marlowe），
《帖木兒大帝》（*Tamburlaine the Great*），一五九〇年

1

我寫這本書的這幾年，一直保留著一份海底發現與海底現象的清單。這份清單長得很快，不久我就不得不把它濃縮成幾個我最喜歡的重點：

二〇一七年，一個國際研究團隊確認，世界上生活在最深處的魚類是馬里亞納獅子魚（Pseudoliparis swirei），牠們生活在馬里亞納海溝深達 8 公里的地方。[1]

二〇一八年，「鸚鵡螺號」在加州外海 3.2 公里深的海底溫泉中，發現一個「章魚花園」，裡面有一千隻母章魚在孵化橢圓形的白卵。[2]

二〇二〇年，澳洲的海洋地質學家畢曼和施密特海洋研究院的探勘船「佛克號」上，其他團隊成員在大堡礁發現一個比帝國大廈還高的珊瑚礁。

二〇二一年，一組科學家登陸北冰洋一個未知的島嶼，後來發現那是世界最北端的陸地。[3]

二〇二一年，韋格納研究所的破冰船「極星號」（Polarstern）上的科學家在南極海底 300 公尺深的地方，發現一個巨大的冰魚群落，約六千萬個活躍的魚巢，分佈在 238 平方公里的範圍內。

二〇二二年，一個國際團隊在南極洲附近，發現傳奇探險家沙克爾頓那艘「堅忍號」的最終安息地。[4]

二〇二二年，聯合國教科文組織和一個海洋測繪團體在大溪地附近發現一個原始的深水珊瑚礁。㊷ [5]

對我來說，這份清單最令人著迷的是，這些發現大多是偶然或意外的。例如，發現世界最北端島嶼的團隊，是在幾個月後

第一章 第二章 第三章 第四章 第五章 第六章 第七章 第八章 第九章 第十章 第十一章

仔細查看地圖時，才意識到這點。沒有人能確切說出，為什麼這個島嶼以前沒有測繪到。它可能被浮冰覆蓋，或是被風暴及推擠海底的海冰推到水面上，這種地形稱為冰壓脊（ice pressure ridge）。

在海洋科學中，這種瘋狂又隨機的事件經常發生。海洋科學是少數幾個不僅可能，而且很有希望發生重大突破發現的領域之一。巴拉德曾說：「下一代的探險家現在還在讀中學，他們探索的地球將比以前所有世代加起來還多，而且他們將揭開深海中，保存了兩三百萬年的人類歷史。」

聯合國保守估計，海底有三百萬艘失蹤的沉船。[6] 每年沉沒的船隻愈來愈多，但僅不到 1% 被探索過。在搜尋失蹤的馬航 370 班機期間，測繪了超過 27.9 萬平方公里的印度洋，結果發現了兩艘十九世紀的沉船——這同樣也是完全偶然的發現。[7]

「海床 2030 計畫」完成海底全面測繪時，我們可能會揭開人類歷史的諸多面向，而沉船只是其一。在人類歷史的 90% 時間裡，地球上的陸地面積遠遠超過現今。約兩萬年前，最後一個冰河時期的冰河達到頂峰（這個時期名為「末次冰盛期」〔Last Glacial Maximum〕），隨後冰河開始融化，把淡水釋回海洋，導致海面上升，淹沒了大陸棚。約 1,500 萬到 2,000 萬平方公里的海岸線沉入海中——這片失落的土地面積，約和南美洲一樣大。[8] 不同地區失去的陸地面積各不相同。海洋吞沒了歐洲 40% 的陸地，丹麥現在已成為水下考古領域的領先國家之一。[9] 我們現在

㊷ 原註：後來，這項發現引發了爭議，或者更確切地說，是誰有資格宣稱這項「發現」。法屬玻里尼西亞（Polynesia）的當地漁民與潛水夫指出，他們很早就知道那個深水礁了。參與研究的科學家表示，他們的「科學發現」遭到媒體報導的曲解。渥太華大學的環境法研究員托馬斯．布瑞利（Thomas Burelli）接受《哈凱》（*Hakai*）雜誌訪問時表示，這個事件激發出「無主地」的態度：「沒有測繪的，就不算數。」參見 https://hakaimagazine.com/news/discovering-what-is-already-known/

所知的佛羅里達州，曾經比現在大很多，自上次冰河時期以來，它大約失去了一半的陸地。

人類的生活自古離不開海洋

佛羅里達州有在陸上發現，水下泥炭沼澤墓地的悠久歷史。例如，一九八二年，在卡納維爾角（Cape Canaveral）附近，建築工人在挖掘一個池塘時發現了人類遺骸，進而發現一處古風時期（Archaic Period）的墓地。在那裡發現的一百六十八具屍體中，逾半數在無氧的泥炭中保存得極為完好，連頭骨中的大腦都還在。[10] 二〇一六年，一名潛水員在佛羅里達州威尼斯海灘（Venice Beach）附近的海底，發現一塊人類的下顎骨。那個發現引導大家在離岸約 274 公尺處，發現一片七千兩百年前的古風早期（Early Archaic Period）墓地。[11] 馬納索塔礁外遺址（Manasota Key Offshore site）成為美洲第一個在純海洋環境中發現的「歐洲接觸前」墓地，也是世界上為數不多的此類遺址之一。這項發現使佛羅里達州的近海考古受到關注。

傳統上，考古學家主要是關注容易接觸及探索的陸上遺址。佛羅里達的考古學家尚恩·喬伊（Shawn Joy）專門研究海平面上升與墨西哥灣近海的「歐洲接觸前」遺址，他指出：「傳統考古學家的一個重大誤解是，以為海平面上升後，海洋抹去了一切。」喬伊是新一代的潛水考古學家，使用海洋測繪工具來尋找海底的水下遺址。

二〇二一年夏天，我與喬伊及他的合作夥伴摩根·史密斯（Morgan Smith）見面。史密斯是田納西大學查塔努加分校的助理教授。他們剛在墨西哥灣，完成對佛羅里達州的阿巴拉奇灣（Apalachee Bay）的部分測繪，發現了近二十個可能來自古風晚期（Late Archaic Period，五千至兩千五百年前）的遺址。

他們說，尋找沉船很簡單，但要在佛羅里達州沉沒的大陸棚上，找到「歐洲接觸前」遺址就困難了。馬納索塔礁外的發現，使他們的研究受到新的關注，但史密斯與喬伊仍然覺得，他們很難向大家解釋，大陸棚上還埋藏著多少歷史。目前，全球約有40% 的人口生活在離海岸線 100 公里以內的地方。[12] 在佛羅里達州，這個比例幾乎翻倍，有 76% 的人口（約 1,500 萬人）住在沿海地區。

自古以來，人類總是受到水源的吸引，無論是河流、坑窪，還是海岸線。喬伊說：「把人放在海岸上，可以看到生活蓬勃發展：狩獵、採集、藝術、文化等。但是，把人放在內陸，他們可能會想：『天哪，我今天要怎麼活下去？』」他稍微模仿了一下尼安德特人的聳肩動作。即使早期的佛羅里達人中只有一小部分，像現在的人那樣喜愛海洋，海底也有一整個世界的人類歷史，等著大家去發掘。而且，越往外海去探索，越能深入歷史的長河，回溯到更遠的過去。

我們對佛羅里達的早期居民了解得很少，但我們知道，最後一個冰河時期的冰河融化時，大量的水注入墨西哥灣，導致水位上升，迫使早期的佛羅里達人往內陸遷移。幾千年後的今天，海平面再次上升，這次是人類燃燒化石燃料造成的，威脅著全球逾四億人口的家園與生計。[13] 這使得調查佛羅里達的沉沒歷史，以及世界其他的淹沒陸地，變得更加緊迫。那些曾經生活在現今海底的人們怎麼了？他們能教我們如何因應一個正在下沉的世界嗎？我造訪佛羅里達期間，史密斯告訴我：「即使是那些相信氣候變遷及了解海平面上升的人，也很難搞清楚這一切。」他指著阿巴拉奇灣說：「這些以前都是陸地。想像一下，如果佛羅里達的陸地一直延伸到這裡。」

2

X標記了目的地，我們正逐漸接近那裡。

那天早晨，一群潛水考古學家在佛羅里達州的聖馬克鎮（St. Marks）登上一艘船，駛向墨西哥灣。隨著太陽的升起，晨霧逐漸消散，這艘浮筒船沿著蜿蜒的聖馬克河（St. Marks River）穿過紅樹林。船緩緩地駛過時，鱷魚的眼睛沉入微鹹水中，吵鬧的蒼鷺振翅飛起。我們右側是阿巴拉奇的聖馬克堡壘（Fort San Marcos de Apalache），這座十七世紀由西班牙人建造的堡壘，位於聖馬克河和沃庫拉河（Wakulla river）的匯合處。幾個世紀以來，這座堡壘經歷了焚毀、重建、海盜洗劫、英國占領、西班牙人奪回，最後被美國的第七任總統安德魯·傑克森（Andrew Jackson）占領。[14] 這裡曾是威嚴的堡壘，如今已被颶風和歷史侵蝕成一片巨石包圍、雜草叢生的沼澤地。在這片沼澤地上，可以看到高大的松樹和池杉的樹叢聳立，每個樹叢都可能是一個考古遺址，底下埋藏著牡蠣貝殼堆。當地大彎區（Big Bend）的居民都說，這才是「真正的」佛羅里達，遠離邁阿密的燈紅酒綠與繁華，但蘊藏著豐富的歷史。

前方，有座明信片般完美的白色燈塔，可見我們即將進入阿巴拉奇灣。那天的墨西哥灣風平浪靜，平滑清澈的水面上毫無波紋。兩週前，喬伊與史密斯整夜待在喬伊的帆船上，用海床淺層剖面儀（類似我在「鸚鵡螺號」上那個碰到鋼製船身就嘎嘎作響的聲納）反覆地掃描海底。那晚他們像割草那樣來回掃描，尋找水下遺址。他們找到了十八處遺址，現在那幾個點都標記在喬伊的GPS螢幕上。接下來這幾天，我們希望能潛水去探索這些遺址。

喬伊在掌舵處喊道：「還有 25 公尺。」我們已經離岸 3.2 公里，正接近第一個遺址。喬伊關掉引擎，船靠著慣性靜靜地滑行了幾秒鐘。我靠在船舷上，凝視著淺綠色水面下的狀況。陽光照亮了水下旋轉的亮綠色鰻草群、大塊的珊瑚礁殘幹，以及點綴著白色扇貝殼的波紋沙丘。

喬伊戴著螢光綠的墨鏡，注視著 GPS 喊道：「還有 10 公尺。」

史密斯興奮地回應：「哪一邊？」他站在船頭，準備等喬伊一聲令下，就拋下手中的錨。

喬伊喊道：「左舷。」史密斯移到船的左側。船上的所有人——史密斯、喬伊、志願潛水員希梅娜（Ximena）、我——都探頭望向水中，尋找遺址的蹤跡。水下依然是沙子、鰻草、珊瑚，看起來和我們經過的其他地方沒什麼差別。

海床淺層剖面儀探測到一個形狀奇怪的東西，把我們帶到了這個地方。海床淺層剖面儀通常是用來掃描海床沉積物，它名稱中的「海床淺層」就是這個意思。掃描結果看起來，有點像一個灰階的滴水狀漸層蛋糕，每層代表不同的沉積物。石油與天然氣的勘探人員用海床淺層剖面儀，來尋找未開發的儲量；海洋測繪員用它來發現埋藏的電纜，或尋找適合建橋的堅固地形。所以，何不用它來尋找古代石器？

考古學家之前嘗試過，但成效不彰。一九八二年，世界著名的丹麥貝斯手胡戈．拉斯穆森（Hugo Rasmussen）帶著十六件石器時代的石片與刀片去鉑傲（Bang & Olufsen）的聲學實驗室。在一系列的實驗中，他發現每件石器被特定的音頻衝擊時，會產生獨特的音調。專家推測，應該可以用聲音來追蹤水下遺址，只是他們還不太清楚該怎麼做。[15]

二〇一四年，一群來自以色列與北歐的考古學家，和地球物理學家一起合作，他們想看海床淺層剖面技術。是不是揭開水下遺址的關鍵。他們在以色列與丹麥的兩個已確認的水下遺址，做實地試驗，結果發現海床淺層剖面儀的探測中出現奇特的形狀。這些形狀懸浮在水層中，頂部寬大，底部尖細，狀似乾草堆，所以他們稱之為「乾草堆」。這些「乾草堆」不會移動，所以不是魚群，它們正好漂浮在埋藏於海底的石器上方。實驗證實，海床淺層剖面儀確實可以揭露水下考古遺址，但專家以前一直在錯誤的地方尋找線索，他們應該關注的是水層，而不是海床。[16]

水下考古

好萊塢電影常把石器時代的人類描繪成粗魯的野蠻洞穴人，但他們製作的工具呈現出截然不同的故事。這些早期人類對石頭與聲音有深刻的了解，他們會先敲擊以聆聽聲音，判斷聲音是否正確，藉此精挑細選拿來製作箭頭或刀具的材料。正確的聲音告訴工具製作者，這塊石頭沒有缺陷與裂縫，是優質石材，即使離開採石場很久依然耐用。這些石頭的聲音特質變成幾千年後海洋考古學家用來探索的線索。在佛羅里達，史密斯與喬伊正利用這種名為「人工改造石器檢測法」（Human-Altered Lithic Detection，簡稱 HALD）的技術，來引導他們直接找到沉沒在墨西哥灣東北部海床上的古代遺址。[17]

喬伊大喊：「扔吧！扔吧！」史密斯使勁把錨拋到離船最遠的地方。「啪嗒」一聲，錨沉入水中。船滑到了繩子的盡頭，緩緩地停了下來。史密斯沒脫下身上的卡其衫與卡其褲，就馬上跳入水中。水花四濺的聲音把我從清晨的恍惚中驚醒了過來。對，我們當然不是搭船出來玩的，我們是來潛水的。

史密斯在船的周圍游動了一會兒，低下頭，戴著潛水鏡，掃視著海底。「哦，對。」他把頭抬出水面，濕漉漉的瀏海貼在額頭上，他說：「到處都是文物。」他軀體下潛，腳蹼高高翹起，然後慢慢地滑向底部。片刻後，他回來了，手裡握著一個東西。

他摘下潛水鏡，更仔細地端詳那個物體。

我把身體探出船舷，急切地問道：「那是什麼？」

那是燧石，早期石器製作者很珍惜的材料。佛羅里達的早期居民拿著石頭磨著燧石核，製作出各種有凹槽或尖端的刀片、刮刀、砍刀，這個打磨過程稱為燧石打製（flint knapping）。[43] 史密斯手中的石片是製作過程中留下的殘料。他游到船邊，把石片放在我伸出的手掌上——這是當天的第一個發現。這塊烏黑石片的大小與形狀都像一塊玉米片。一邊的厚度約 2.5 公分，石片逐漸變薄，形成一個薄如紙片的三角形尖端。我把它舉向佛羅里達的耀眼陽光時，它幾乎呈透明狀。

除了史密斯以外，上次有人觸碰這塊石片是三千多年前了，想到這點就讓我起雞皮疙瘩。成為「第一個」有種令人上癮的感覺：看到、摸到或做到從來沒有人做過的事情。這種感覺與韋斯科沃首次探索波多黎各海溝時的感受一樣。最令他興奮的，並不是大西洋最深處的平坦海景，而是知道自己是第一個抵達那裡的人。這種強烈的慾望推動了許多探索，填補了地圖上的空白。宣稱「第一個」也有一種占有慾，這讓我想起「處女地」之類的說法，總是讓我感到不適。

當然，我並不是像埃及古物學家霍華德・卡特（Howard Carter）那樣，窺探法老圖坦卡門（King Tut）的陵墓。我手中這塊石頭，在外行人看來，和其他的石頭沒什麼兩樣。我要怎麼知道這塊石頭是三千年前某位史前獵人，敲打大石後留下來的？史密斯說：「這就是接觸力學（Hertzian mechanics）。」他正把梯子掛在船尾上。他進一步解釋，石頭被敲擊時，會有特定的反應，「就像子彈打碎玻璃一樣」。他從我的手中接過石片，手指摸著

---

[43] 原註：YouTube 上有出奇多的頻道，專門介紹燧石打製和其他所謂的原始求生技能，包括教你如何從頭到尾打造一套完整的石頭工具組。

鋒利筆直的邊緣。「這個地方稱為平面，是石頭被擊打的地方。你摸一下平面的下方。」他指著石頭較厚的部分說，「你可以感覺到石頭在這裡膨脹，形成了這個圓形突起。這只有在某種非常堅硬的東西擊打石頭時才會發生。」

從地質遺物看見的線索

史密斯和喬伊都接受過地質考古學的訓練，他們運用地質學原理與方法來確認遺址的形成過程、遭到遺棄的可能時間點，以及文物被遺留在那裡的原因。這種對海洋學和海洋地質學的深入了解，是打破外界對水下考古質疑的關鍵。某些海岸線確實能夠產生足夠的能量來創造出「地質遺物[44]」（geofact），也就是自然脫落的石片。[18]

在加州，突如其來的暴雨會使乾涸的河流迅速暴漲，產生足夠的能量來創造地質遺物。在莫哈維沙漠（Mojave Desert）發現卡利哥早期人類遺址（Calico Early Man Site）的考古學家宣稱，他們發現了可追溯至五萬年前、甚至更早的石器，但這些發現後來遭到質疑，因為這些石頭是在一條快速流動的河流的地質沉積物中發現的。[19] 但史密斯解釋，墨西哥灣的情況並非如此。這裡的流速太慢，無法產生地質遺物。

我問道，那颶風呢？難道五級的颶風無法產生足夠的力量來粉碎石頭嗎？喬伊在船舵處插話說：「颶風來襲時，這裡確實會變得很瘋狂。」二〇一八年的麥可颶風（Hurricane Michael）是佛羅里達大彎區最近一次的「大」颶風，風浪湧入聖馬克，連根拔起樹木，摧毀道路，吹倒電線桿，淹沒房屋。令人驚訝的是，阿

---

[44] 譯註：與人類活動或其生存環境相關的環境遺存，如考古遺址的土壤、沉積物，或不產於考古遺址及週邊地區卻出現於遺址內的石塊等等，屬於一種自然遺留。

巴拉奇灣的海底並沒有太大的變化。喬伊告訴我，他曾經潛水到一個遺址，在那裡發現兩塊石片並排在一起，它們可以拼合起來，這種組合稱為「重組」（refit），意指兩塊石片是從同一塊石頭敲下來的。喬伊把那兩塊石片放回他發現它們的海床上。約一年後，他再回到那裡，發現它們仍躺在原地。喬伊說：「我們這樣做是想推翻那些對水下考古的誤解。」我們說：「嘿，看吧，這裡完整沒變。」自從海平面上升以來，這些東西幾乎沒有移動。

簡言之，我手中的石片是人類雙手製作的。阿巴拉奇灣看起來像一個被淹沒的採石場遺址，「歐洲接觸前」的人類曾在這裡工作與生活。史密斯說：「你找到採石場時，在這片景觀中就找到了一個錨點。由於石頭很重，你不會想要把它搬得太遠。所以這附近的某處，應該有一個營地。」發現一個營地可能進而發現一批石器，這有助於更深入了解古人的生活方式。但起點就是我手上那塊石片。

3

人類是如何遷徙到美洲開枝散葉的？這個問題在考古界一直有爭議，但許多水下考古專家認為，答案藏在如今被海水吞沒的地貌中。長久以來，多數人在學校學到的「克洛維斯第一理論」（Clovis-first theory）主張，約一萬三千年前，一群亞洲人從白令陸橋（Bering Land Bridge）遷移到美洲。在最後一個冰河時期，海平面下降使一條陸地通道露出海面，短暫地連接了西伯利亞與阿拉斯加。這些最早的移民到達美洲後，沿著北美洲內部出現的無冰走廊向南遷移。[20] 克洛維斯第一理論與最早在內陸發現的古代遺址吻合，例如新墨西哥州克洛維斯（Clovis）附近著名的一萬三千年前遺址。這些早期人類的名稱（克洛維斯人）就是以該地命名。[21]

二十世紀後半葉的大部分時間裡，克洛維斯第一理論一直是主流。相較於大陸漂移理論在獲得薩普的地圖證實以前，曾遭到激烈反對，克洛維斯第一理論則是曾經獲得主流的強烈捍衛。主流學者都勸新興考古學者不要去探索其他理論，以免影響職涯發展。與該理論不符的遺址遭到質疑，符合該理論的遺址很容易獲得接納。[22] 離阿巴拉奇灣僅半小時車程的奧西拉河（Aucilla River）沿岸的一個沉洞中，埋藏著一處長期備受爭議的遺址。

早在一九六〇年代，業餘潛水員就開始探索奧西拉河。他們在混濁如巧克力牛奶的河水中，與鱷魚及海牛同游，從河裡挖掘出汽車輪胎那麼大的乳齒象牙齒，以及古代野牛與駱駝的骨頭。當地人知道那裡埋藏著歷史，但直到有人在深達9公尺的「佩奇－拉德森」沉洞（Page-Ladson）發現一萬四千五百五十年前的遺址，他們才意識到那裡的歷史有多久遠。

佛羅里達州的地下是一個平坦的石灰岩平台，該平台布滿了類似「佩奇－拉德森」那樣的沉洞。由於雨水中的微量酸性物質的侵蝕，久而久之，這些坑洞逐漸擴大且變弱。最終，地面塌陷，房屋、公寓或當時矗立在地面上的任何東西都沉入水中。在現代的佛羅里達，沉洞是一個主要的房屋保險問題，也曾造成人員傷亡。然而，在早期的佛羅里達，沉洞是大家賴以維生的生命線：它們在乾燥多塵的大草原上提供水源，吸引了巨型動物與人類。沉洞中的沉積物也保存了當時的環境剪影。一九八三年，一支研究團隊聚集在「佩奇－拉德森」沉洞。接下來的十五年間，志願者、業餘潛水員、學生、教授輪流到這裡系統化地挖掘這個沉洞，發現了最重要的證據：一根乳齒象的象牙，其側面有看似人類留下的長條刻痕。[23] 但由於克洛維斯第一理論的主導地位，以及該遺址位於東南部（沒有人料到那裡竟然會發現那麼早期的人類遺跡），「佩奇－拉德森」的發現多年來一直受到質疑。

一九九七年，智利某處遺址的發現，徹底動搖了克洛維斯第一理論。[24] 有人在智利副南極地區（sub-Antarctic）的泥炭沼澤中發現蒙特維德遺址（Monte Verde）。這裡出土的文物令人驚嘆，包括木質建築與獸皮牆的殘跡，還有以野生馬鈴薯與漿果為食物的殘跡。[25] 碳定年法檢測的結果顯示，這個遺址已有一萬四千八百年的歷史，比最早的克洛維斯遺址早了一千多年。這項發現促使考古學界重新檢視許多長期遭到忽視、比克洛維斯文化還早的遺址，例如佛羅里達的佩奇—拉德森遺址。[26]

如今已經確認，佩奇—拉德森遺址是美國東南部最古老的碳定年遺址，有一萬四千五百五十年的歷史。[27] 最重要的是，蒙特維德遺址的發現引發了考古界的思維革新，使「克洛維斯第一理論」不再主導學術討論。

在新的研究領域中，傳統的白令陸橋遷移理論與三種可能的替代理論展開競爭。這些替代理論都涉及跨洋或沿海遷移，而水下考古可能在解決這場爭論中扮演關鍵要角。

「海帶海岸公路理論」（Kelp Coastal Highway theory）認為，早期人類是沿著白令海峽的太平洋沿岸，從亞洲東北部遷移到美洲西北部。他們可能是以步行或乘船的方式移動，以海帶林中找到的熟悉海洋生物為食。最後一次冰河時期過後，海平面上升，掩蓋了他們的遷徙痕跡。「跨太平洋航行理論」（Transpacific Crossing theory）主張，早期人類可能是乘船從亞洲航行到南美洲。同樣的，海平面上升可能掩埋了相關的證據。[28] 第三種替代理論「梭魯特假說」（Solutrean hypothesis）提出一種東部進入的可能性，它主張歐洲的狩獵採集者，可能在一萬八千五百年到兩萬年前沿著堆冰（ice pack）進入北美。[29] 不過，基於考古與基因證據，許多專家認為梭魯特假說不太可能成立。而且，由於白人至上主義者很支持這個假說，大家也覺得這種假說有危險性。

答案在水下

我們繞著阿巴拉奇灣勘查更多的遺址時，史密斯說：「如果我們真的想要驗證這些替代理論是否成立，就必須到水下尋找。無論結果是什麼，答案肯定在水下。我們需要先勘測這個區域，否則永遠無法知道真相。」不過，那天我們探勘的海底，並不是為了解答美洲考古學中的一大謎題。史密斯與喬伊這次潛水，是為了解開一個更深層次的問題。大家激烈爭辯「誰」最早遷徙來美洲時，常忽略了這個問題：在海平面上升及歐洲人前來殖民以前，早期佛羅里達的生活究竟是什麼樣子？

在佛羅里達的官方歷史記載中，通常有一兩個段落提到「歐洲接觸前」時期，亦即歐洲人抵達以前數千年的人類歷史。阿巴拉奇人（這個海灣名字的由來）曾是這個地區的一大部落，他們在當地的歷史至少可追溯到一千年前。他們以勇猛善戰及農業蓬勃聞名，他們還有一種球類遊戲既是宗教儀式，也是運動。他們的飲食中有大量的貝類，所以住在內陸塔拉哈西（Tallahassee）的居民，常在自家後院挖到古代牡蠣與海螺的殼。[30]

一五二八年西班牙人抵達這裡時，他們遇到住在分散農村中的阿巴拉奇人，當時阿巴拉奇部落的人口約有五到六萬。[31] 歐洲人對他們在當地看到的生活方式與石器毫無興趣，因為他們早在鐵器時代與青銅時代淘汰了石器工具。佛羅里達的考古學家芭芭拉・柏迪（Barbara A. Purdy）寫道：「由於探險者無法把這些『神祕難懂』的習俗，與他們自己的世界連結起來，他們的書面紀錄中，只有對原住民工藝的輕蔑與膚淺描述。」[32]

在如今的佛羅里達州，阿巴拉奇人幾乎已經消失殆盡，他們經歷了連續不斷的暴力驅逐、奴役、邊境衝突，以及致命的外來疾病。一七二〇年代㊺ 的美國東南部地圖顯示，阿巴拉奇人生活在一片有爭議的邊境地區，西邊是法國人，南邊是西班牙人，北邊是英國人。[33] 一七〇四年，英國對西班牙傳教區的一次突襲，殺害並俘虜了數千名阿巴拉奇人，其中也包括一些托科巴加人（Tocobaga）。所有的俘虜都被押送到南卡羅來納當奴隸。[34] 少數阿巴拉奇人逃脫並西遷到法國控制的阿拉巴馬莫比爾（Mobile）。另一群人在彭薩科拉（Pensacola）附近的西班牙傳教區堅持了較長一段時間，但在一七六〇年代也被迫撤離，遷往墨西哥維拉克魯茲（Veracruz）北部的一個小鎮。[35]

一八三〇年，安德魯・傑克森總統簽署的《印第安人遷移法案》（*Indian Removal Act*）可能把佛羅里達剩餘的阿巴拉奇人都全部驅逐了。該法案授權聯邦政府從東南部的印第安部落手中奪

㊺ 譯註：這是在一七七六年美國獨立以前，所以這一段提到的州名與當時的北美十三州不盡相同。

取土地，並強迫他們西遷，這場種族滅絕的大遷徙後來被稱為「血淚之路」（Trail of Tears）。如今，一小群倖存的阿巴拉奇人居住在兩個州之外的路易斯安那州，他們從一九九六年以來就一直在爭取聯邦政府的認可。[36]

採石場遺址的啟示

隨著阿巴拉奇人在佛羅里達消失，他們的石器製作技術也隨之失傳，這種技術是專門用來處理當地發現的燧石。有一段令人心碎的記載寫道（這類記載不計其數），隔壁提穆夸部落（Timucua）的一名被俘族人試圖用石器鑿開鐵鍊。[37] 散布在阿巴拉奇灣底部的採石場，顯示了阿巴拉奇時期之初的石器製作傳統，這些遺跡也反映了工具製作者的技術水準、一個族群如何生存和利用環境、他們如何決定使用的材料，以及他們如何動員勞力與規劃工作場地，把不同的活動分配到特定的工作站。石片的鋒利邊緣上有些微小的缺口，由此可見有人曾用這些石片來切割東西一兩次後就丟棄了。

史密斯親身體會過這些石片有多鋒利。幾年前，在阿巴拉奇灣附近考古時，他用大錘敲開一塊大石頭，一塊石片飛出來割傷了他的手。他的指導教授立即把他送去急診室。現在史密斯的手中仍嵌著一小片燧石，還有一些縫合留下的疤痕。

雖然那些採石場遺址提供了豐富的訊息，史密斯與喬伊仍須謹慎面對，不能單憑一種類型的遺址就做出過多的推斷。考古學家有時會因為從石器中推導出太多的文化結論而遭到批評。這主要是石頭的耐久性造成的：相較於材質較軟的東西，石頭比較堅固，更有可能在考古紀錄中保存下來，尤其是在海底環境中。[38] 所以，當我鼓勵史密斯為我勾勒出三千年前的生活模樣時，他很謹慎小心。他說：「我們只發現大陸棚上那些採石場的遺址。沒看到他們吃什麼、如何過生活、使用的其他物品，比如骨頭與木頭製品，我們只看到石頭。」不過，如果能從海底發掘更多的遺址與文物，或許可以揭開歐洲殖民抵達以前及海平面上升以前，早期佛羅里達的生活是什麼樣子。

4

背上氧氣罐，嘴巴含著呼吸調節器，我如石頭一般沉甸甸地落入水中。墨西哥灣那如浴缸泡澡般的溫暖海水接住了我，雖不清涼，但極其舒適。我放掉背心裡的空氣，開始下沉，鹹水漫過了頭頂。陽光穿透海面，在我的手臂與腿上灑下了稜鏡般的光芒。在無重狀態下漂浮，穿過海水灑下的陽光，彷彿置身天堂。怎麼會有人想像海底是個黑暗、地獄般的地方？

到了水下 4.5 公尺處，喬伊開始了今天的工作，在海底設置基準點：亦即一個零點，以便在 X 軸與 Y 軸構成的網格上畫出周圍的遺址。這個遺址的基準點是一根針，插在從岩石露頭長出的一團黃色與螢光紅的珊瑚旁邊。他靠近珊瑚，在岩石底部揮動手掌，一團沉積物如煙霧般揚起。這種手掌揮動的技巧，相當於陸地考古學家用來清理脆弱文物的軟刷。塵埃落定後，一小簇黑色燧石碎片像變魔術那樣出現在珊瑚底部。喬伊瞥了一眼潛水電腦手錶，在手腕的水下記事本上記下座標，然後把那些碎片放入懸掛在腰間的網袋。

考古學家常把記錄遺址比喻成調查犯罪現場。就像你不會在警察抵達現場以前隨意撿起彈殼或擦掉血跡一樣，考古遺址也是干預愈少愈好。考古學家需要收集三種資料，才能確認遺址確實有人類活動：環境背景、文物、可靠的年代測定。喬伊的網袋裡已經收集了愈來愈多的文物，已經達到其中一項要求，接下來是確定年代。

這時情況開始變得棘手。燧石不含碳，無法做碳定年法檢測。喬伊在佛羅里達州立大學所寫的碩士論文，是對附近的珊瑚進行碳定年檢測，並應用新的統計技術，來改進墨西哥灣的海平面上升模型。他估計，人類最後一次使用這個區域，應該不會早於三千年前。[39]

喬伊從腰帶上拿下一盤黃色的大捲尺帶，把末端交給志願潛水員希梅娜。希梅娜把捲尺固定在珊瑚露頭的旁邊，然後喬伊朝著反方向游去，捲尺在他的身後展開。我緊隨在他的後方，不想錯過任何細節，也擔心被單獨留在海底。考古學家說過，調皮的海豚有時會在他們工作時在旁邊游來游去。那聽起來很不錯，我希望能遇到海豚，因為我也知道世界上最危險的三種鯊魚——虎鯊、公牛鯊、大白鯊——都會經過這片水域，而且佛羅里達的鯊魚攻擊事件比全美的其他地方還多。

剛下水時那種天堂般的感覺迅速消失，現在我焦慮地四處張望，凝視著朦朧不清的黑暗。在能見度僅 6 公尺的圈子外，視線完全阻斷了。我滿腦子都是鯊魚從黑暗中突然出現的畫面。為什麼在這個噩夢中，鯊魚總是像邪惡的小丑那樣咧嘴而笑呢？我努力驅趕腦中揮之不去的想像，奮力踢水以跟上喬伊。

喬伊把捲尺拉到盡頭後，沿著原路返回，同時收起捲尺。他將沿途發現的文物放入網袋，並記下坐標。在某些點，他把綁在身上的筆插入海床，測量覆蓋在基岩上的沉積物有多厚。這有助於達到第三個、也是最後一個要求：環境背景。在陸地上，考古學家是以逐層剝離沉積物的方式，來確認遺址的環境背景。水下的過程也很類似，但是當文物像這樣暴露在海床上時，沒有足夠的環境背景來確定年代，所以他們需要更深入地記錄海床。

二十世紀末以前，陸地與沉船考古學家常忽視「歐洲接觸前」時期的北美水下遺址，他們覺得探索那些遺址的成本太高，技術要求太高，最重要的是，海平面上升可能已經破壞了遺址，所以不值得記錄。考古學家麥克・佛特（Michael Faught）說：「一提起水下考古，大家都只想到沉船，現在仍是如此。」佛特曾是佛羅里達州立大學的研究員，也是喬伊與史密斯的指導老師。一九八六年，仍是研究生的佛特首次在阿巴拉奇灣潛水。當時，學生是臉部朝下被拖在船後，勘察海床上有沒有遺址。船不能開太快，否則學生的潛水鏡會被海水衝掉，但移動速度比游泳快多了。他說：「我們也不知道自己在找什麼。我被拖著勘查的時候，看到海草、海草、更深的草地，然後是沙床，接著是更深的海草、海草、淺草地。我心想：糟了，就這樣，這是一條古河道。」

被弄丟的水下遺址

古河道是隨著冰河融化與海平面上升，而被淹沒的古代河流。考古上，古河道很重要，因為古人通常會住在河流附近，沿著河流或在河道之間行走。在「人工改造石器檢測法」（HALD）開發出來以前，考古學家是沿著離岸的古河道，來尋找附近的水下遺址，這種技術稱為「丹麥法」（Danish method），是以開發這個方法的丹麥研究員來命名。丹麥法比在海灣中盲目地來回拖著考古學生要好，但那樣做仍會留下很大片尚未探勘的海底。史密斯說：「到頭來你也只是在猜測，因為河流在那裡並不表示有人在那裡。」

一九八〇年代，佛特首次在阿巴拉奇灣勘測時，很難追蹤到遺址的位置。當時 GPS 尚未普及，很難精準記錄發現的地點。他說：「一九八六年我們第一次出海時，我搞丟了遺址。」他嘗試使用航位推測法（dead reckoning）：根據岸上的地標來做三角定位。但他嘆息道：「那根本行不通。」研究人員留下標樁來標記工作地點，但他們有時在勘查過程中也會弄丟那些標記。佛特記得有一次他在遺址上放了發光浮筒來標記位置。翌日他們回到那個地方，他說：「我們潛水下去，每個人都在納悶：『遺址去哪了？』」原來浮筒在夜間漂離了。

那天我們在其他地點潛水時，一個模式很快就形成了：喬伊在船上倒數我們離地圖上那個點還有幾公尺，史密斯拋下錨，每次錨都恰好落在「歐洲接觸前」時期，人類開採過的岩石露頭旁邊。某次潛水時，喬伊沿著錨繩潛到海床，發現船錨落下後，正好卡在一堆燧石碎片上。他說：「這還真簡單。」他在水下記事本上寫下座標。

「人工改造石器檢測法」（HALD）使勘測看起來變得簡單，但佛特的故事顯示，他們花了數十年精進技術，才達到那個水準。一九九〇年代末期到二〇〇〇年代初期，他也使用海床淺層剖面儀來辨識採石場與古河道，但精確度不如現今的 HALD 方法。考古學家現在不必再被拖在船後了（佛特笑著說：「那確實很危險，現在已經不允許那樣做了。」）。

不過，喬伊與史密斯的船上確實配備了水下推進器（underwater scooter），以便勘察遺址。史密斯說：「這大概是水下最有趣的體驗了。」水下推進器的形狀像小魚雷，前端有風扇，兩側有把手，看起來像直接從庫斯托的電影中出來的東西，我非得試試不可。我跳入海灣，用力扭動把手，準備好出發時，卻像石頭那樣沉到了海底——原來電池沒充電。

沉船永遠有故事

在佛羅里達的考古界，沉船可能永遠是大家的焦點，其他一切很難與大西洋的「寶藏海岸」（Treasure Coast）相比。一七一五年的一場颶風，導致一支西班牙寶船艦隊在維羅海灘附近沉沒。風暴過後，金幣銀幣被沖上岸，至今尋寶者仍會在沙灘上搜尋遺失的金幣。不過，在威尼斯海灘附近發現的馬納索塔礁遺址，確實改變了一些人對水下考古的偏見。佛特說：「那對水下的史前考古真的很有幫助，因為它喚醒了所有人，包括我在內。」他很羨慕史密斯和喬伊，他們擁有比他當年更好的工具和技術來探索海床。「他們能夠在已知的基礎上不斷地探索未知，他們將會發現一些很酷的東西。」他希望他的繼任者能夠利用新工具，進一步向外海探索，追溯到更遠的過去，甚至追溯到一萬多年前，最早居住在該地區的古印第安人（Paleo-Indians）。

在學術會議上，史密斯與喬伊仍然需要面對質疑者的問題。例如，有些人質問，他們怎麼可能確認已經在海底存在數千年的考古遺址？但他們也注意到，他們的演講吸引了愈來愈多、愈來愈好奇的聽眾。佛羅里達公共考古網（Florida Public Archaeology Network，FPAN）的區域主任芭芭拉．克拉克（Barbara Clark）也看到了這種熱情的成長。她說：「現在我提起馬納索塔礁遺址時，可以看到大家睜大眼睛。」然而，更多的興趣與關注也可能是一把雙刃劍。我們進出阿巴拉奇灣時，經過了一艘又一艘的漁船，每艘船都配備魚群探測器，可以在我們潛水的那些岩石露頭上做標記。

在某個地點，沙地上留下一個潛水員蛙鞋的痕跡。在另一個地方，一艘漁船斷落的船舷躺在海底。灣內的潮水退去時，當地人喜歡在沙洲上玩，在海床上走來走去，手裡拿著紅色塑料杯，海水淹到腳踝。他們可能不是在尋找文物，但誰能阻止他們順手拿走一件？

5

在阿巴拉奇灣潛水的最後一天，喬伊神祕兮兮地說道：「我們都注意到，這些遺址上都沒有實際的工具。」夕陽西下，潛水隊伍聚在聖馬克的河濱咖啡館（Riverside Cafe）享用惜別晚餐。大家都曬得全身通紅，喝著淡啤酒，為三天順利的潛水乾杯。大家都認為這個夏天的實地考察很成功。他們的方法運作得非常完美，幾乎確認了阿巴拉奇灣的所有新遺址。喬伊與史密斯收集了滿滿好幾袋的文物，全都標註妥當，等待分析。團隊本來就沒有指望找到確鑿的證據，以證明那是人類使用的文物。採石場主要是用來打碎岩石的，所以不太可能有人把完整的工具，遺留在採礦碎片中。然而，喬伊指出，缺少這些確鑿的證據確實令人費解。這可能暗示著有人搶先一步，先拿走較好的文物。

佛羅里達州有漫長又複雜的盜掘歷史。一七一五年，西班牙大帆船在維羅海灘附近沉沒後，才過幾個月，盜賊、海盜、被奴役的潛水夫就蜂擁而至，偷走大量錢幣、大炮與槍械。在大灣區這裡，還有另一類尋寶者也很活躍。大眾陸續傳來線報，說他們看到深夜停在州立公園外的卡車，以及黎明時分有男子從灌木叢中鑽出來，手裡拿著鏟子與袋子。

後來，二〇一三年的某個早晨，佛羅里達魚類與野生動物保護委員會（Florida Fish and Wildlife Conservation Commission）的探員突襲了六處民宅，在佛羅里達北部與喬治亞州逮捕了十三人。那次行動名為「提穆夸行動」（Operation Timucua），是以當地原住民的名稱命名。後來發現這群人一直在網上與交易會上，出售古風時期與舊石器時代的投擲器箭頭。有些售價高達 10 萬美元[40]，有些只賣15美元。在突襲前，臥底探員密切追蹤了這些成員。探員先結識這些人，向他們買東西，祕密錄音，最後才展開逮捕行動。[41]

突襲當天，佛羅里達州的官員在塔拉哈西市中心的佛羅里達歷史博物館（Museum of Florida History）為「提穆夸行動」開了記者會。但大眾反應冷淡，甚至充滿敵意。突襲後，《坦帕灣時報》（*Tampa Bay Times*）的社論寫道：「據稱，一名被告以總價一百美元，賣了一箱文物給臥底探員，裡面約有九十件文物，這稱不上是打擊幫派的大案……這次大張旗鼓的行動，是否該改名為『誇大行動』？」[42]

大眾與媒體似乎更關心納稅人的錢，被拿來打擊幾個收集石頭的傢伙。雖然「提穆夸行動」所使用的強硬手段在美國執法中很常見，但這些手段，通常不會用來對付那些沒有犯罪紀錄的白人男性，尤其他們又是投入許多人認為無害的嗜好。「提穆夸行動」在收藏圈也引發爭議，因為佛羅里達州曾有一項計畫，允許業餘愛好者保留在公共土地上發現的文物，只要他們提報發現並獲得州考古學家的批准就行了。但該計畫在二〇〇五年停止，因為顯然有太多人從未提報他們發現的文物。[43]

克拉克絲毫不同情那些被捕者，她告訴我：「提穆夸行動逮捕的那些人，年收入高達六位數。他們有豪華遊艇、昂貴設備等等，一點也不貧困，也不是為了生存。他們是靠偷竊佛羅里達州每個公民的財產自肥，實際上是在摧毀我們的文化經濟。」但許多當地人似乎不是這樣看。「提穆夸行動」結束後，網上一則典型的評論寫道：「我還真喜歡政府可以這樣隨意規定，我不准做這做那的。」諷刺的是，當州政府試圖為大眾捍衛文化資源時，許多大眾卻覺得這是大政府再次踐踏小人物及其自由的例子。佛羅里達州究竟損失了多少文物，恐怕永遠無法知曉。

回到河濱咖啡館，一位綁著海盜風格頭巾的服務生過來點餐。前一晚，我看到這位服務生跳過吧台，用水桶捉住一條約150公分長的蛇，並把牠制服。現在，他迅速唸出一長串配菜讓我們選擇，有炸玉米球、馬鈴薯沙拉、涼拌高麗菜、薯條、沙拉（搭配六種醬料選擇）。隔壁桌傳來歡呼聲，兩隻鱷魚出現在酒吧下方的河岸。大家開始朝下方張開的大嘴，拋擲炸牡蠣和扇貝。

史密斯澄清說，他們並不認為阿巴拉奇灣發生了什麼不法之事。每年夏天的扇貝季，潛水員分散到海灣各處，採集海底的白色扇貝。扇貝偶爾會在水流中閃躲，試圖逃脫潛水員的抓捕，在水中開開合合，彷如水下的響板。這種採集需要潛水員仔細挑撿海床，他們掃描海床的方式，就像我看到喬伊與史密斯所做的那樣。團隊認為，如果他們的遺址曾遭到掠奪，那可能是偶然，而不是蓄意的。也許一個採集扇貝的潛水員順手撿走一個漂亮的投擲器箭頭，但他完全不知道這樣做給考古團隊帶來多大的影響。

我第一天潛水時也做過類似的事。史密斯把那塊石片遞給我時，我把它舉向陽光，欣賞它的光滑和纖薄。我問史密斯：「我可以留著它嗎？」他皺了皺眉，回答：「不行。」接著，他拿回石片，把它放入塑膠袋中，「那是違法的。」

當水下資產成為個人資產……

他和其他的考古學家不希望像「提穆夸行動」那樣，進一步疏遠業餘考古社群的良民。史密斯在離這裡一小時車程的塔拉哈西市長大，他的父母現在仍住在那裡。與他一起走上五分鐘，你就可以感受到他與大灣區有深厚的淵源。他剛剛和一個人打招呼，他曾向那個人買了一艘船。我們用餐的那家河濱咖啡館，也是史密斯從小到大用餐的地方。

家鄉的人脈在這裡很實用，當地的漁民會告訴史密斯一些他們不與外人分享的遺址。在未來，佛羅里達州的遺址大多會是由業餘收藏家發現的，因為實地勘查的非專家人數總是多於專家。考古學家需要良民來告訴他們遺址的位置，否則那些地方可能永遠也不會有人去發掘。史密斯說：「我們需要大眾對考古感興趣，也有意願去保護它。但我們也不希望他們自己去考古，或把它視為收入來源。如果文物被盜竊、掠奪與出售，我們永遠無法知道它們的來源。」

我們的餐點裝在塑膠籃子裡送來了，裡面堆滿了炸蝦、炸牡蠣、海灣扇貝、黑石斑、檸檬胡椒調味的鯔魚。我們開始大快朵頤時，太陽漸漸西沉。擦拭油膩手指的紙巾轉趨透明，開啤酒的清脆響聲令人愉悅。

目前，對考古學家來說，保護遺址的最好方法或許是保密，這也是史密斯與喬伊把所有的遺址坐標都列為機密的原因。一九六六年的《國家歷史保護法》（*National Historic Preservation Act*）第三〇四條為，公共土地上的考古遺址提供了額外的保密保障：一般大眾不得以資訊自由權為由，要求公開歷史資源的位置。史密斯認為，阿巴拉奇灣的離岸遺址比較安全，主要是因為那些地方難以抵達。他談到一個離岸 8 公里、位於較深水域的遺址時說道：「如果那些劫掠者來到這裡，我會很訝異。」但佛羅里達公共考古網（FPAN）的克拉克有不同的看法：「有些人在陸地上從來沒想過要撿走文物，但潛水時，他們的看法完全不同。他們會想要從沉船或類似的地方拿走紀念品。」她說，「我認為這是因為環境不同，那裡沒有人監視你的行為。」

保護這些遺址的一種方法，是使用「人工改造石器檢測法」（HALD）盡快找出它們。石油與天然氣產業在勘測大陸棚時，累積了數十年的聲納資料，其中隱藏的「乾草堆」可能正是大量尚未發現的離岸遺址。喬伊說：「我實在不敢相信，我們收集這些資料幾十年了，竟然沒有把它們聯想在一起。我們一直在觀察相同的 HALD 特徵，但沒有人真正知道它們是什麼。」他想像 AI 可以耙梳舊的海床底質剖面資料，然後考古學家再潛水去實地驗證每個遺址。像「勘測號」那樣的測繪無人機也許可以派上用場。事實上，Saildrone 公司最近在佛羅里達的聖彼德斯堡市（St. Petersburg）開設了海洋測繪總部[44]，就在佛羅里達州發現許多水下遺址的地方，包括威尼斯海灘附近所發現的，那個有七千年歷史的墓葬遺址。

6

對尚未發現的水下遺址來說，一兩個撿拾海床文物的扇貝潛水員可能不是最大的威脅，真正的威脅是採砂。喬伊說：「這裡有疏浚與採砂的工程。」採砂又稱為海灘補沙（beach replenishment），是指從近海沙洲挖掘沙子，並於颶風過後用那些沙子來鞏固海灘或沿海地區的房產。這個過程會摧毀海床上，所有海洋生物與文物。

喬伊在文化資源管理公司 SEARCH 工作，他的職責是針對如何保護文化敏感的海床，為離岸產業提供建議。聯邦政府擁有大陸棚，並將部分區域出租給公司去開發。《國家歷史保護法》規定，這些公司必須聘請喬伊這樣的顧問，來清理那些地點以便開發。理論上這是指勘測所有類型的考古遺址，但由於美國沉船考古是考古界的主流且知名度較高，水下史前遺址往往遭到忽視。

喬伊說：「我們可能長期以來一直在破壞這些遺址。」他提到一九九〇年代一個沉船考古學家團隊，批准了紐澤西州一處海灘的疏浚。他說：「他們一開始疏浚，就把一個古風時期的遺址完全掀到海灘上。」沒有人意識到他們破壞了什麼，後來一位在海灘散步的女子說，沙灘上散落了約兩百個箭頭，大家才知道破壞有多嚴重。[45] 後來的調查發現，考古勘測可能錯過了離紐澤西州海岸約 1.6 公里的珍貴水下遺址。我發現最早被破壞的離岸遺址可以追溯到一九五〇年代，當時坦帕灣一家公司在疏浚商業牡蠣床時，發現了混雜在古代貝丘中的古印地安時期（Paleo-Indian）與古風早期的典型文物。在坦帕灣附近的低地與半沉沒的海岸，這種情況一再發生，例如在阿波羅海灘（Apollo Beach）、龜爬岬

（Turtlecrawl Point）、泰拉西亞灣（Terra Ceia Bay）。德州加爾維斯頓海灘（Galveston Beach）附近，以及康乃狄格州與紐約州之間的長島灣（Long Island Sound）的其他遺址，多年來也遭到破壞。[46]

蠢蠢欲動的深海採礦

喬伊和他的同事都希望新的「人工改造石器檢測法」（HALD）能在發現與保護離岸遺址方面，帶來突破性的進展。之前使用的丹麥法不僅讓考古學家感到挫敗，也讓開發商失望，因為他們常發現，剛向政府承租的整片海床，因為有一條古河流穿過而無法開發。隨著北美大陸棚的開發日益加速，測繪海床及辨識水下遺址需要提前進行，否則我們可能會失去古代世界的文物。我們甚至可能回答「人類最初是如何來到美洲」，這個引人入勝的問題。

在河濱咖啡館，我們喝完了最後一口變溫的啤酒，吃完最後幾根冷掉的薯條，然後相互道別。再過幾天就是陣亡將士紀念日，颶風季節也將正式開始。河濱咖啡館的木樑上，隨處可見以前的颶風造成淹水所留下的高水位痕跡，就像父母在門框上記錄孩子的身高一樣：丹尼斯，2005 年；赫敏，2016 年；邁克，2018 年。

我們道別前，我問考古學家：「採砂難道不會產生反效果嗎？既然下一場風暴又會把沙子沖走，那又何必運沙子來填補海灘？」考古學家笑著同意我的觀點。但佛羅里達就是這樣啊，必須保護房產。在未來的歲月裡，這將是一場代價高昂的奮戰。佛羅里達的周邊環水，每年降雨量高達 152 公分。漲潮時，水會從多孔的地面滲上來，他們樂天地把這種現象稱為「晴天淹水」（sunny day flooding）。此外，還有風暴從海上襲來。[47] 古代的佛羅里達人知道，那裡的低地無法抵禦水患，所以選擇撤退。我們會學會做同樣的事情嗎？還是會繼續挖更多的沙子，與海洋做無盡的搏鬥？

幾個月後，我飛往牙買加的京士頓（Kingston）時，再次飛越佛羅里達。從空中俯瞰，我看到一排排的卡車沿著佛羅里達的海岸，把沙子運往逐漸消失的海灘。海灘補沙只是採集海床沙石的原因之一。

這一天我正前往牙買加，去參加一個政府間的會議，討論另一個原因：國際水域的深海採礦。每隔幾個月，世界各國的政府就會齊聚在京士頓的國際海底管理局（International Seabed Authority，這是一個聯合國相關機構），討論國界外的海底採礦問題。採礦支持者認為，那些貴金屬對世界轉向可再生能源發展是必要的。然而，在尚未被探索與測繪的深海領域，我們不知道採礦會摧毀什麼。我俯視那些在佛羅里達海岸運作的卡車時，陸上的明亮燈光與遼闊的黑色海洋相比，顯得如此渺小。

第十章

海底礦場可行嗎？

1

我剛開始閱讀「海床 2030 計畫」的相關報導時，看到一篇文章中有生態學家提出警告：一旦完成海底地圖，可能為深海採礦打開大門。[1] 這是很自然的聯想。古往今來，無畏的探險家總是帶著各種測量工具，踏上未知的領土，進行觀測，收集坐標。他們在有意與無意間，為下一個無可避免的階段奠定了基礎：殖民、開發、大規模的工業化發展。誠如霍爾在《繪製下個千禧地圖》（*Mapping the Next Millennium*）中所寫的：「路易斯和克拉克並非存心不良的人，問題在於探險家所繪製的地圖和探索的領域，為那些抱持不同觀點的利益群體打開了大門。這些利益群體難免會消磨、耗盡並最終摧毀發現的資源，無論是金礦、林地，還是大家覺得可有可無的人類文化。」[2]

如今，繞行地球的衛星已經把世上的所有陸地都繪製成地圖並加以追蹤，但這個充分測繪的世界把我們帶往何方？科學家正利用衛星與地圖來追蹤破壞的軌跡：生物多樣性的消失，以及荒野的減少。最近一項研究調查了地球海洋中尚存的原始地帶，發現全球海洋只剩 13.2%（超過 5,400 萬平方公里）仍維持原始狀態，幾乎沒受到人類的影響。這些原始海洋主要是分布在南半球的極端緯度區（例如南冰洋），以及深海泥底的深淵平原。[3] 因此有些人認為，「海床 2030 計畫」若是未能完成，我們就有可能保護這些最後疆域，避免資本主義去開採更多的資源。

深海是世上最不為人知的生態系統之一，然而該領域的頂尖專家已經一致認為，這片棲息地經過大規模的金屬與礦物開採後，不可能迅速恢復，甚至永遠無法恢復。一份令人震驚的報告指出：「大多數的深海生態系統在採礦後，自然恢復的速度極其緩慢，因此深海生物失去多樣性是無可避免的，而且以人類的時間尺度來看，這種損失可能是『永久』的。」[4] 一九七〇年代與八〇年代，人類在太平洋做了一系列採礦實驗後，犁耕與耙子留下的痕跡至今仍在，很少動物群落恢復到原來的狀態。[5]

現代的深海祕寶

深海採礦者已經在大西洋、太平洋、印度洋探勘幾十年了，但太平洋有一塊海床吸引了最多的關注：克拉里昂－克利珀頓斷裂帶（Clarion-Clipperton Zone，簡稱 CCZ）。這是位於夏威夷與墨西哥之間的深淵平原，面積與歐洲相當。在最有可能的採礦情境中，無人結核採集器（uncrewed nodule collector）將在這片深海草原上來回作業，由上方的船隻遠距操控。這些採集器是龐大又沉重的機器[6]，外形酷似軍用坦克，使用履帶行走。在提取錳結核的過程中，它會碾壓其下的所有生物。[7] CCZ 上遍布著結核，某些地方的密度很高，使海底看起來像倫敦的鵝卵石街道。每個結核都富含錳，也含有鎳、鈷、銅、稀土元素。

這些深海寶藏見證了水下世界緩慢的時間流逝。結核的大小從豌豆到馬鈴薯不等，你切開一個結核，會看到像古樹年輪般的層次。這些看似凹凸不平的黑色岩石其實是凝結物，是數百萬年來由海洋中的礦物質與金屬，慢慢積聚而成的密實沉積物。[9] 在它的核心處，你可能會看到古老的貝殼碎片或鯊魚牙齒，那甚至可能是來自有史以來最大的鯊魚（巨大的巨齒鯊，這種鯊魚在兩千三百萬年前游遍全球海洋）。結核是以每百萬年 2.5 公分的速度，在堅硬的核心周圍累積礦物。

二〇二二年底撰寫本文之際，商業化的深海採礦尚未開始，但這種情況可能很快就會改變。二〇二一年六月，太平洋島國諾魯（Nauru）的總統啟動了《聯合國海洋法公約》中一個鮮為人知的機制，允許一個國家在兩年內加快推進並完成採礦法規的制定。[10] 各國政府在牙買加京士頓的國際海底管理局（ISA）做了數十年的辯論後，決定在二〇二三年六月以前完成《採礦法》（*Mining Code*）。[11] 然而，許多觀察家認為，這個時間表過於倉促，甚至可能無法在已經很緊繃的程序中完成。在新冠疫情爆發前的最後一次 ISA 會議上，談判變得非常緊張，代表四十七個國家的非洲集團（African Group）揚言，若不解決其長期擔憂的問題（某個關鍵決策委員會的地理多樣性問題），他們就要退出。在外交界，這相當於發出最後通牒。

更多的了解帶來更多的限制

那麼，「海床 2030 計畫」究竟會不會變成這片世界最後疆域的尋寶圖？反對「海床 2030 計畫」的深海生態學家，其實也在反對一種科學傳統——這種傳統總是要求更多的資料、更多的知識，最終造成更多的管理。然而，說到保護地球，研究顯示，自然在不受干擾下，恢復得最好；甚至，最理想的狀態是根本不要開發。原始保護區有運作良好、相互連結的生態系統，孕育著地球上其他地方找不到的動物，還有基因多樣性更高的物種——這些特點可能使這些原始保護區比復原或管理的生態系統，更能適應氣候變遷。[12] 例如，原始林（old-growth forest）比重新種植的單一作物林更能吸收與儲存碳，而次生林[46]（second-growth forest）在自然復育下，會以更快的速度吸收碳。[13] 未勘測、未知的深海可能是世界上最大的完整原始保護區，也是防止失控的氣

---

[46] 譯註：指原始穩定的森林植遭到山火、蟲災，或是人 破壞或砍伐之後，經過若干年再度自然復育而成的新森林植被與生態系統，而且有植被未被破壞前的森林規模。

候變遷徹底改變地球的堡壘。

這是一個誘人的夢想，但我走進國際海底管理局（ISA）的圖書館時，發現這個夢想有如痴人說夢。圖書館裡滿是海底地圖。國家支持的採礦公司已經勘測了富含礦藏的海底區域，並宣稱他們擁有開採權。「海床 2030 計畫」的解析度太低，不足以精確地定位海底的新礦床。事實上，採礦公司的地圖比「海床 2030 計畫」的學術測繪員所測繪的地圖更精確。我從一個隨機的檔案櫃中取出一本大型圖集，翻到一頁展示南太平洋海底山的地圖。每一頁都詳細描繪一座新的海底山，使用大家熟悉的 3D 立體彩虹測深圖。每張地圖旁邊都有一個圖例，把海底山分解為礦物成分，並列出錳、鐵、鈷、鎳、銅的百分比含量。

一九八〇年代日本的勘測船繪製這些地圖時[14]，全球金屬市場供過於求，所以多數海洋採礦專案處於停滯狀態。[15]四十年後，金屬市場的前景發生了巨變。由於電動車、風力渦輪機、太陽能板等節能減碳的設備興起，大家對鎳、鈷、鐵、銅的需求正在激增，這實在很諷刺。[16]由於尋寶圖已繪製完成，樓下的政府代表可能是幫深海抵禦這種實驗性新產業的最佳保護者。

各國的政府代表聚在國際海底管理局（ISA），協商深海採礦的規章制度已有二十五年了，但從未像今天這麼迫切。由於深海既隱密又廣袤，大多數的人並不知道這些談判正在進行。海洋學家傑弗里・德雷森（Jeffrey Drazen）在《深海播客》中告訴賈米森：「大眾尚未表達意見，因為絕大多數的人並不知道深海採礦是什麼。」[17]德雷森說，一家採礦承包商每年需要開採 300 到 600 平方公里的海底才有獲利。[18]光是克拉里昂—克利珀頓斷裂帶，就有十七家承包商在探勘，每份合約為期十五年。我們即將開始對地球表面做有史以來最大規模的人為改造，而且我們很可能在完成探索以前就已經破壞了海底。

2

整個星期，在國際海底管理局（ISA）的第二十六屆會議上，我都坐在綠色和平組織美國分部的資深海洋倡議員阿洛．漢菲爾（Arlo Hemphill）的旁邊。我對他的第一印象是，他似乎有點緊繃。他以極快的速度在筆記型電腦上打字，幾乎不抬頭看眼前展開的談判。他把手機調成振動模式以前，鈴聲是警笛聲。不過，今天要是換成我在國際會議上，扮演像綠色和平組織這樣的對抗角色，我也會很緊繃。會議開始時，漢菲爾告訴與會代表：「綠色和平組織出席ISA第二十六屆會議，對這個國際組織內部的事態發展感到極度擔憂。」綠色和平組織呼籲全面暫停深海採礦[19]，但當時沒有一個國家響應這番呼籲。即使是積極推動環保的哥斯大黎加，似乎也還沒準備好說出「暫停」這個詞[47]。那個星

---

[47] 原註：二〇二二年，智利成為第一個支持國際海底採礦暫停十五年的國家。此後，帛琉、斐濟、薩摩亞、法國、西班牙、智利、紐西蘭、加拿大、德國、哥斯大黎加都站出來支持禁止、暫停或「預防性暫停」深海採礦，直到更深入了解深海採礦對海洋生物的影響。參見"Chile Calls for a Moratorium on Deep-Sea Mining," Deep Sea Conservation Coalition, June 20, 2022, https://savethehighseas.org/2022/06/20/chile-calls-for-a-moratorium-on-deep-sea-mining/; Elizabeth Claire Alberts, "A Year Before Deep- Sea Mining Could Begin, Calls for a Moratorium Build," Mongabay, June 30, 2022, https://news.mongabay.com/2022/06/a-year-before-deep-sea-mining -could-begin-calls-for-a-moratorium-build/; Karen McVeigh, "Row Erupts Over Deep-Sea Mining as World Races to Finalise Vital Regulations," Guardian, March 21, 2023, https://www.theguardian.com/environment/2023/mar/21/row-erupts-over-deep-sea-mining-as-world-races-to-finalise-vital-regulations; and "Canada declares moratorium on deep-sea mining at global ocean conservation summit," Canada's National Observer, February 9, 2023, https://www.nationalobserver.com/2023/02/09/news/canada -declares-moratorium-deep-sea-mining-global-conservation-summit.

期稍後，我才知道漢菲爾有更多的理由為此感到緊張。

牙買加的新冠疫情限制措施，導致出席第二十六屆會議的人數不到一百人，會議顯得有些冷清。牙買加會議中心的木材鑲板會議廳，讓人聯想到紐約聯合國大會的宏偉：會議室中央有一個升高的講台，扇形向外排開的桌子是按與會者的重要性排列。我與綠色和平組織、皮尤慈善信託基金會（Pew Charitable Trusts）、深海保護倡議（DeepOcean Stewardship Initiative）的其他觀察員一起坐在後排。皮尤的觀察員告訴我，旁觀者能發揮的影響力有限，最重要的是讓你的反對意見列入紀錄。

理事會主席敲槌開會並宣布第二十六屆會議開始時，與會者紛紛戴上翻譯耳機，轉動座位下方的旋鈕，以尋找想要聆聽的語言。雖然會議上也使用西班牙語和法語，但英語是主要語言，而且用詞非常正式，充滿了「先生」、「女士」和法律術語，例如「根據《聯合國海洋法公約》附件三第六條第三項第二十一款的規定」，這些術語常逼得我趕緊上國際海底管理局（ISA）的網站，去下載相關文件。等我掃讀六頁或十頁文件後，談判早已進入下一個議題。

國際海底管理局（ISA）的祕書長麥克·洛奇（Michael Lodge）坐在升高的講台中央。任職 ISA 期間，洛奇一直抱著支持採礦的立場，甚至還戴著印有深海採礦公司商標的安全帽，出現在該公司的宣傳影片中。[20] 在開幕致辭時，洛奇呼籲 ISA 理事會授予各國開採海床的權利，並表示 ISA 若不這樣做，就沒有履行它身為深海採礦業的監管者職責。ISA 其實有雙重職責，但他僅簡單提及雙重職責的一半。

根據《聯合國海洋法公約》的規定，ISA 的職責是為全人類的利益，開發國際海底資源，同時確保這種開發不會損害環境。[21] 然而，隨著商業深海採礦逐漸接近現實，二〇一八年國際自然保護聯盟（International Union for Conservation of Nature，簡稱

IUCN）在一份有關深海採礦的報告中寫道：「愈來愈多的人與政府質疑，由一個推動深海開發的組織同時制定保護深海環境的規則，是否合適。」22 批評者也指出，ISA 有明顯的利益衝突：它是一個依賴採礦許可費來運作的採礦監管機構。[23]

各國代表開始討論正事時，很快就可以明顯看出，這次會議幾乎不會涉及海底採礦的實質性監管內容，甚至幾乎不會提到海底。在這個坐滿律師和政策專家的空調會議室裡，大家忙著操作電腦與手機，談判以可預見的方式展開。任何代表想發言時，就把該國的名牌垂直插入他面前的凹槽。理事會主席環顧四周，依次給予代表發言的機會：「德國代表，請發言。」那位代表的麥克風上就會亮起紅燈。代表開始宣讀他準備好的內容，接著討論繼續進行。每個人的發言通常持續二到五分鐘，依循「夾心式批評」（shit sandwich）的格式。也就是說，代表先說點客套話，例如祝賀祕書長連任或感謝牙買加主辦會議。接著講重點：一項尖刻的觀察、批評或建議，以顯示該國的立場。最後再以祝賀或恭維的話語結束。

經歷了三年全球疫情的混亂，公共衛生規則常遭到公然藐視，現在我反而很喜歡這種有規則可循的感覺。然而，理事會似乎與海上工作的艱辛現況完全脫節，這種感覺近乎荒謬。

海上犯罪的目擊者與檢舉者很少，因此很多犯罪行為逍遙法外。海洋記者伊恩．烏比納（Ian Urbina）寫道：「在陸地上，由幾百年來的精心措辭、辛苦爭取的司法管轄界限、健全的執法制度所撐起來且明確規範的法治，往往很穩固；但在海上，這一切是流動的，甚至根本不存在。」[24] 化肥汙染流入大海；充滿塑膠汙染的垃圾帶（garbage patch）在遠離陸地的地方翻滾；漁船拖網掃過海底，不僅破壞棲息地，也過度捕撈已枯竭的魚類；負責確保漁民遵守規定的漁業觀察員離奇地失蹤或死亡。[25] 一個新的實驗性產業進入這個模糊的海上世界，對海洋環境來說是個不祥之兆。深海採礦將在黑暗中進行，遠離陸地，幾乎沒有觀察員在場。像「鸚鵡螺號」上的海克力斯遙控潛水器，可用來監測損害，但大家可能不會那樣做，或至少不會達到所需的規模。目前提議的採礦場非常遼闊，而遙控潛水器（ROV）的營運成本高昂，技術上也有挑戰性。在會議的第一天，智利代表提議，審查採礦業者，以確保他們遵守環保法規——這是個好主意，但後來我再也沒聽到有人提起。

漢菲爾在國際海底管理局（ISA）發言時，他的話語相較於其他代表的外交辭令，有如重磅抨擊。第二天的議程幾乎都在討論，如何安排工作進度表，以因應諾魯的提議所觸發的兩年期限。那天的會議快結束時，終於輪到觀察員發言（intervention）。漢菲爾代表綠色和平組織發言：「去年六月諾魯援引為期兩年的規定後，國際海底管理局（ISA）面臨一個現實的威脅：無視其首要的法律義務是確實保護海洋環境（包括海床這項人類的共同遺產），倉促地進行深海採礦。」[26]

漁業、礦產還是永續？

「人類共同遺產」不是漢菲爾自創的崇高詞句，而是源於一篇為《聯合國海洋法公約》奠定基礎的著名演講，而且也納入了管轄公海的國際條約中。一九六七年，馬爾他的駐聯合國代表阿維德．帕多（Arvid Pardo）在紐約的聯合國大會上，發表了一場長達三小時的演講，談論全球海洋的資源。[27] 他談到海床的日益軍事化，以及海底山上的核武部署[28]；詳細敘述水產養殖的興起，以及科學家如何精進魚類養殖技術以養活世界；引用了一份現已過時的論文，該論文估計海床上可能蘊藏著上兆噸的貴金屬。[29] 他主張，這些海洋資源，不能再依循十七世紀一位荷蘭的法學家所提出的「海洋自由」原則。[30] 他預測，如果現狀持續下去，富者愈富，貧者愈貧。他警告，另一場資源爭奪戰已經開始，這場爭奪戰就像二十世紀初殖民勢力瓜分非洲那樣，只不過這次是在海底。[31]

帕多在一九六七年的那場演講中說，如果聯合國現在採取行動，賦予國際海底「人類共同遺產」的法律地位，國際機構可以在開採開始以前監管這些資源。多年後，帕多受訪時表示：「我認為這可以作為通往未來的橋樑，團結世界各國一起努力，為子孫後代保護我們的星球。」[32] 有資金、科學、技術能力開採海底的富國，對帕多的提議不太熱衷。[33] 但這番演講引起許多非洲開發中國家的共鳴，其中許多國家才剛獲得獨立。蘇聯和東歐國家也喜歡這種偏向社會主義的作法，而不是西方倡導的資本主義自由競爭模式。[34]

帕多的演講引發了後續十年的協商，最後促成《聯合國海洋法公約》。[35] 各國代表坐下來協商國際海洋的管理時，他們的立場是根據當時最新的科學研究，但涉及海底生命時，這些科學尚無定論。

幾個世紀以來，專家一直在爭論海底是否有生物存在。在維多利亞時代，海洋專家普遍支持「無生命理論」，認為深度超過 550 公尺的地方不可能有生命存在。[36] 多年後，博物學家才接受，漁民與捕鯨者常在遠遠超過 550 公尺的深度撈捕到生物。[37] 一九六〇年，兩名男子乘坐一艘外形笨拙的深潛器（bathyscaphe），首次抵達馬里亞納海溝的底部。他們觸及 10,916 公尺的深度時，其中一人說他看到一條比目魚從舷窗外游過。在隨後的媒體熱潮中，那次目擊變成生物也可以在海洋最深處生存的證據。幾年後，有些專家對那次目擊提出質疑，多數的生物學家認為那可能根本不是魚，因為有新的假說主張，魚類在生理上，無法在水深超過 8,500 米的地方生存。[38]

後來，一九七七年，巴拉德與他的團隊，加拉巴哥群島

(Galápagos)附近的太平洋海底熱泉的周圍，發現一個生氣蓬勃的深海生物群落，並把它命名為「伊甸園」(Garden of Eden)。如今大家公認那是二十世紀的一大發現，徹底顛覆了我們對地球生命的認知。[39] 一個全新的化合世界出現了，這個平行的水下世界完全不需要陽光。杜倫大學(Durham University)的地理學教授兼邊界研究中心(IBRU)的主任菲利普·斯坦伯格(Philip Steinberg)告訴我：「一九七〇年代協議《聯合國海洋法公約》時，這些都是無法想像的。」

誰先到，誰先得？

深海中有三個區域是採礦業者打算開採的：海底山、深海平原，以及沿著海脊及斷裂帶的海底熱泉。對於海底山與海底熱泉，深海採礦業者打算磨平熱泉噴口，並且剷除海底山的頂部，這些地方的表面都覆蓋著礦物。對於深海平原，採礦業者打算派出履帶式坦克去挖掘海底，或吸取散落在泥濘海底上的錳結核，這些錳結核常被比喻成馬鈴薯。㊽

自從發現「伊甸園」以來，深海科學家持續發現愈來愈多的證據，證明這三個區域都孕育著豐富多樣的海洋生物。海底熱泉噴湧出富含化學物質的水，供養著管狀蠕蟲、蝦類和各種未知物種。這些噴口或類似的地方很可能孕育了地球上最早的生命。海底山是生物多樣性的熱點，為遠離陸地的生物提供覓食與繁衍的場所。[40] 錳結核是深海草原生態系統賴以建立的堅實基礎。[41]

一九八二年《聯合國海洋法公約》開放簽署時，人稱該條約

㊽ 原註：在採礦業中，海底熱泉噴口上的金屬沉積被稱為「海底塊狀硫化物」(seafloor massive sulfides)或「多金屬硫化物」(polymetallic sulfides)；海底山上的金屬沉積被稱為「富鈷鐵錳結殼」(cobalt-rich ferromanganese crusts)或「多金屬結殼」(polymetallic crusts)。

之父的帕多已對這個「孩子」感到幻滅。[42] 一九八一年，他嫌惡地說：「這可能是世界上最不公平的條約。」美國在起草這份公約時扮演關鍵要角。帕多認為該條約偏袒富國，因為它允許富國開採最容易抵達的水下區域。[43] 在最後一刻，美國突然退出了簽署，主要是因為「人類共同遺產」這個「社會主義」措辭，以及該措辭日後可能對深海採礦帶來的影響。美國也說服了一些其他的國家退出簽署。[44]《聯合國海洋法公約》因此陷入規章制定的停滯狀態，後來經過多次修改以安撫工業化國家，終於在一九九四年獲得足夠的簽署，得以生效。不過，美國再次拒簽，且至今仍未簽署。[45]

不知怎的，帕多最初的措辭在最後一輪修訂中得以保留，海底作為國際公地的法律地位依然存在，它不屬於任何人，而是由 ISA 管理。「人類共同遺產」，如今已成為其他共享地理區域的法律範本：南極洲、月球，甚至人類基因組。但是，對深海採礦來說，「人類共同遺產」確切意味著什麼，要看你問誰而定。基爾大學（University of Kiel）的政治學教授阿萊塔．蒙德雷（Aletta Mondre）說：「西方與北方國家的解讀是『誰先到，誰先得』，開發中國家的解讀是『它是屬於我們所有人的。無論誰先到，都必須分享』。至於實務上它究竟意味著什麼，我們並不知道。」

3

在歷史的關鍵時刻，地圖上總會出現一些空白區域，等待人們去探索與開發。[46] 如果你問金屬公司（The Metals Company）的人，克拉里昂－克利珀頓斷裂帶（CCZ）是什麼樣子，他們很可能會告訴你，CCZ 就是地圖上的另一片空白區域。該公司的執行長傑拉德·巴隆（Gerard Barron）在多次受訪時一再表示：「那裡非常貧瘠，是地球上最大的沙漠，只不過剛好在水下而已。」[47] 目前在國際海床上探勘的二十二家採礦承包商中，有三家是金屬公司的關係企業。巴隆接受媒體訪問時，常帶著一顆錳結核，他說這是「岩石裡的電池」。[48] 在我看來，巴隆提供的選擇很明確：如果我們想要拯救地球，拯救我們自己，只需要犧牲海底這片貧瘠的沙漠。

地圖上的空白區域刺激探索與開發的最著名例子，莫過於「歐洲殖民前，美洲空無一人」這個持久的迷思。在早期的地圖上，美洲常被描繪成無人居住的荒野，即使哥倫布抵達加勒比海時，那裡已有五千萬到七千萬的人口。[49]

另一個著名的例子是來自約瑟夫·康拉德（Joseph Conrad）在大英帝國鼎盛時期所寫的中篇小說《黑暗之心》（*Heart of Darkness*）。故事中即將前往剛果河展開驚悚之旅的殖民者馬洛（Marlow）說：「當時地球上有許多空白區域，我在地圖上看到特別吸引人的地方時（其實它們看起來都很吸引人），就會用手指指著說，等我長大，我要去那裡。」

我幼年時，也常用手指轉動地球儀，想像遙遠地方的生活是什麼樣子——我記得那是個天真無邪又有趣的遊戲。當你個頭還小，還無法低頭看著廚房流理台與桌子時，地圖讓你以上帝般的視角俯瞰整個世界，令人興奮。但地圖史學家哈利在馬洛對空白區域的嚮往中，看到了更陰暗的一面。他寫道：「在這種觀點下，世界充滿了空白區域，等著英國人去占領。」[50] 這裡揭露了探索與掠奪之間的衝突，這種衝突與任何新疆域的地圖都密不可分。這些空白區域從來都不是真的空無一物，但在缺乏親身經歷下，人們往往用最符合自身抱負的故事，來填滿這些空白。

乍看之下，太平洋的克拉里昂—克利珀頓斷裂帶（CCZ）確實顯得有些空白，就像你可能預期在火星或月球上看到的荒蕪景象。然而，科學家如今發現，這裡有驚人的生物多樣性。在牙買加的 ISA 談判期間，坐我旁邊的深海生物學家派翠莎・艾斯凱特（Patricia Esquete）曾三次前往 CCZ 做研究。她在那裡研究深海的大型動物群，主要是肉眼可見的微小無脊椎動物，例如蛤蜊、蝸牛、蝦子、蠕蟲、甲殼類動物。為了了解這個生態系統，她把名為「箱型採樣器」（box corer）的鋼箱放到海底，切下一塊方正的海床樣本，然後把採樣器拉回船上，裡面的所有動物都被原封不動地保存了下來。

缺一不可的生態系

科學家相信，成千上萬的物種可能是 CCZ 區域獨有的。艾斯凱特見到的許多生物，對科學界來說是新發現，或尚未被描述的物種。而且，這些生物是來自僅占整個採礦區不到百分之一的區域。那裡有近半數的大型動物需要靠錳結核提供堅固的棲息地，因為那裡的沉積物太過柔軟。[51] 二〇一六年發現的卡斯柏章魚（Casper octopus）是酷似動畫人物小精靈「卡斯柏」（Casper）的白色生物，牠把卵產在錳結核上所生長的海綿上。[52] 在錳結核的裂縫和孔洞中，還住著更小的生物，例如線蟲[53] 和緩步動物（因其奇特可愛的外型而俗稱「水熊蟲」〔water bear〕）。艾斯凱特解釋：「基本上，如果你移除了錳結核，整個生態系統就會消失。」她強調，這不僅和破壞一個未知的生態系統有關，「即使撇開倫理考量不談，仍有充分的理由不該採礦」。

沉積物捲流（sediment plumes）是深海採礦引發的最大環境隱憂之一。這些捲流是採集錳結核的設備在耙過海床以及把尾礦重新排回海中時所產生的，可能會從採礦地點擴散到數百公里外[54]（深海採礦業者宣稱擴散範圍僅 10 公里）。[55] 海洋中沒有實體邊界可以阻止這些旋轉的捲流。在「鸚鵡螺號」上，我看到海克力斯遙控潛水器在聖塔芭芭拉盆地的海底快速移動時，揚起了一道細如粉末的沉積物塵埃。這讓我很容易想像，當一台 15 公尺長[56]、25 噸重[57] 的採集器像深海版的掃地機器人那樣，在海床上吸取錳結核時，會激起怎樣的水下塵暴（另一種結核採集器的設計，是用一排金屬齒切入海床幾公分以採集錳結核）。

他們把礦漿抽到水面的船隻上，取出結核後，再從排放管把不要的礦渣排回海底，或排放到較淺的水層（可能在約 100 公尺深的地方）。[58] 在這個過程中，壓碎的礦石會把金屬（可能包含有毒金屬）釋放到排回海裡的沉積物中。無論這些塵埃最終落在哪裡，都很可能傷害到不幸生活在那裡的深海生物。沉積物會拖垮那些漂浮在水中的深海章魚與纖細的蠕蟲，堵塞海綿、水母、蛤類的濾食器官，也會吸收發光動物用來覓食與交流的光。[59] 鯨鯊、革龜、海鳥也會經過 CCZ 這個規劃中的巨大採礦區。

目前還不知道，海龜或鮪魚游過含有重金屬的塵暴時，健康會受到什麼影響。大型動物本來就是以較小的生物為食，這可能導致採礦廢料透過食物鏈，進入更大動物的體內，甚至進入人體。[60] 大群遷徙的鮪魚在 CCZ 的周圍游動，全球有一半的鮪魚資源源自於此。[61]

對於深海採礦可能在 CCZ 釋放的沉積物捲流，我試圖想像類似的人類例子，腦中浮現的是一九三〇年代沙塵暴時期（Dust Bowl）的農村景象。激進的耕作方式導致草原的表土流失，毀滅性的沙塵暴使奧克拉荷馬州到加拿大薩斯喀徹溫（Saskatchewan）的農業城鎮都陷入一片死寂。[62] 那些充滿矽土（玻璃的成分）的細沙，奪走了人畜性命，摧毀了作物與生計，促使受害鄉鎮的居民大舉遷移到加州。那些跟山一樣高大寬廣的沙塵暴橫掃草原，遮蔽陽光，使城鎮陷入數小時、甚至數天的黑暗。許多倖存者回憶道，他們當時以為沙塵暴是世界末日的徵兆——對許多人來說確實是如此，因為沙塵暴過後只留下一片荒蕪。[63] 海底沉積物捲流可能比這些沙塵暴的破壞力更大。海洋學家德雷森發現，沉積物捲流可能導致海水渾濁數年：「事實上，海洋更令人擔憂，因為懸浮顆粒在海水中的沉降速度比空氣中慢很多。」[64] 與此同時，為這個脆弱群落，提供穩固基石的錳結核又遭到剝離。

工業機械也會把光線與噪音，帶入這個數十億年來一直黑暗寂靜的生態系統。水下機械的閃爍燈光，可能會干擾習慣黑暗生活的深海生物。沿著管線把錳結核從採礦車輸送到水面的船隻時，會發出撞擊聲。那噪音可能在寂靜的水中迴盪，擾亂那些依靠聲音導航與捕獵的無視覺生物。[65]

每年都是最暖的一年

金屬公司常把自己定位成石油與天然氣產業的替代選項，不會導致氣候變遷加劇。二〇二一年，巴隆對一家潔淨技術雜誌表示：「我認為，我們絕對必須徹底終結採掘業。……那些批評深海採礦的非政府組織，似乎忽視了最大的威脅是全球暖化與二氧化碳排放。」[66] 然而，考慮到深海採礦可能帶來的氣候風險時，這些說法就站不住腳了。工業時代以來，全球海洋吸收了氣候變遷所產生的大部分熱量。NASA 最近的報告指出，二〇二二年是有記錄以來海洋最暖的一年。海洋已經努力因應這些熱量，同時還要面對酸化、缺氧、汙染、過度捕撈等人為壓力，例如。[67] 深海有重要的碳匯（carbon sink）功能，數千年來死去的動物沉降並埋藏在沉積物中。這裡也是微生物群落的家園，它們在生態系統的碳循環中扮演著大家還不太理解的角色。[68] 如果大片海床被長期開採，那也可能對減緩氣候變遷產生嚴重的影響。[69] 二〇二二年，三十位海洋專家發表論文，表達他們對深海採礦的未知影響非常擔憂。他們指出，氣候變遷的情境與廣泛的採礦作業可能導致破壞急速加劇。[70]

簡言之，在這個關鍵時刻，當國際社會已經難以降低碳排放之際，如果我們失去或削弱了海洋吸收或循環碳的能力，那可能會使氣候走向更失控的局面。

深海採礦並不是真的終結資源採掘及支持循環經濟，而是以另一種採掘形式來取代舊有的形式。金屬公司正與瑞士的合作夥伴全海公司（Allseas），一起把一艘曾屬於巴西石油公司（Petrobras）的大型鑽探船改造成結核採集船。[71] 一些由海上石油與天然氣產業開發的技術與作業程序，將直接轉用於深海採礦。[72] 採礦船在往返偏遠礦區的長途航行中，以及在太平洋中間進行大規模開採時，都將使用重油作為燃料。[73] 由於商業開採尚未開始，沒有人能確切說出深海採礦可能產生多少碳排放，但根據假設的情境，太平洋一個年產 300 萬乾噸（dry ton）錳結核礦區，可能排放多達 48.2 萬噸的二氧化碳[74]，相當於 55,079 個美國家庭一年能源消耗的碳排放。[75]

開採深海礦產需要付出的代價

相較於這個實驗性新產業所能帶來的收益，似乎不值得承擔上述的破壞。二〇二〇年，野生動植物保護國際（Fauna & Flora

International）估計，深海採礦的年產值約為 20 億美元，但它可能破壞附近太平洋島嶼更為重要的小規模漁業。在那些小島國家，傳統手工捕魚是居民主要的生計來源，也為他們提供高達 90% 的蛋白質攝取來源。漁業也是太平洋島嶼文化中，不可替代的一部分。在巴布亞紐幾內亞的一串沿海村落中，當地人有「召喚鯊魚」的習俗：在獵捕鯊魚以前，先唱歌以召喚鯊魚。村中的長老認為，在當地水域測試設備的深海採礦作業，嚇跑了鯊魚，威脅到把他們與大海緊密相連的傳統。[76]

採礦也可能威脅到尚未真正起步的深海產業，例如，預計二〇二五年市值將達到 64 億美元的海洋生技市場。有史以來最著名、也最賺錢的抗病毒藥物之一，是由加勒比海海綿（Cryptotethia crypta）體內發現的兩種化合物製成。該藥於一九八七年推出，是治療愛滋病的第一種藥物。[77] 在我居住的聖地牙哥，生技公司如雨後春筍般，沿著通往洛杉磯的五號州際公路湧現。目前為止，多數用於新藥的海洋化合物，是來自最容易採集的珊瑚與海綿。二〇二〇年，已有超過六種源自海洋產品的藥物獲得批准，另有二十八種正在做臨床試驗[78]，而且不斷有新藥開發出來（一旦海洋化合物能夠人工合成，製藥公司就會投資生產新藥。量產不需要用到野生動物[79]）。一種來自深海六放海綿（hexactinellid sponge）的化合物，可能有助於對抗致命的超級細菌：耐甲氧西林金黃色葡萄球菌（MRSA）。[80]

世界衛生組織把抗生素抗藥性（antimicrobial resistance，簡稱 AMR）列為全球十大公共衛生威脅之一。有鑑於最近的新冠疫情，以及有抗生素抗藥性的超級細菌激增，世界非常需要新藥來對抗它們。[81] 生技業正在測試一系列新的海洋衍生產品來因應全球挑戰，包括使用紅藻來減少牲畜的甲烷排放，以及為主食作物添加額外的營養成分。[82]

從尚未發現的物種與蓬勃的生物多樣性，到新舊海洋活動的經濟與文化價值，我們可以明顯看出，深海平原並非金屬公司所宣稱的貧瘠沙漠。不過，也許最重要的是，海底常看似空無一物，而世界地圖也讓我們習慣以那種方式來看待海洋。在傳統的世界地圖上，海洋被塗上單調的藍色，大家的目光掠過這片地球上最大的「空白區域」，轉而關注陸地。這又強化了海底空蕩、無生命、不值得探索的迷思。

深海採礦的支持者，常對艾斯凱特這樣的科學家所提出的擔憂，感到不以為然。這些科學家希望暫停開採，先收集更多有關深海棲息地的資料。支持採礦者則說，科學家總是想要更多的資料，那是科學的本質。我們究竟需要對深海了解到什麼程度，才能開始採礦？而且，誰來決定何時才算夠了？我提出這些問題時，艾斯凱特也無法給出答案，但她告訴我，科學已經明確顯示一點：「很多東西將會喪失。」她最強烈反對的，是諾魯啟動的兩年期限，這也是她不遠千里從葡萄牙來到牙買加，在國際海底管理局（ISA）的會議上，一再宣讀反對海床採礦聲明的原因。她說，那個期限實在太短了。

4

會議的最後一天，謝絕觀察員的參與。各國代表在閉門會議中為那兩年期限規劃工作時程表時，我與艾斯凱特走出國際海底管理局（ISA），前往京士頓市中心的街頭吃午餐。在整個會議期間，與會者大多沒有機會接觸到主辦國的現實困境。警車護送各國代表往返旅館，警衛列隊站在會議中心的走廊上。但我們一走出 ISA，牙買加日常生活的艱困現實立即湧現在眼前。人行道上佈滿了如隕石坑的坑洞，街上飄著下水道與油煙的氣味。我們看到一名男子用魚線纏繞著空塑膠瓶當魚竿，在京士頓的碼頭釣魚。我們請他讓我們看看他的漁獲，他秀出幾條銀色小魚，說他打算把牠們熬成魚湯當晚餐。我們路過一隻垂死的狗，血淋淋的腳掌看似被碾過，牠躺在陰涼處，發出最後的喘息。這些景象全出現在京士頓市中心港區的一個街區內，但這裡也林立著光鮮亮麗的高樓大廈。我們到達餐廳時，為我們點餐的是一個看起來還在讀國中的女孩。

帕多的夢想是，有朝一日，海底採礦有助於消除富國和窮國之間的差距。然而，國際海床管理局（ISA）給人的感覺卻像一座富裕的孤島，與周圍的貧困隔絕開來。在一九八〇年代，牙買加主張「一個致力追求社會公平的機構，應該設在開發中國家」，因此爭取到國際海底管理局的主辦權。然而，儘管 ISA 資金充足，但這些財富的效益並未延伸到當地社群。正在進行的國際海底談判，意外地成了富國與窮國、已開發國家與開發中國家之間的衝突焦點。[83]

在採礦業者計畫開採的三種海床地形中（海底山、深海平原、海底熱泉），錳結核有最好的環保論據支持。海底熱泉主要是為了開採鋅與金，但鋅與金在對抗氣候變遷方面，影響力相對較低。[84] 一般認為海底山不是特別有價值。[85] 然而，錳結核散落在海床上，裡面含有可再生技術所需的鎳與鈷，而這些礦物在陸上的開採有很多問題。這是支持深海採礦的另一個論據：有助於終結開發中國家那些破壞性的採礦作業。例如，世界上大部分的鈷是在剛果民主共和國開採的，那裡的採礦業監管鬆散，童工在惡劣的環境下工作。菲律賓[86]、印尼[87]、新喀里多尼亞[88] 的鎳礦有砍伐熱帶雨林及汙染水道的問題。不過，電動車製造商的最新趨勢是逐漸遠離鈷和鎳，轉向磷酸鐵鋰與其他的電池替代品。[89] 即使深海採礦開始運作，這也無法保證陸上的採礦就會停止。這兩種形式的採礦很可能會繼續並行運作，這將使那些主要依賴採礦收入的貧國收益減少。

這種擔憂在依賴採礦的南美與非洲國家特別明顯，這些國家在國際海底管理局（ISA）中似乎最反對深海採礦。[90] 非洲集團計算了各個成員國，從 ISA 尚未決定的採礦許可費制度中可能獲得的收益，這個制度是為了補償資源依賴型經濟體的損失。他們的發現，一個典型國家每年只能得到不到 10 萬美元的微薄收入。[91] 二〇一九年二月，阿爾及利亞的代表在 ISA 會議上表示：「非洲集團認為這對人類來說不是公平的補償。」[92]

國家與企業的互利共生

根據《聯合國海洋法公約》中的「共同遺產」原則，從深海採礦中獲益的應該是國家，而不是企業。然而，隨著時間的推移，一個由空殼公司、分包商，以及已開發國家的合作夥伴所組成的複雜網絡，已經設法取得了海底最富饒部分的開採權。在 CCZ 區域的採礦地點，僅四個實體占有主導地位，它們都與富裕的工業化國家有關。在二〇一九年ISA的理事會會議上，金屬公司（在CCZ的採礦競賽中似乎領先的深海採礦公司）的執行長巴隆代表其贊助國諾魯發言，他表示：「聽到有人說我們是深海採礦業者時，我個人感到很不安。」[93]（該公司稱其作業為「採收」。）巴隆是澳洲人，經營一家總部位於加拿大的公司，公司的許多股東都住在已開發國家，或與已開發國家關係密切。《紐約時報》的調查顯示，ISA並沒有像帕多設想的那樣，把海底的財富重新分配給開發中國家，反而與金屬公司的高階管理者分享機密資料，這麼一來該公司就能搶先占據最有利可圖的海床區域，然後再尋找開發中國家來支持它（ISA否認「不當或非法」分享機密資料）。一位來自東加的領袖告訴《紐約時報》，作為贊助金屬公司的交換條件，該國將獲得的收益，還不到該公司預計開採礦產總值的0.5%。[94]

如果你從未聽說過金屬公司，這是可以理解的。二〇二一年九月以前，這家公司還不存在。二〇二一年夏天，諾魯總統在國際海床管理局（ISA）啟動兩年的期限後不久[95]，其前身公司深綠金屬（DeepGreen Metals）與一家特殊目的收購公司（special purpose acquisition company）合併——這是一種監管寬鬆的華爾街發明，是仿效一九八〇年代的詐欺性空白支票公司[49]（blank-check company）——並以金屬公司的名義公開上市。[96] 如今，金屬公司可望成為國際海床上第一家商業深海採礦公司。但十年前，鸚鵡螺礦業公司（Nautilus Minerals）也曾處於類似的情境，而且它有一些主要的支持者和深綠金屬公司及金屬公司一樣，包括巴隆（他是前身公司的早期投資者）。[97]

---

[49] 譯註：設立這種公司的唯一目的是，透過首次公開募股（IPO）籌得資金來收購一家標的公司或與其合併。標的公司通常是具有高成長前景的非上市公司，在收購之後就能取得上市公司的資格，對於標的公司來說，這是一種走後門「借殼IPO」的方法。

鸚鵡螺礦業公司代表東加和諾魯，取得在 CCZ 探勘的 ISA 許可證（亦即現在金屬公司持有的許可證），但鸚鵡螺礦業公司也與巴布亞紐幾內亞達成協議，在其領海內開採海底熱泉。由於國際海底管理局（ISA）的管轄權，僅限於國際水域，鸚鵡螺礦業公司無需等待《採礦法》頒佈，就可以在巴布亞紐幾內亞推進計畫。[98]

全球已知約有六百個海底熱泉區域，沿著中洋脊系統以及斷裂帶和隱沒帶分布。這些熱點是豐富、自成一體的生態系統，大多數的面積約為一個足球場的三分之一。[99] 巴布亞紐幾內亞的礦址似乎只有足夠開採兩年的礦藏——遠低於轉虧為盈所需的十五年。[100] 鸚鵡螺礦業公司的計畫是，鑿開海底熱泉的噴口，把礦漿抽上來，再排回海中，類似金屬公司計畫在 CCZ 開採錳結核的方式。[101] 在國際海底管理局（ISA）總部的地圖館外，就有一個來自巴布亞紐幾內亞海岸的煙囪[50]，被放置在玻璃櫃中。這個由鸚鵡螺礦業公司捐贈的深海熱泉煙囪，其陰森詭譎的外觀彷彿出自《魔戒》（*The Lord of the Rings*）裡索倫（Sauron）的黑暗之塔。展示櫃旁還放著一張照片，記錄著機械手臂從海床上折斷這段煙囪的畫面。

二〇一八年，鸚鵡螺礦業公司未能支付新船的款項，翌年申請破產保護。巴布亞紐幾內亞的政府曾大量舉債以購買這個案子的主要股份，結果該國及其納稅人損失了超過 1.2 億美元。[102] 巴布亞紐幾內亞的官員現在稱那個案子是失敗的投資，該國已加入其他反對深海採礦的太平洋島國的行列。[103] 早在鸚鵡螺礦業公司出現財務問題以前，執行長大衛・海登（David Heydon）與巴隆就已經離開公司，獲得豐厚的收益，轉而創立深綠金屬公司。據某採礦業雜誌的報導，以巴隆來說，他「把 22.6 萬美元的投資轉

[50] 譯註：一些深海熱泉會形成圓柱形的煙囪，其主要成份是熱泉中的礦物。

化為 3,100 萬美元，並在市場顛峰期順利出場」。[104]

在國際海底管理局（ISA）的理事會會議期間，深海保育聯盟（Deep Sea Conservation Coalition）的一位環保律師質問，這些開採海床的子公司究竟是由誰掌控。鄧肯・柯里（Duncan Currie）問道：「金屬公司的子公司 NORI 的實際控制權究竟在哪裡？如果不在諾魯，那又是在何處？那會帶來什麼後果？這個實際控制權的問題，早在深綠金屬公司從鸚鵡螺礦業公司的手中。收購 NORI 時就已經浮現。當時鸚鵡螺礦業公司已經破產清算，導致巴布亞紐幾內亞蒙受逾 1 億美元的損失。」[105]

在整個談判過程中，一位金屬公司的代表坐在東加代表團的後面，但他從未對理事會發言。我看到他與幾位代表自由地交談，他們直呼他的名字或稱他為「那個長得像安德森・庫珀（Anderson Cooper）的人」。我上前詢問他是否能接受採訪時，他表示需要先看到我的問題。身為記者，我通常會避免這種情況，受訪者也很少這樣要求，但我還是同意了，並寄給他問題。然而，他依然拒絕回應。

貧窮國家翻身的重大機會

一位密克羅尼西亞的代表告訴我，太平洋島國在很多議題上通常立場一致，但在深海採礦方面卻出現了分歧。密克羅尼西亞、斐濟、帛琉、吐瓦魯、薩摩亞、關島反對深海採礦；東加、諾魯、吉里巴斯、庫克群島都支持子公司的採礦活動。吉里巴斯是世界上最落後的國家之一，其未來正受到海平面上升的嚴重威脅。[106]二〇二二年，東加附近的一座海底火山爆發，隨之而來的海嘯與火山灰造成了 9,000 萬美元的損失，約占該國 GDP 的五分之一。在許多國家因新冠疫情而關閉邊境及限制國際旅遊後，太平洋島國的經濟受到重創，仍今仍尚未完全恢復。二〇二〇年，由於旅遊業的急速萎縮，斐濟的經濟下滑了 19%。隨著財務損失不斷累積，對於一個幾乎沒有其他選擇的貧困國家來說，深海採礦這種高風險的新產業變得更有吸引力。[107]

諾魯政府經常做出糟糕的商業決策，該島的主要資源是鳥糞，那是海鳥在橫跨太平洋的長程飛行時，暫時在該島歇息所留下的排泄物。在二十世紀的大部分時間裡，採集及出口鳥糞作為肥料為諾魯人帶來了財富。那也使得這個 21 平方公里的島嶼淪為一個露天開採場，被開採得滿目瘡痍。政府把鳥糞帶來的收入投資在連串失敗的海外商業案中，例如賭場、飯店，甚至一場在倫敦上演的失敗音樂劇。[108] 如果諾魯在深海採礦上的賭注成功，據報導該國每年可能獲得 1 億美元。[109] 當然，金屬公司與諾魯的合作，也可能步上鸚鵡螺礦業公司與巴布亞紐幾內亞的後塵。

二〇二一年金屬公司公開募股時，原本預期能募到數億美元，但潛在投資者質疑深海採礦的持久性。那次募股最後以失敗告終，金屬公司失去了 5 億美元的潛在資金，其股價硬生生重挫 11%。[110]

深海採礦業對海底繪測的影響

採礦公司的雄厚財力不僅深深吸引了貧困國家，也吸引了海洋科學家。在訪談中，談到深海採礦議題時，許多海洋研究員與測繪者表達出一種無奈的矛盾心理。他們認為，深海採礦產業遲早會改變海床，也會改變他們的工作。對許多人來說，這種改變已經發生了。麗莎・列文（Lisa Levin）估計，大約一半的深海生物研究人員是透過採礦公司或政府資助的團體，與採礦業者合作收集基本資料。金屬公司宣稱，光是在 CCZ 區域，它就已經投入超過 7,500 萬美元的研究經費。[111]

當然，科學與產業長期以來有著密不可分的關係。班傑明・

富蘭克林（Benjamin Franklin）利用捕鯨者密切追蹤海流，以尋找鯨脂的專業知識，繪製了第一張墨西哥灣流圖。[112] AT & T 的研究部門貝爾實驗室資助薩普，讓她得以繪製出第一張大西洋中洋脊的地圖。貝爾實驗室之所以資助薩普，不是因為貝爾想協助發現板塊構造，而是想知道他們在大西洋底部鋪設的電報電纜會不會斷裂。「海床 2030 計畫」的大西洋與印度洋區域中心主任芙瑞琳說：「即使是那項我們喜歡把它美化成純學術成就的開創性成果，其實也與產業緊密相連。」芙瑞琳也是薩普的忠實粉絲。

Saildrone 的創辦人詹金斯也提出類似的觀點。政府資金根本不足以支應測繪全球海洋地圖的費用，產業勢必參與其中。我詢問聯合國大陸棚界限委員會（CLCS）的一位專家，如果沒有開採目的，人家是否還會關心海床，他毫不猶豫地回答「不會」。一九八〇年代與九〇年代，金屬價格暴跌，採礦公司擱置海床採礦專案時，深海研究的資金也急劇下降。二〇一〇年以來，業界對海床採礦的興趣開始回升，因此深海科學的資金也隨之增加。[113] 研究人員與採礦業者陷入一種不安的合作關係。研究深海的成本極其高昂，因此專家需要資金。根據國際海底管理局（ISA）的規定，礦業公司簽署探勘合約時，必須提供專家做的基本研究。當礦業公司開始限制研究人員可以提出的問題、影響研究結果或阻礙資料的取得時，就會出現道德問題。[114]

午餐後，我和艾斯凱特漫步回到國際海底管理局（ISA），看談判是否對觀察員重新開放了。一路上，我們看到一幅又一幅的標語，宣傳該機構對科學、多樣性、環境的致力投入。近二十年來，國際海底管理局（ISA）要求承包商收集的所有基本資料都被封存了起來，只給探勘者、研究背後的科學家、少數的 ISA 人員取用（偶爾有一些資訊發表在同行評審的研究中）。這種情況原本應該在二〇一九年，ISA 終於推出公共資料庫後改變，但研究人員發現採礦業者收集的資料不一致或不完整。例如，大家認為資源資料是專利資料，不能公開，即使錳結核是棲息地的主要組成部分。據估計，在 CCZ 的東部，有 50% 的大型動物依賴錳結核棲息，因此在這些區域，研究人員只能看到全貌的一半。

二〇一九年，夏威夷大學的深海科學家克雷格．史密斯（Craig Smith）告訴《國家地理》雜誌：「雖然有一些很好的資料，但採礦承包商之間確實有素質差異。整體而言，CCZ 的採樣嚴重不足。」[115]

違背科學精神的保密協定

國際海底管理局（ISA）也有一個培訓計畫，安排開發中國家的年輕科學家登上採礦船。然而，我聯繫一位參加過這些培訓航程的非洲科學家時，由於他與金屬公司簽了保密協議，無法談論他在船上做的任何科學研究。保密協議在產業界很常見，但是對科學家來說很陌生，因為他們所受的訓練，就是為了發表研究成果。夏威夷大學的海洋學教授德雷森說，這些保密協議「違背科學精神」。[116] 金屬公司資助德雷森研究採礦對中層水域的影響。據《華爾街日報》的報導，兩位匿名的消息人士透露，金屬公司曾警告德雷森，他若是持續批評深海採礦，可能會失去資助。德雷森拒絕對那篇報導發表評論。[117]

二〇一七年，深海科學界與國際海底管理局（ISA）之間徹底決裂。近二十年來，科學家一直在研究「失落之城」——一個冒泡的海底熱泉煙囪群，從大西洋海底矗立近 60 公尺高。這個失落之城是在二〇〇〇年發現的，約有三萬年的熱泉活動史，覆蓋著密集又神祕的微生物群落。失落之城可能是解開地球上生命起源之謎，最理想的理想研究地點。科學家相信，它也可能蘊含著其他星球的生命線索。二〇一七年，國際海底管理局（ISA）決定把失落之城的部分區域租給波蘭 [118]，這項決定對一些科學家來說，是重大的打擊，因為有些人的整個職涯都在研究這片熱泉區域，他們覺得自己並未獲得適當的諮詢。如今有近七百名科學家簽署請願書，呼籲在更深入了解海床以前，暫停所有的深海採礦活動。[119]

國際海底管理局（ISA）的祕書長洛奇不解地稱，這項請願為「反科學與反知識」。[120] 科學家以亞特蘭提斯（Atlantis）——這是一個先進文明毀於自身科技的神話[121] ——來命名這座「失落之城」。這個命名頗具預言性，因為在科學家揭開當地的奧秘以前，深海採礦可能已經對那裡造成無法挽回的破壞。

5

在鹿特丹，一個灰濛濛的十二月天，二十名綠色和平組織的活動人士開著小型動力船，穿過荷蘭港口，接著把船停靠在一艘兩百二十八公尺長的巨輪旁邊。這艘貼切命名為「隱藏寶石號」（Hidden Gem）的巨輪，以前是石油鑽探船，目前正在改裝，以作為金屬公司及其瑞士合作夥伴兼股東——全海公司的深海採礦船。綠色和平組織為了與採礦業者直接對抗，他們開始在這些船隻進港時前去抗議，甚至尾隨它們出海。[122] 當活動人士攀爬船體時，巨輪內部傳出敲打和鑽機的回聲。他們一上船，就展開一面布條，上面寫著「停止深海採礦」。

這個事件發生在國際海底管理局（ISA）理事會會議的最後一天，我終於明白為什麼綠色和平組織的漢菲爾一整週都那麼緊繃了。他說：「現在我完全冷靜下來了，但這一週以來，我一直很焦慮，壓力有點大。」他小心翼翼地強調他與這次行動完全無關。部分壓力是來自一些善意的同事，他們擔心他在牙買加的安全。另一個顧慮是金屬公司，在理事會的大廳裡，他們的代表就坐在漢菲爾的對面。萬一綠色和平組織遭到負面反抗，漢菲爾將變成焦點。不過，進入國際海底管理局（ISA）嚴密控制的範圍內以後，這些擔憂似乎有點過頭了。

我問各國代表，他們如何看待綠色和平組織的抗議。多數代表說沒聽過這件事，他們的反應多半覺得有趣。一位歐洲代表聳聳肩說：「綠色和平組織總是在攀爬東西。」但也有人欣賞綠色和平組織精準鎖定重要議題的能力。這裡的代表已經在國際海底管理局（ISA）耗費多年，努力在一個多數人從未聽過的問題上，尋求難以達成的妥協。

我採訪的許多專家與觀察員都不願臆測，商業深海採礦會不會在二〇二三年變成現實。基爾大學的政治學家蒙德雷笑著說：「身為研究者，我拒絕回答這個問題，因為很可能猜錯。」她研究及撰寫國際海底管理局（ISA）時發現，早在一九五〇年代就有論文預測，深海採礦產業將在未來十年內啟動。「我開始研究這個議題時，我跟很多人的看法一樣，說：『雖然現在還沒開始，但肯定會在未來三年內開始。』那是十年前的事了。」

我們真的需要在海底採礦？

預測未來的金屬需求向來很棘手，但一些可靠的來源確實預測，在不太遠的未來，金屬供應將會短缺，而回收與技術還趕不上需求。[123]（反對者說這些估計有缺陷，因為它們是根據目前的消費趨勢，未考慮到回收利用或替代技術的演進。[124]）但即使是為了實現更大的目標（例如扭轉氣候變遷），暫時需要更多的金屬，那也可能促使世界接受一個在海底展開的新採掘業。

我訪問的人中，只有一個人很樂意對深海採礦提出預測。我告訴韋斯科沃我將參加在牙買加舉行的國際海底管理局（ISA）談判時，他嗤之以鼻。他說我可能會聽到很多鬼扯，但他沒有直接講出「鬼扯」兩字。他認為，純粹從經濟角度來看，海床採礦永遠不會發生。「投資過大宗金屬的人都知道——就像我，我曾經投資一家銅回收公司一陣子——如果你開始向市場投入大量供給，價格就會下跌。所以，我想問，那些深海採礦者有考慮過這點嗎？我實在不知道，從經濟角度來看，這要怎麼運作。」

韋斯科沃也親身體驗過，海上作業的成本有多高。設備會損壞，會遺失，就像他那支掉在大西洋、要價 30 萬美元的潛水器機械手臂那樣，差點害「五大洋深潛探險計畫」在還沒開始以前就結束了。二〇二一年，綠色和平組織尾隨一艘比利時全球海礦資源公司（Global Sea Mineral Resources）租用的船時，目睹該公司的作業在海床上遺失一台25噸重的亮綠色結核採集器，找了好幾天才尋獲。[125] 二〇二三年初，「隱藏寶石號」上的科學家，洩露了金屬公司在太平洋測試深海採礦技術的影片。影片似乎顯示採礦廢料直接流入海洋，而不是按原計畫以排放管釋放到更深的地方。金屬公司聲稱該事件是「輕微溢出」，隨後已經修正。不久之後，金屬公司的股價跌了12%。[126] 韋斯科沃說：「機械故障的機率實在太高了，而且有太多支持海床採礦的人對於深海工作了解不足，也不知道那有多難。」

韋斯科沃既是商人又曾經潛入海底，他對深海採掘領域有罕見的見解。親眼目睹過海床，是不是會帶給人一種地圖所無法傳達的獨特認知？我一直希望有機會搭乘潛水器造訪深海。為了實現這個願望，我聯繫了世界各地的六個組織。在我從牙買加回來後不久，似乎終於有機會實現這個願望了。

第十一章

下一個地緣政治戰場

1

挑戰者深淵是最有名的深淵，最深的深淵，也是最古老的深淵，位於地球上最大洋——太平洋——之中。二〇一九年四月二十八日，韋斯科沃開始下潛至挑戰者深淵。如果他是空氣中的自由落體，這趟抵達地殼最低點的旅程大約需要四分鐘。但在水中，這段旅程卻花了他四個半小時。他緩緩地在漆黑的水中下沉，隨著每一英尋[51]（fathom）的深入，水溫愈來愈低，水壓愈來愈大。

五大洋深潛探險隊自從五個月前在大西洋啟程以來，遇到了許多波折。經歷了南冰洋多災多難的旅程後，首席科學家賈米森幾乎要放棄了。在英國的家中休息時，他開始重新思考。「回到家後，我想：『我要退出這個探險。』但我後來又想：『我的裝備都還在船上。取回那些東西的唯一方法，是飛到印尼，當著所有人的面收拾一切。』」他感嘆地說：「有一半的船員和我年齡相仿，也是蘇格蘭人，這感覺很奇妙，彷彿你和夥伴偷了一艘船去環遊世界。」最終，他決定重返五大洋深潛探險隊，參與穿越印度洋的航程，韋斯科沃將在那裡潛入第三個深淵：爪哇海溝。之後，賈米森獲得首次潛入超深淵帶的機會，那次經歷使他的心情大為好轉。

他回憶道：「爪哇海溝真是令人大開眼界。」一九五〇年代以前，科學探險隊幾乎不太關注印度洋，那裡是五大洋中科學研究最少的海洋，賈米森即將在那裡獲得一些重大的發現。[1] 科學著陸器捕捉到新物種，拍攝到已知物種的新行為，還錄到有史以

[51] 譯註：英尋是測量水深的單位，約合 1.8 公尺。

來最深處的章魚影像，把章魚的活動範圍向下延伸了近150公尺，覆蓋了全球99%的海域。[2] 賈米森也親眼發現一個新物種：一種海鞘，因外型像狗，他給牠取了「史努比」的綽號。[3]

「這趟旅程真的很棒，我們在爪哇只待了五天，但我們這一趟所獲得的印度洋知識，比過去十五年學到的還多。」潛入印度洋後，賈米森原本對「五大洋深潛探險」的科學可信度所抱持的疑慮，似乎消退了。

世界最深的地方

邦喬凡妮和她的測繪團隊在印度洋上也有新發現。印度洋最深處的可能地點有兩個：爪哇海溝和迪亞曼蒂納斷裂帶（Diamantina Fracture Zone）。（斷裂帶是單一板塊內的破裂，海溝則是兩個板塊的交匯處。）這兩處深淵的地圖都不太精確，現有的資料大多是來自衛星預測。[4] 邦喬凡妮、柏涵，以及另兩名GEBCO的測繪員和一位船副組成了一個團隊，一起測繪這兩個深淵。他們使用著陸器，發現爪哇海溝僅比迪亞曼蒂納斷裂帶深67公尺。[5]

最終，探險船來到了太平洋，船員即將見證「限因號」能否承受得了世界最深淵的考驗。「壓降號」上的每個艙位都滿了，大家都等著目睹韋斯科沃創造歷史。在此之前，只有三個人到過挑戰者深淵的底部：一九六〇年的兩人探險隊，以及二〇一二年的卡麥隆。那兩次深潛都沒有配備海洋測繪員，也沒有如此精密的聲納設備。在一九六〇年的那次潛水中，船員只把炸藥扔進海裡，然後計算爆炸回聲返抵船上水聽器（hydrophone）的時間。美國海軍上尉沃爾什後來在《科學人》（*Scientific American*）雜誌上寫道：「我們並不在意精確的深度測量，只知道十四秒比十二秒更深。」沃爾什與瑞士工程師皮卡爾，一起抵達10,916公尺的最深處。在接下來的五十年裡，這個紀錄成了大家挑戰的目標。二〇一二年卡麥隆潛入挑戰者深淵時，他抵達的深度略淺（10,898公尺），但贏得了世界最深單人潛水的安慰獎。

馬里亞納海溝是目前世界上測繪最完整的海溝之一。二〇一七年，邦喬凡妮的母校新罕布夏大學的海岸與海洋測繪中心（CCOM）使用 EM 122（EM 124 的前身）測繪馬里亞納海溝。[6] 這些地圖最終納入美國地質調查局（USGS）《海洋法》專案的一部分，該專案的明確目標是擴展美國的海上領土。這些地圖是海道測量世界中最嚴謹、也最受關注的。

但邦喬凡妮並沒有參考這些地圖。她告訴我：「對於挑戰者深淵，我不想參考任何既有的資訊。我想像面對其他未曾測繪的海溝那樣對待它。如果我事先知道其他人說的最深點在哪裡，我可能潛意識會認定那裡就是最深點。」邦喬凡妮說，卡麥隆著陸的地方，似乎是挑戰者深淵的一座橋或山丘。邦喬凡妮發現 3.7 公里外有另一個更深的點。如果她的計算正確，她可以引導韋斯科沃到達地球上的最深處，讓他在一天內締造兩項世界紀錄：歷史上最深的潛水，同時也是最深的單人潛水。

2

世界上僅有三個親眼見過挑戰者深淵的人，其中一位也登上了「壓降號」。一九六〇年，海軍上尉沃爾什第一次潛入挑戰者深淵時，風險比現在大很多，那不僅攸關他的個人安全，也涉及全球政治。那是冷戰初期，蘇聯在太空競賽中已經領先，率先發射了第一顆衛星，也把第一個人送進了太空。亟欲展現技術實力的美國，買了一艘由瑞士物理學家奧古斯特．皮卡爾（Auguste Piccard）發明的深潛器。早在一九三〇年代，皮卡爾就製造了氦氣球，讓科學家能夠飛到新的高度，突破平流層去進行測量。三十年後，皮卡爾把人類送往相反的方向：海洋的底部。

深潛器是一個承壓鋼球艙，頂部安裝著可容納超過三萬加侖燃料的大型儲罐。沃爾什回憶道，頭頂上那些易燃的燃料確實令人有些擔憂。[7] 由於燃料比水輕，在高壓下不會壓縮，這讓深潛器保有浮力。開始下潛時，深潛器頂部的另一組儲罐會注入海水，使潛水器沉入海中。一旦在海底完成任務，深潛器就會拋掉八噸重的鋼球，浮上水面。深潛器中有一個位子給了皮卡爾的工程師兒子雅克，另一個位子給了沃爾什。沃爾什說，為了防止任務失敗導致美國丟臉，更不用說可能讓艙內兩人喪生，美國海軍對整個行動保密到家。

一九六〇年一月，「劉易斯號」（Lewis）軍艦悄然駛離關島，向約九十六公里外的挑戰者深淵前進。「旺丹克號」（*Wandank*）緊隨其後，以每小時五節的速度緩慢地拖著精密的深潛器。[8]「劉易斯號」先抵達目的地，開始在挑戰者深淵尋找最深處——作法是向海中投擲炸藥，並計算爆炸回聲的時間。當「旺丹克號」拖著深潛器抵達時，團隊已經找到一個可能的最深點。當時海上的波浪高達七公尺，沃爾什和雅克・皮卡爾趁著波浪暫時減弱的空檔，從「劉易斯號」跳入深潛器。他們不斷下潛，幾小時後，在9,448 米深處，聽到一聲沉悶的爆裂聲。兩人驚愕地四處張望，試圖找出聲音的來源，但一切似乎運轉正常。他們繼續下潛，讓深潛器承受著愈來愈大的壓力。最終，在開始下潛五小時後，他們看到下方隱約出現泥濘的海底。[9]

在他們抵達的最終處，每平方英寸都承受著超過 7,000 多公斤的壓力，相當於金星表面的大氣壓。沃爾什打開觀察燈，透過艙門的舷窗往外看，發現壓克力窗上有一道巨大的裂縫。這就是那聲悶響的來源。幸好，沃爾什和皮卡爾意識到，水壓已經把窗戶緊緊地密封住，不會構成危險。

「著陸後，我與雅克握手，我們都如釋重負，也欣喜若狂。」沃爾什後來回憶道，「我們那個小團隊『尼克頓計畫』（Project Nekton）說我們能做到，結果我們真的做到了！」[10] 他們在海底最深處只停留了二十分鐘，就開始上升。之後，他們兩人立即被送往華盛頓特區，受到英雄式的歡迎，並與德懷特・艾森豪總統（Dwight D. Eisenhower）會面。沃爾什預期，他和皮卡爾成為深海潛水的先鋒後，將激勵很多深海探險者跟進。

我們極欲探索太空，卻對深海一無所知

短短兩年後，一九六二年，美國新任總統約翰・甘迺迪（John F. Kennedy）發表了一場振奮人心的演說，宣布美國應該征服的下一個疆域。他在德州的體育場向群眾宣布：「我們決定登月，我們決定在這十年內登上月球……因為這個目標將促使我們組織及衡量我們的最佳精力與技能，因為這個挑戰是我們願意接受的，也是我們不願推遲的……因此，當我們啟航時，我們祈求上帝保

佑這場人類史上最危險、最艱鉅的偉大冒險。」潛入馬里亞納海溝的探險，曾短暫地讓人們思考海底深處的世界，但甘迺迪的演講吸引了大眾的想像力，迅速把大眾的目光轉向了天際。外太空迅速取代了海洋，成為下一個令人振奮的探索疆域。

這種轉變讓作家兼海洋愛好者約翰·史坦貝克（John Steinbeck）感到擔憂，他預料探索外太空將會轉移大家對探索及記錄地球奧妙的注意力。「海洋占我們世界的五分之三，蘊藏著超過五分之三的世界寶藏，至今仍是未知、未探、未尋之地。在這種情況下，我們卻熱衷於追逐太空這樣的璀璨煙火。這種行為看起來不切實際、不合理又流於幻想，卻也真實地反映了人性。」[11] 二十世紀的後半葉，這些擔憂確實成真了。海洋探索的公共資金逐漸減少，大眾對太空探索的熱情似乎無窮無盡。

如今，這種對太空的狂熱渴望在網絡上清晰可見，網路上搜尋太空旅行的次數是搜尋海洋探索的四倍。[12] 美國太空總署（NASA）、藍源公司（Blue Origin）、SpaceX 的社群媒體帳號有數千萬名粉絲。相較之下，類的海洋探索帳號能有百萬粉絲就已經很幸運了。二〇二〇年，SpaceX 首次發射的前夕，數百萬觀眾透過直播，觀看德州南部的發射台畫面。二〇二〇年，那個 YouTube 頻道的擁有者接受德州一家雜誌的採訪時說：「即使是大半夜，什麼也沒有發生，發射台空蕩蕩的，仍有兩千人在看直播，還有幾十個人在聊天室裡閒聊。」[13]

如果這只是太空與海洋之間的人氣競賽，這些數字並沒有那麼重要。但顯然，人氣會轉化為公共資金。探索海洋與探索外太空之間的興趣差距，有助於解釋，為什麼美國國家海洋暨大氣總署（NOAA）的預算如此有限，而太空總署（NASA）卻有豐厚的經費。[14]

如今，多數的海洋研究人員已經不再對抗潮流，而是學會接納大眾對太空旅行的熱愛。海洋研究船開始以知名的太空人來命名，例如斯克里普斯海洋研究所的「阿姆斯壯號」（Neil Armstrong）與「萊德號」（Sally Ride）。海洋研究人員在申請補助金時，也會加入「海洋世界[52]」（ocean world）之類的流行語，把海洋生命與尋找外星生命連結在一起，藉由這樣的連結提升海洋生命的價值。

[52] 譯註，這裡的 ocean world 又稱為 ocean planet 或 water world，是指海洋星球，是表面完全為液態水構成的開放水體（也就是完全被海洋覆蓋，完全沒有陸地或島嶼），或是在冰下或地底下有包覆整個行星的連續水體層。

3

海洋與太空是探索領域的兩極，所以很自然在目標與技術上有一些共通點。深海潛水器必須能夠承受低溫與高壓，以及抵抗海水的侵蝕。潛水器一旦啟航，會反覆地執行例行任務，幾乎沒有維修的機會。外太空探測車與太空船也承受類似的極端狀況，而且它們是被派往宇宙邊緣去執行終身任務，再也不會被人類看到。[15]

太空人與深海探險員的訓練方式也很相似。在休斯頓的NASA中性浮力實驗室（Neutral Buoyancy Laboratory）裡，太空人在一個模擬國際太空站（International Space Station）的模型中練習太空漫步，那個模型是沉沒在一個巨大的水池底部。

只有精英才負擔得起這些活動的費用，因此這兩個領域在誰有資格參與探索方面也有所重疊。最近以前，那是指在軍事與科學界擁有最高成就的人。經過幾十年新自由資本主義（neoliberal capitalism）的發展、政府機構積弱不振[16]，以及富豪與企業幾乎不繳稅的情況下，現在富可敵國的富豪，可以創立媲美美國政府機構的私人探索公司。目前，深海與太空旅行的客戶是其他的超級富豪或政府機構，例如NASA委託SpaceX把太空人送到國際太空站。但太空旅行企業家伊隆．馬斯克（Elon Musk）——一度是世界首富，他的特斯拉公司（Tesla）在二〇二一年沒有繳納任何聯邦所得稅[17]——夢想有一天大眾也能負擔得起火星之旅。當然，相較於那種華而不實的抱負，人類更需要的是在地球上過永續發展的未來。

這兩個領域還有一個共通點，那就是尋找能夠在深海與遙遠星球的惡劣環境下，生存的極端生物。

在加州帕薩迪納的 NASA 噴射推進實驗室（Jet Propulsion Laboratory），有一個部門專門探索深海生命與其他「海洋世界」（這裡的「海洋世界」是指像木衛二〔Jupiter's Europa〕和土衛二〔Saturn's Enceladus〕這樣有水的衛星）之間的相似性。海洋科學家已經學會把他們的研究與外太空連結起來，以增加資金來源；而 NASA 也採取相同的策略，有鑑於環保運動的興起，大眾愈來愈希望把資源投注在地球研究上，所以 NASA 也順勢而為，擴大及推廣其地球科學研究。[18]

我搭乘「鸚鵡螺號」沿著加州海岸航行的考察，就是一個很好的例子。那次探索因為包含尋找極端生物形態的深潛任務，而獲得了 NASA 的資助。在聖塔芭芭拉的海岸外，海床驟降 500 公尺至一個平坦的盆地底部，然後再上升至海峽群島（Channel Islands）。這種浴缸形狀創造出一個停滯的深海環境，非常適合採樣及研究能在高壓、幾乎無氧或無陽光下生存的生命形式。這些生命形式可能與我們在遙遠星球上發現的外星生命相似，或者牠們可能成為送到太空做長途星際旅行的理想測試對象。

最終，我未能實現潛入海底的夢想。觀看海克力斯無人潛水器在聖塔芭芭拉盆地搜尋，是我最接近親自探索海底的經歷。海神潛艇公司的老闆萊希一直很熱心，他試圖帶我到巴哈馬測試潛水，但這個計畫最終也未能實現。其他機會則是出現以後又消失了。我一直知道我圓夢的機會很渺茫。許多比我更有資格的科學家等了數十年才有機會登上潛水器。此外，還有許多付費客戶排在我前面。

我曾向韋斯科沃提出搭乘「限因號」的請求，但他向客戶收取的費用是，潛水一次 75 萬美元。這個價格遠遠超出了我的預算範圍，不過，相較於藍源公司向首位客戶收取的 2,800 萬美元太空旅費，倒是便宜很多。

深海新物種

在聖塔芭芭拉外海觀看的無人潛水器潛水，讓我瞥見了海洋與太空探索的共通點。科學家花了數年的時間，研究及採樣這個盆地，使這裡成為世界上研究最多的海底之一，但他們依然不斷發現有關深海生命的新奇知識。在搭乘「鸚鵡螺號」那幾天，看到科學家打撈上來的深海蛤蜊。牠們的鰓有一種特殊的細菌，讓牠們在無氧環境中存活長達十個月。科學家也在尋找有孔蟲（foraminifera，俗稱 forams），這是一群多樣化的微小殼狀生物，在電子顯微鏡下看起來很美，有些狀似松果，有些像扭曲的鬱金香球莖。有孔蟲可能是在前寒武紀時期（逾五・四一億年前）就出現了，因此這些單細胞生物讓我們得以一窺地球早期的生命。牠們也可能預示著海洋的未來。

有孔蟲在所謂的「死區」（dead zone）蓬勃發展，這些死區正因為氣候變遷與汙染而在海洋中擴大。大多數的人把死區與河流出海口聯想在一起，因為那裡的肥料與人類廢物徑流導致浮游植物大量繁殖，消耗水中的氧氣。然而，死區也會自然出現在像聖塔芭芭拉盆地這樣的停滯水體底部。「死區」這個詞有點用詞不當，因為那裡仍有生命存在，有孔蟲就是證明。隨著死區在日益缺氧的海洋中持續擴大，海洋中可能會出現更多的有孔蟲。

在這次航行的第一次潛水中，科學家搜尋有孔蟲與其他迷人的微生物群落喜歡聚集的菌毯（bacterial mat）。船上有太多人急著想看第一次潛水，所以我們六、七人擠進控制廂下方的觀察室，駕駛員正在控制廂內操作海克力斯潛水器。那個擠滿人的觀察室其實是「鸚鵡螺號」的電視休息室，其裝飾融合了航海與 NASA 的風格。室內的一側全是舷窗、木質鑲板和皮革沙發，另一側是一排電腦螢幕，顯示著串流資料與即時的影像。隨著潛水展開，研究人員看得入迷。當然，一開始畫面上顯示，陽光照耀下閃閃發亮的藍色海面。無人潛水器一沉入水中，上方的光線就完全消失了，它的頭燈在黑暗中變得更亮，甚至帶有幾分詭異，照亮了數百萬顆旋轉漂浮而過的微粒。這些微粒在海洋中可能是活生生的生命，也可能是遺體。它們可能是浮游生物，可能是塑膠微粒，也可能是「海雪」——這個充滿詩意的詞是用來形容漂浮的排泄物或死亡的微生物。

看著這些微粒在漆黑的海洋背景中漂過，讓我想起一件事。韋斯科沃曾說，他潛入深海時，看過類似的景象。現在我即時看到這影像，突然明白它像什麼了，是夜空！我們正沉入海洋，卻看起來像在外太空漫遊，每個微粒都像一顆星星。我身後一位科學家貼切地描述：「這就像跳入光裡一樣。」

探險隊長雷諾問道：「有沒有菌毯？」這是關鍵問題。聖塔芭芭拉盆地偶爾會自己沖刷，沖走堆積在菌毯上的生命。要是沒有菌毯，科學家就沒有微生物可以採樣與研究。雷諾坐在地毯上，靠近電視螢幕。她環視整個房間，詢問所有研究人員的猜測。

令研究員忍不歡呼的發現

看著海底在無人潛水器的下方隱隱出現，有點像是看日出的感覺。凝視漆黑的夜空時，你幾乎不會注意到陽光正在變亮，直到突然間光芒四射。深海中的情況也是如此：漆黑的海洋逐漸從黑色轉為藍色，然後我突然意識到海克力斯潛水器的頭燈光束正從海底反射回來。接著，一切很快就清晰了起來。海底輪廓變得清楚，紋理也顯現出來了，研究人員期待地傾身向前，揭開真相的關鍵時刻到了。

一位之前不敢猜測的研究員此刻蹲在電視機前，鼻子幾乎快碰到螢幕了。海克力斯潛水器停頓了一下，懸浮在離渾濁海底 20 公尺高的位置。那名研究員不耐煩地揮手，說道：「快點啊！繼續前進！」接著，海克力斯潛水器又開始下沉。一片平坦光滑的灰色底部印入眼簾，上面點綴著明亮的白色斑塊。研究員興奮地說：「喔，太棒了！」他離開螢幕前，抓起手機，「那些就是菌毯。」房間裡頓時響起歡呼與掌聲。我們千里迢迢而來，就是為了看到海底與極端生物。

4

幾十年來，海洋保育人士與科學家一直絞盡腦汁，試圖弄清楚為什麼大眾比較喜歡探索外太空、而不是海洋，儘管兩者有諸多相似之處。原因似乎涉及政治性、心理性，以及史坦貝克多年前所指的「人性」。冷戰確實在資助太空旅行方面發揮了作用。當然，大量的軍事資金也投入了深海探索，尤其是在薩普與希森的時代。在戰爭中，掌控天空與海洋的戰術優勢顯而易見。美國和蘇聯想要偵察和監視，發射飛彈，但他們也必須用比軍事野心更有感召力的東西來激勵大眾。登月計畫是完美的選擇。一九八九年，天文學家卡爾·薩根（Carl Sagan）在一篇支持核裁軍的著名文章中寫道：「把人送上月球的技術，也可以把核彈運送到地球的另一端。」[19]

但 NASA 的登月計畫也觸及了人們偏好天空而非海洋的更深層原因。大眾的恐懼心理往往主導了他們願意支持什麼，狼的保育人士對這點再清楚不過了。[20] 在幾乎每一個航海文化中，人類對深海的恐懼都被擬人化成海怪，無論是北歐神話中的巨大挪威海怪（Kraken），還是在秘魯亞馬遜河中游動的大水蛇（Yacumama serpent）。[21] 無論你引用多少統計數據來說明鯊魚攻擊的機率有多低，在大眾的想像中，鯊魚依然扮演著嗜血獵殺人類的角色。

社會中總是有不少人會因為本能的恐懼而永遠迴避深海，但他們究竟是恐懼什麼？韋斯科沃探索地球最深處時可能瞥見了答案。沒有一絲光線能穿透海底，韋斯科沃談到他透過舷窗看到的窗外景象，是他此生見過最黑暗的黑色。他寫信告訴我：「那很瘋狂，完全沒有深度感，是一種徹底、絕對的虛無。」有時他會關掉潛水器內的所有燈光，凹著手掌，貼近玻璃，凝視著深淵。那一刻讓他想起德國哲學家弗里德里希・尼采（Friedrich Nietzsche）的那句「凝視深淵」的名言：「與怪物搏鬥的人，應當小心自己不要成為怪物。當你長久凝視深淵時，深淵也凝視著你。」也許這就是我們害怕探索深海的真正原因：它的黑暗可能會摧毀我們。

宗教神話的影響也不容忽視。天堂就像天空一樣在上方，地獄就像海洋一樣在下方。信徒向上天的神明祈禱，仰望天堂以尋求指引與庇佑。他們畏懼下面的世界，那裡是他們死後安息的墳墓，甚至可能是他們為罪孽付出代價的地獄。無論你是否相信天神或來世，這種宗教取向也延伸到非信徒身上。仰望星空，想像地平線的彼端有一個更好的地方，是人類獨有的特質。這種衝動也驅使我們前往新大陸，探索超越自身的人生百態。然而，這種向外追尋的本能也有缺點：我們太容易為了爭「第一」而分心，為了遠方而迷失，忘了沉澱內心，思考如何在此時此地創造更美好的世界。

受到本能驅動的掠奪本性才是汙染源頭

美國作家亨利・大衛・梭羅（Henry David Thoreau）在瓦爾登湖畔（Walden Pond）的小屋中獨居時，思索著人類的無盡漫遊。他生活在十九世紀所謂的第二次大探索時代（second great age of discovery），當時的探險家與探險隊正前往北極、亞馬遜、南極洲，以及許多偏遠、未知的地方。這些旅程令他著迷，他仔細記錄了各項發現，但他也厭惡人類那種貪婪占有新土地的慾望。他寫道：「乘坐政府的船，在上百位壯漢與少年的協助下，航行數千里，穿越寒冷、風暴，甚至食人族出沒的水域，都比獨自探索心靈的私密海洋——那片屬於個人的太平洋與大西洋——來得容易。」[22] 內在的靈魂探索必須伴隨外在的探索，否則我們會陷入一種陷阱：不斷地占有新疆域，彷彿無盡的購物清單。梭羅的話也預言了一個時代，我們將不再探索海洋（他那個年代最先進的追求之一），轉向某個更令人振奮的新疆域。

這正是我們現今所處的現實狀況。海洋測繪僅完成四分之一，深海探索更是不及百分之一，但龐大資金源源不斷地投入太空探索，甚至最近還擴及太空軍事化。我們對於海洋及其生物、地理與意義只有粗淺的了解，然而它所激起的熱情，遠不及外太空。金錢與地緣政治的強大阻力確實有一定的影響，但人類心理上的盲點也有影響。二十一世紀初，還沒有人潛入五大洋的最深處。在韋斯科沃和邦喬凡妮展開探索之前，我們連這些深處的確切位置都不知道。

5

當「限因號」從挑戰者深淵浮出水面時，韋斯科沃打開艙口，伸出一隻手，舉起四根手指，代表他征服了四個深淵，還剩下一個。總計，他在太平洋底部停留了三個小時。工作人員在關鍵地點放下科學著陸器，韋斯科沃在它們之間遊走，走遍了海底所有可能的最深點，這樣就沒有人能質疑他的深潛紀錄了。著陸器上放置的食物吸引了膠質生物，韋斯科沃看著深海海參（又稱海鼠）和船蛆慢慢聚集，咬食陷阱中的食物。[23]

「限因號」上的深度計顯示，韋斯科沃潛到的最深處是 10,928 公尺，超越了卡麥隆二〇一二年的潛水紀錄，以及一九六〇年沃爾什與皮卡爾的首次潛水紀錄。新聞稿宣布了韋斯科沃的兩項世界紀錄——這則消息很自然地在全球各地登上了新聞頭條。這也惹惱了正在紐西蘭拍攝《阿凡達》（*Avatar*）續集的卡麥隆。在幕後，邦喬凡妮對「限因號」上的深度數字有些疑慮。韋斯科沃堅持採用深度計那個更高、更引人注目的數字，但邦喬凡妮比較希望採用 EM 124 算出來的較保守數字。韋斯科沃記得邦喬凡妮告訴他：「如果你說是 10,928 米，我不知道我能不能佐證那個數字。」最終，韋斯科沃同意了，在後來的新聞稿中，「五大洋深潛探險」把數字下調為統計上比較安全的 10,924 公尺，上下誤差均為 15.24 公尺。[24] 但那時，傷害已經造成。卡麥隆已經聯繫了主要新聞媒體，並質疑韋斯科沃的紀錄。他告訴《紐約時報》：「他不可能潛得更深，那裡是平坦、無特徵的，所以他的深度計數字可能與我的不同，但他不能說他潛得更深。」[25]

新罕布夏大學海岸與海洋測繪中心（CCOM）的主任梅爾

向韋斯科沃保證，邦喬凡妮確實正確勘測了馬里亞納海溝。他解釋，卡麥隆可能從他的潛水器舷窗看到平坦的海底，但他的視線頂多只有 60 公尺。[26] 在那視線之外，海底可能向上或向下傾斜。

雖然韋斯科沃似乎很喜歡，卡麥隆為這次潛水帶來的媒體關注，但這種關注對邦喬凡妮來說卻極為痛苦。在她大學畢業後的第一份工作中，世界上最知名的導演就在《紐約時報》上公開否定了她的工作成果。在接下來的幾年裡，「限因號」又多次潛入挑戰者深淵。韋斯科沃聘請了一位經驗豐富的海洋測繪員，並依靠世界上最先進的聲納系統和科學著陸器來驗證深度。卡麥隆沒有做這些事。但我最相信的還是那位海洋測繪師，她一遍又一遍地檢查她的測繪結果。邦喬凡妮真誠地告訴我：「我不是為了個人利益，我只會告訴你資料顯示什麼，就這樣。」

這場爭執突顯出大眾似乎更受外太空吸引的另一個原因。太空任務可能背負著民族主義的目標，但成功的太空任務總是能夠超越地球上的政治分歧。即使國家之間的外交關係破裂，各國太空人仍繼續在國際太空站上合作。[53] 相較之下，海洋卻無法激發出這種寬厚的共鳴感。隨著深海變成人類戰爭的墳場，這裡充滿了派系之爭與政治角力。 在國際海底管理局（ISA），各國花了好幾年的時間，爭論如何監管一個可能根本無利可圖，但肯定會破壞全人類生態系統的產業。對外界的觀察者來說，卡麥隆和韋斯科沃之間的爭論，看起來就像海洋世界又爆出一則糟糕的新聞：兩個富有的白人男性，為了一個多數人從未聽說過的世界紀錄而爭吵。

---

[53] 原註：二〇二二年，俄羅斯宣佈將在二〇二四年後退出國際太空站——這表示低地球軌道（low Earth orbit）可能已經退出早期的合作階段，進入探索的下一個競爭階段：https://www.cnn.com/2022/07/26 /world/russia-quit-iss-scn/index.html。

6

「壓降號」繼續航行，駛入北冰洋，準備進行探險隊的第五次、也是最後一次潛水。二〇一九年夏天，工作人員站在寒冷的甲板上，看著韋斯科沃下潛到莫洛伊深淵的底部，那裡位於挪威斯瓦爾巴群島（Svalbard）以西約 273 公里處。[28] 他花了兩小時沉到底部，花了兩小時在北冰洋海底遊走，又花了兩小時浮出水面。他打開潛水器的艙門時，歡呼聲與煙火聲迎接著他。他剛剛成為第一個潛入北冰洋底部的人，也是第一個潛入五大洋最深處的人。

如釋重負的感覺一舉湧上心頭，就像他登上珠峰頂端的感覺一樣。他說：「任何事情都可能使這些極其困難的探險失敗，所以當我真正完成時，那種如釋重負的感覺非常強烈。」如釋重負的解脫感很快就轉變為興奮：他做到了！那是從來沒有人做過的壯舉。就這樣，「五大洋深潛探險」結束了。後來，探險隊又做了兩次科學潛水後，「壓降號」在暴風雨來臨前，迅速返回北歐峽灣的安全地帶。在乾式實驗室裡，韋斯科沃在記錄所有潛水行動的牆上，添加了最後一個深淵紀錄：「莫洛伊深淵：5,550 公尺。」[29]

之後，「壓降號」繼續前往英國倫敦，皇家地理學會邀請探險隊談論這次破紀錄的探險。在學會歷史悠久的會議廳裡，賈米森站在舞台上，快速列舉了一系列的數據：四萬個生物樣本、近 150 萬公尺的水文資料、五百多小時的深海影片，以及對深淵帶和超深淵帶的生物多樣性調查。他的團隊需要花好幾年的時間，來解析這些資料並了解其意義。他相信，有朝一日，這些資料將為地球生命演化的未解之謎提供關鍵線索。

邦喬凡妮也發表了演講，講述她測繪的近 69 萬平方公里的海域，其中大部分是歷史上的首次測繪；她發現的一百多個海底新地形；以及她在世界各地對重要的海溝、斷裂帶、隱沒帶所做的新勘測。[30] 這是她職涯的一個高峰，但一走下舞台，她就開始擔心接下來的發展了。她回憶道：「每個人都來對我說：『你已經達到顛峰了！你還能去哪裡呢？』」在一年半的時間裡，這位現年二十七歲的測繪員經歷了一場難以置信的環球之旅。突然間，所有的情感壓力都籠罩在她身上。她說：「我下船後，第一次有三天的獨處時間，這是很久以來的第一次，我突然哭了起來。」探險隊解散、大家分道揚鑣時，她不確定是否還會再見到那艘船或那些團隊成員。

韋斯科沃一直計畫在完成「五大洋深潛探險」後，出售整套作業系統。「海神深海探索系統」（The Triton Hadal Exploration System）包括潛水器、船隻、EM 124 聲納、支援船、著陸器，以 5,100 萬美元的價格放上市場出售。由於海神團隊也能從這筆交易中分到收益，他們使出渾身解數，動用所有的人脈關係以尋找買家。他們聯繫了全球近三百個海洋研究機構，以及數千個家族投資辦公室，並寄送精美的宣傳手冊給超級遊艇業的船長、擁有者、設計師。許多知名人士都被列入名單，例如，從避險基金經理人轉型為海洋保育人士的 OceanX 創辦人達利歐、澳洲的億萬富豪兼慈善家安德魯・福雷斯特（Andrew Forrest）、美國國家海洋暨大氣總署（NOAA）的一位少將。但都沒有人接手。「限因號」已經完成了它設定的所有目標。它是獨一無二的潛水器，可以潛入世界上的任何海底，並反覆進行深海潛水。即便如此，這還是無法吸引那些財力雄厚的人購買。

其他因素可能也影響了這種冷淡的反應，包括新冠疫情的爆發與旅行限制。儘管如此，世界最深潛水器竟然乏人問津，還是讓五大洋深潛探險隊大感意外。韋斯科沃說：「我真的無法解釋為什麼政府或富豪沒興趣收購這套系統。過去幾年，整個產業，包括我們的科學團隊，不斷地哀嘆：『太空令人振奮、新奇又引人注目』……但海洋就是得不到資金。」二〇〇〇年代末期與二〇一〇年代初期海洋計畫的投資激增後，大家對海洋探索的熱情已趨平緩。

由於「海神深海探索系統」沒有收到任何認真的報價，韋斯科沃開始進行各種探險，從尋找一九六八年在地中海海岸失蹤的法國潛艇，到前往地中海和紅海的最深處。他重返挑戰者深淵，帶著第一位女性太空人、第一位美國海軍陸戰隊員、第一位亞裔到達地球最深處。他也與夏威夷本土的衝浪科學家克利福德・卡波諾（Clifford Kapono）一同登上夏威夷的毛納基火山（Mauna Kea），締造了第一次從海底到山頂登上世界最高峰的紀錄[54]。他們兩人一起創造了一項鐵人三項式的世界紀錄：先搭「限因號」潛入水下 6,400 多公尺深的毛納基火山底部；然後，划獨木舟 43 公里回海岸；騎自行車上山 60 公里直到沒路；再徒步最後十公里到達山頂。[31] 這些探險都成為「海神深海探索系統」的行銷工具，向世界展現出這艘潛水器的強大能力。

邦喬凡妮回到達拉斯的父母家中，在環遊世界一年半後放鬆下來，開始思考下一步的計畫。最終，她決定加入韋斯科沃的卡拉登海洋探險隊（Caladan Oceanic Expeditions），把注意力轉向下一個船上測繪任務。有一次航行讓她特別心動：測繪環太平洋火山帶（Pacific Ring of Fire）。二〇二〇年八月，她搭上「壓降號」，去勘測環繞世界最大海洋的不穩定海溝。大多數的地震與火山爆發是源自環太平洋火山帶，包括二〇一一年日本海岸外的

[54] 譯註：毛納基火山是地球上最高的山，由海底到山頂總高 10,211 公尺，但只有 4,207 公尺在海平面上，因此被海拔 8,848 公尺的珠峰奪走第一高峰的頭銜。

地震、二〇二二年東加附近的海底火山爆發。儘管環太平洋火山帶多年來造成那麼多的破壞，但其多變的海溝大多尚未測繪，鮮為人知，而且不斷變化。在勘測期間，邦喬凡妮首次測繪了八個海溝，包括菲律賓海溝（Philippine trench）、亞普海溝（Yap trench）、帛琉海溝（Palau trench）、千島海溝（Kuril-Kamchatka trench）、阿留申海溝（Aleutian trench）。她開玩笑說：「就像收集寶可夢一樣，我正在收集所有的海溝。」不過，認真說來，她很敬佩韋斯科沃測繪環太平洋火山帶的決定。她說：「他沒有義務這樣做，這對全球科學界來說是極大的幫助。」途中仍有創紀錄的時刻，但探險的後半段是致力於海底測繪。邦喬凡妮認為，「五大洋深潛探險」徹底改變了韋斯科沃，他不再只是某個總是追逐下一個世界紀錄的探險家，他也堅定地站在科學這一邊。賈米森也參與了這次探險，他的感受與邦喬凡妮相同。

賈米森說：「我參加這次探險的初衷是：『如果這沒有科學意義，我就退出。』而韋斯科沃的初衷是：『我是探險家，我不在乎科學。』在某個時點，我們都跨入了對方的領域。」在旅程中，邦喬凡妮也達到了自己的里程碑：她和她的測繪助手在海上測繪了一百萬平方公里。所有的地圖都將無償地捐給「海床 2030 計畫」。最終統計顯示，測繪面積超過 103 萬平方公里，比她的家鄉德州還大。[32]

從深海重返校園

每次航行結束後，她都回到達拉斯的父母家，處理好幾 TB 的新海洋地圖。韋斯科沃就住在不遠處。二〇二〇年末的某一天，他來到邦喬凡妮的父母家，來看她正在安裝的新測繪軟體。她在那時辭去了卡拉登海洋探險隊的首席測繪員一職。她說：「我一直渴望冒險，但我還有其他的目標。」

幾年的海上生活改變了她。在新罕布夏大學時，她的碩士論文是研究如何改進 NOAA 勘測最優先海底的公式——這是一個有助於在公家機關找到工作的完美題目。她解釋：「測繪主要是為了『確保船員的安全，並在資源有限下，有效率地達成這項目標』。」在「壓降號」上的時光讓她意識到，海洋測繪的貢獻不止於安全航行。海洋地圖揭開了水下的人類歷史；協助那些生活在未測繪海岸線的小社群；也提出了我們從來沒想要問過的新問題。她意識到，「五大洋深潛探險」只是個開始。她想繼續探索，利用海洋地圖來解開生物學與地質學中最棘手的問題。她說：「這只是科學領域中的一小部分，還有更多的未知有待發現。」

大約在邦喬凡妮與韋斯科沃分道揚鑣的時候，紐西蘭的國家水文與大氣科學研究所（National Institute of Water and Atmospheric Research，NIWA）出現了一個職缺。如果她得到那份工作，她將在麥凱底下工作，麥凱是海底地形命名小組委員會（SCUFN）的成員，也是「海床 2030 計畫」南太平洋和西太平洋區域中心的負責人。邦喬凡妮曾親自在那片海域測繪了 53 萬平方公里，她將有機會直接處理她自己收集的地圖資料。她解釋：「這個職位聽起來就像是進一步處理那些資料。」不過，最終，她選擇留在離家較近的地方。她目前在德州大學奧斯汀分校擔任工程科學家。

二〇二二年的夏天，第一批深海遊客造訪了「鐵達尼號」。他們付了 25 萬美元，搭乘潛水器下潛四公里，到躺在大西洋海底的這艘傳奇沉船。[33] 既然深海已經開始接待首批遊客，深海採礦看來也不遠了。韋斯科沃在挑戰者深淵創下兩項世界紀錄後不久，中國也派了一艘載人的潛水器到達馬里亞納海溝的底部。中國潛水器的總設計師後來告訴媒體，該團隊正在繪製深海的「寶藏圖」。[34]

二〇二二年底，韋斯科沃對於應付海洋探索中那些錯綜複雜的規則，愈來愈感到沮喪。除了像「鐵達尼號」那樣位於公海的沉船外，最具視覺吸引力與地質意義的海底都比較靠近海岸，位於沿海國家的專屬經濟海域（EEZ）內。《聯合國海洋法公約》中有一條看似微不足道的條款，允許各國規範在其專屬經濟海域內所做的科學研究——這是從海岸線延伸 200 海里的遼闊海域。但每個國家對「科學研究」的解讀略有不同，韋斯科沃發現他的測繪和潛水申請常被主管政府忽視或隨意駁回。當時他告訴我：「在國家專屬經濟海域做科學研究需要許可，我已經厭倦了那些繁瑣的許可申請程序。」他的雄心壯志似乎正在印證探險史上一個鐵律：一旦某片未知疆域引來大批的探險先鋒，這片淨土很快就會變得人滿為患，探險活動也變得複雜難行，曾經的處女地再也找不到往日的原始風貌。於是乎，探險家開始轉而尋覓不受約束的新探險疆域。

測繪一個地方是否等於了解那個地方？

二〇二二年六月，韋斯科沃參加了藍源公司的第五次付費太空旅行[35]。藍源是由亞馬遜的傑夫．貝佐斯（Jeff Bezos）創立的太空旅行公司。韋斯科沃稱這次旅程是「十分鐘純粹無拘無束的快樂」。幾個月後，在二〇二二年十一月，他把「海神深海探索系統」賣給了美國電玩開發商加布．紐維爾（Gabe Newell）和他的海洋探索研究機構墨魚（Inkfish）。未來，韋斯科沃打算把興趣從海洋轉到不需要那麼多許可的領域，比如投資自主海洋技術或探索沉船。在探索海洋的四年間，「壓降號」測繪了超過 388 萬平方公里的海床，相當於巴西面積的一半。

測繪一個地方是否等於了解那個地方呢？在我的手機上，我可以滑動 Google 地圖上的某個區域，對那個地方產生某種認知。但是我實地造訪後，對它的了解會增加與改變，因為總會有意想不到的發現。海底地圖也是如此：那只是認識海洋的第一步；從某種意義上來說，它掀起的問題比它回答的還多。

畫出地圖後，就有一連串永無止境的謎題等待解開，爭論等待化解，生物與地形等待命名與描述，沉船等待調查，人類歷史等待揭露。也許我們甚至可以解開最大的謎題：我們是從哪裡來的，又是如何變成現今的樣子。地球上所有生命的誕生地就在深海中的某處，隱藏在海底的裂痕與縫隙中，那裡曾迸出生命最初的化學火花，並燃燒不息。測繪海底，也是了解我們自身的探索之旅。

「沒有烏托邦的世界地圖，根本不值得一看。」
奧斯卡・王爾德（Oscar Wilde），
《人的靈魂》（*The Soul of Man*），一八九一年

後記

國際海床恐成為下一個亞馬遜？

在撰寫一本有關二〇三〇年以前要完成海洋測繪的書時，我常在偶然間發現其他預定在同一年達成的目標與預測，於是我開始把它們收集起來。到二〇三〇年，海洋保育人士呼籲要保護30% 的海洋；美國 95% 的行車里程將由自駕車完成；七大工業國組織（G7）將停止使用煤炭；全球氣候變遷將導致一億人陷入貧困；昆蟲蛋白質市場將成為一個價值 80 億美元的產業……類似這樣的例子不勝枚舉。這類訂有期限的預測，似乎已經變成研究圈與政策圈的一種風潮。這些預測能讓我們集中注意力，展望未來，看清在未來幾年裡我們需要提升（或削減）到什麼程度。有些是充滿希望的願景，有些則是悲觀的預言，但我把這些預測合在一起看時，它們彷彿構成了一幅通往未來的地圖。

科學界等待「海床 2030 計畫」已久。考古、生物、地質方面的發現，無疑將令人震撼並改變地球的樣貌，而這些發現對環保與航行安全的廣泛效益也是毋庸置疑的。二〇二二年，「海床2030 計畫」發布了最新的 GEBCO 網格圖，顯示已完成 23.4% 的高解析海床測繪，相當於在地圖上新增了一個歐洲大小的區域。[1]科學家已經準備就緒，但其他人呢？由於人類向來忽視及畏懼海洋，我不禁懷疑，我們這個物種是否真的適合作為地球最大生態棲息地的地圖守護者。雖然「海底 2030 計畫」不會直接導致深海採礦，但隨著陸上資源的日益稀缺，沒有什麼能阻止新的採掘業逐漸成形。記者霍爾寫道，無人居住的地域依然「可以繪製地圖，而這些地圖一旦出現，人類的命運就可能朝著不太美好的方向發展」。[2]

在牙買加的國際海床管理局（ISA）會議上，我親眼目睹了這種不太美好的未來正在展開：面對企業集團急於開採屬於全人類的海床，政府機構與國際法規都在巨大壓力下節節敗退。或許，海床先天難以接近，反而比人類制定的任何規則或法規，更能夠保護海床。

因此，觀察兩個人口稀少的極端疆域在二十世紀測繪後的境遇，或許可以帶給我們一些啟示：這兩個地方是南極洲與亞馬遜。一個是冰封的大陸，在一八二〇年被發現以前，古希臘人就已經在神話中流傳它的存在。另一個是炎熱潮濕的叢林，裡面住著與世隔絕的亞馬遜部落，還有毒蛇在其中遊走。這兩個地方在十九世紀成為探險的焦點。它們都被水域環繞，因此無法做傳統勘測，這點與如今被數里深海阻隔的海床很類似。南極洲有數千英尺厚的冰堆覆蓋，遮蔽了真正的地貌。亞馬遜則有低矮密集的雲層籠罩叢林，阻礙了空中勘測。

南極洲是不是一個新大陸？亞馬遜河的源頭在哪裡？在倫敦皇家地理學會，這些難以測繪的地方引發了激烈的辯論。不過，到了二十世紀中期，勘測技術的進步，揭開了這兩個地區的面紗。在南極洲，空載雷射回聲探測技術讓飛機飛越冰堆，用雷達收集冰層下地形的連續剖面。[3] 在一九六〇年代與七〇年代，側視航照雷達（side-looking airborne radar，SLAR）利用雷射穿透南美雨林的雲層，繪製出首批詳細的亞馬遜地圖。[4]

地圖繪製完成後，這兩個疆域的故事開始出現分歧。南極洲測繪完畢時，這個世界第七大洲已受到國際條約的保護，其管理權在二〇四八年以前都託付給科學界。然而，亞馬遜的首批完整地圖卻開啟了另一條道路。巴西的礦業與能源部利用這些地圖，來規劃雨林的土地使用潛力，加速了皆伐（clear-cutting）以利農業開墾的步伐。二〇二一年，巴西承諾在二〇三〇年以前，終止並扭轉亞馬遜的森林砍伐；然而，當年巴西亞馬遜的森林砍伐卻達到了十五年來的最高紀錄。[5]

國際海床比較類似無人居住的南極洲，比較不像由多個南美國家管轄且有各種原住民族居住的亞馬遜。聯合國正在進行一連串的談判，目標是制定有法律約束力的條約來守護公海。這項構想充滿抱負，讓人聯想到二戰後各國簽署《南極條約》的情境。[6]二〇二三年三月，就在本書即將出版以前，這些談判順利完成，一百九十三個國家達成了有歷史意義的協議，以保護國家管轄範圍以外公海的生物多樣性。儘管《公海條約》（*High Seas Treaty*）尚未生效，但它為永續使用及保護海洋（從海面到海床）奠定了基礎，以前大家從未賦予公海這樣的保護。海洋是地球上最大且最不為人知的棲息地，雖然它在維持地球生命方面，扮演極其重要的角色，卻從未獲得真正的支持與保護，也未能像外太空那樣吸引同樣的關注。

到二〇二〇年代結束時，也許海床地圖尚未完整繪製，但無論「海床 2030 計畫」何時完成，我都希望它能開啟了解與保護深海的新紀元。奇特又精彩的深海世界不是一片空白，也不是另一個揮霍完後就拋棄的疆域。它是地球上最後一處真正神祕的地方，是所有生命的發源地，是未開發的醫藥寶庫，是對抗氣候混亂的堡壘，也是發現外太空生命的關鍵。如果我們不為科學研究而保護它，我們將會錯失揭開過去及保護未來的天大良機。這一次，但願我們能以地圖為引，找到正確的道路。

謝辭

這本書的起源，要從我拖延編輯上一本書的時候開始說起。當時我在《史密森尼雜誌》（*Smithsonian*）上看到一篇文章，標題是〈為何第一張完整的海底地圖掀起爭議波瀾〉，那篇由凱爾・弗里施科恩（Kyle Frischkorn）撰寫的一千五百字文章，讓我頓時創意湧現，幻想一本有關海底測繪的書會是什麼模樣。我最初做的幾次採訪給了我很大的啟發，受訪者包括拉蒙特－多爾蒂地球觀測所的芙瑞琳、愛爾蘭地質調查局的柏涵、施密特海洋研究院的喬蒂卡・維爾馬尼（Jyotika Virmani and）和卡莉・維納（Carlie Wiener）、加利弗雷基金會（Gallifrey Foundation）的盧克・卡佛士（Luc Cuyvers）。隨後我在《衛報》（*Guardian*）發表的一篇文章成為本書的基礎。特別感謝海洋版的主編克里斯・邁克（Chris Michael），是他讓這個案子得以啟動。

兩艘船及其船員的故事構成了本書的骨幹。首先，要特別感謝五大洋深潛探險隊的成員，包括韋斯科沃、賈米森、史都華、萊希、麥卡倫、邦喬凡妮。邦喬凡妮在幾次馬拉松式的 Zoom 通訊中，為我上了海洋測繪的速成課，我對她感激不盡。接著，我要感謝「鸚鵡螺號」的船員，尤其是雷諾，她邀請一個毫無經驗的海洋新手上船待了九天，而且還大方與我分享她的私人艙房，簡直是天使下凡。我也要感謝海洋測繪員凱恩、赫夫倫、安妮・哈特韋爾（Anne Hartwell）為我講解「鸚鵡螺號」上的測繪工作。同時感謝布魯克・特拉維斯（Brooke Travis）、莎拉・洛特（Sarah Lott）、邁克・漢納福德（Michael Hannaford）、維吉尼亞・艾奇孔（Virginia Edgcomb）、克里斯・克拉斯諾斯基（Kris Krasnosky）、D・J・尤薩維奇（D. J. Yousavich）、提姆・伯班克（Tim Burbank）、克里斯多佛・鮑爾斯（Christopher Powers）、梅根・庫克（Megan Cook）在海上的熱情款待與協助。

我衷心感謝所有在本書中分享故事、知識、見解的人：畢曼、桑德威爾、科芬、韓賢哲、麥邁克－菲利普斯、史奈思、斯坦伯格、麥凱、梅爾、詹金斯、康農、基恩斯、德斯羅謝、迪安吉里斯、法科納、海野光行、霍爾、詹克斯、塔加利克、貝克、卡雷塔克、穆克帕、爾寇克、考德、隆多、海恩斯、喬伊、史密斯、佛特、克拉克、艾斯凱特、波斯特爾—維奈、漢菲爾。

當然，還有更多人在幕後提供資訊與指導，謝謝瑞卡・安德森（Rika Anderson）、伊夫・吉蘭（Yves Guillam）、維多利亞・韋達（Victoria Weda）、艾麗莎・強森（Alissa Johnson）、麗莎・萊文（Lisa Levin）、安德魯・弗里德曼（Andrew Friedman）、賈桂林・馬默里克斯（Jacqueline Mammerickx）、布魯斯・史特里克羅（Bruce Strickrott）、喬恩・科普利（Jon Copley）、奧利弗・史蒂茲（Oliver Steeds）、麗莎・海恩斯（Lisa Hynes）、妮可・全霍姆（Nicole Trenholm）、愛麗絲・多伊爾（Alice Doyle）、丹・福納里（Dan Fornari）、克雷格・楊（Craig Young）、喬什・楊（Josh Young）、托默與奧弗・凱特（Tomer and Ofer Ketter）、基里爾・諾沃塞爾斯基（Kirill Novoselskiy）、艾弗特・弗利爾（Evert Flier）、戴安娜・克勞奇克（Diana Krawczyk）、安德魯・古威利（Andrew Goodwillie）、鮑勃・費雪（Bob Fisher）、克里斯・傑曼（Chris German）、傑西・哈利根（Jessi Halligan）、勞里・巴奇（Laurie Barge）、查爾斯・科能（Charles Kohnen）、彼得・吉爾古斯（Peter Girguis）、蓋伊（「哈雷」）・米恩斯（Guy "Harley" Means）、尼克・班特利（Nick Bentley）、希梅娜・史密斯（Ximena Smith）、林賽・吉（Lindsay Gee）、黛博拉・漢森・克萊斯特

（Debora Hansen Kleist）、卡爾・辛格勒森（Karl Zinglersen）、烏爾里希・施瓦茲－尚佩拉（Ulrich Schwarz-Schampera）、哈莉・費爾特（Hali Felt）、邁克・史密斯（Michael Smith）、盧卡斯・奧利烏特（Lucas Owlijoot）、喬・夏米（Joe Shamee）、雅克・約翰・米基永吉亞克（Jacques John Mikiyungiak）、傑夫・金斯頓（Jeff Kingston）。

許多朋友和同事在不同階段閱讀手稿並提供意見，感謝萊恩・哈迪（Ryan Hardy）、菲利普・斯坦伯格（Philip Steinberg）、羅恩・多艾爾（Ron Doel）、艾蕾塔・蒙德雷（Aletta Mondre）、史塔拉・羅賓森（Starla Robinson）、羅絲瑪麗・蘇利文（Rosemary Sullivan）、海倫・斯凱爾斯（Helen Scales）。感謝我在聖地牙哥科學寫作協會（San Diego Science Writing Association）的理事會同仁在我需要鼓勵時，給予我支持，包括索奇特爾・羅哈斯－羅查（Xochitl Rojas-Rocha）、莫妮卡・梅（Monica May）、賈瑞德・惠特洛克（Jared Whitlock）、拉明・史基巴（Ramin Skibba）、馬里奧・阿圭萊拉（Mario Aguilera）、帕特里夏・費南德斯（Patricia Fernandez）、布列塔尼・費爾（Brittany Fair）。特別感謝邁克・米勒（Michael Miller）在我寫作的最後階段，承擔我的部分職責，讓我得以如期完稿。

若沒有加拿大藝術委員會（Canada Council for the Arts）的經濟支持，我無法報導因紐特獵人測繪海岸線的故事，也無法前往牙買加採訪國際海床管理局（ISA）的理事會會議。我很慶幸我的國家那麼支持職涯各個階段的創作者。我也獲得了調查新聞基金（Fund for Investigative Journalism）的慷慨資助，並得到新聞自由記者委員會（Reporters Committee for Freedom of the Press）的珍妮佛・納爾遜（Jennifer Nelson）和賽琳・羅爾（Celine Rohr）的法律建議，以及艾蜜莉・拉蒂默（Emily Latimer）的事實核查協助。

感謝我的經紀人蘇茲・艾文斯（Suzy Evans），她從一開始就相信這本書，並為我找到了不可思議的編輯：哈潑浪潮出版社（Harper Wave）的凱倫・里納迪（Karen Rinald）和瑞秋・坎伯里（Rachel Kambury），以及鵝巷出版社（Goose Lane Editions）的艾倫・謝帕德（Alan Sheppard）。

最後，我要衷心感謝支持我工作的朋友與家人，尤其是我的丈夫，他在晚餐時耐心地聆聽我談論工作，還閱讀手稿並檢查了所有的數字運算，因為我怕數學。我愛你。

附註

作者序　我們對月球表面的了解，比對海底的了解還多

1　"Seabed 2030 Announces Increase in Ocean Data Equating to the Size of Europe and Major New Partnership at UN Ocean Conference," The Nippon Foundation-GEBCO Seabed 2030 Project,https://seabed2030.org/news/seabed-2030-announces-increase-ocean-data-equating-size-europe-and-major-newpartnership-un.

2　Dana Goodyear, "Without Sylvia Earle, We'd Be Living on Google Dirt," *New Yorker*, June 20, 2022, https://www.newyorker.com/magazine/2022/06/27/withoutsylvia-earle-wed-be-living-on-google-dirt.

3　Helen Scales, *The Brilliant Abyss: Exploring the Majestic Hidden Life of the Deep Ocean, and the Looming Threat That Imperils It* (New York: Atlantic Monthly Press, 2021), 4.

4　Casey Dreier, "The Cost of Perseverance, in Context," The Planetary Society, July 29, 2020, https://www.planetary.org/articles/cost-of-perseverance-in-context.

5　Ramin Skibba, "Why NASA Wants to Go Back to the Moon," *Wired*, August 12, 2022, https://www.wired.com/story/why-nasa-wants-to-go-back-to-the-moon/.

第一部　探險的呼喚

第一章　最深的地圖

1　The Ocean Economy in 2030 (Paris: OECD, 2016), https://doi.org/10.1787/9789264251724-en.

2　Nicole Starosielski, The Undersea Network (Durham, NC: Duke University Press, 2015).

3　Josh Young, Expedition Deep Ocean: The First Descent to the Bottom of the World's Oceans (New York: Pegasus Books, 2020), 1–13.

4　Richard Mendick, "Richard Branson Abandons Ambitious Plan to Pilot Submarine to Deepest Points of Five Oceans," National Post, December 14, 2014, https://nationalpost.com/news/richard-branson-abandons-ambitious-plan-to-pilotsubmarine-to-deepest-points-of-five-oceans.

5　John Nelson, "How Deep Is Challenger Deep?," ArcGIS StoryMaps, August 3,

2020, https://storymaps.arcgis.com/stories/0d389600f3464e3185a84c199f04e859.

6 Young, Expedition Deep Ocean, 20.

7 David Grann, The Lost City of Z: A Legendary British Explorer's Deadly Quest to Uncover the Secrets of the Amazon (London: Simon & Schuster, 2017), 58.

8 Ben Taub, "Thirty-Six Thousand Feet Under the Sea," New Yorker, May 2020, https://www.newyorker.com/magazine/2020/05/18/thirty-six-thousand-feetunder-the-sea.

9 "New Dives to Challenger Deep Raise Old Questions About Privatization and Exploration," DSM Observer, July 21, 2020, https://dsmobserver.com/2020/07/new-dives-to-challenger-deep-raise-old-questions-about-privatizationandexploration/.

10 Anne-Cathrin Wolfl et al., "Seafloor Mapping—The Challenge of a Truly Global Ocean Bathymetry," Frontiers in Marine Science 6 (June 5, 2019): 283, https://doi.org/10.3389/fmars.2019.00283.

11 Robert Kunzig, Mapping the Deep: The Extraordinary Story of Ocean Science (New York: W. W. Norton, 2000), 65.

12 Helen Scales, The Brilliant Abyss: Exploring the Majestic Hidden Life of the Deep Ocean, and the Looming Threat That Imperils It (New York: Atlantic Monthly Press, 2021), 5.

13 Kunzig, Mapping the Deep, 59–60.

14 Jacqueline Carpine-Lancre et al., History of GEBCO: 1903–2003 (Utrecht, Netherlands: GITC by Lemmer, 2003), 1.

15 David T. Sandwell et al., "New Global Marine Gravity Model from CryoSat-2 and Jason-1 Reveals Buried Tectonic Structure," Science 346, no. 6205 (October 3, 2014): 65–67, https://doi.org/10.1126/science.1258213.

16 Jon Copley, "Just How Little Do We Know About the Ocean Floor?," The Conversation, October 9, 2014, https://theconversation.com/just-how-little-do-weknow-about-the-ocean-floor-32751.

17 John Noble Wilford, The Mapmakers: The Story of the Great Pioneers in Cartography from Antiquity to the Space Age (New York: Knopf, 1981), 328.

18 Young, Expedition Deep Ocean, 98.

19 出處同前，88。

20 "*James Cameron: Diving Deep, Dredging Up Titanic,*" NPR, March 30, 2012, https://www.npr.org/2012/03/30/149635287/james-cameron-diving-deepdredging-up- titanic; "Director James Cameron Reveals He Directs Movies Just to Make Money for Deep Sea Exploration," Daily Telegraph, May 29, 2018, https://dailytelegraph.com.au/entertainment/sydney-confidential/directorjames-cameron-reveals-he-directs-movies-just-to-make-money-for-deep-seaexploration/newsstory/d5380ef4ec58883bf0ecf8cdde40da96.

21 Taub, "Thirty- Six Thousand Feet Under the Sea."
22 Young, Expedition Deep Ocean, 52–62.

第二章　尋找一艘船

1 Anne-Cathrin Wolfl et al., "*Seafloor Mapping—The Challenge of a Truly Global Ocean Bathymetry,*" *Frontiers in Marine Science* 6 (June 5, 2019): 283, https://doi.org/10.3389/fmars.2019.00283.
2 Alan J. Jamieson et al., "*Fear and Loathing of the Deep Ocean: Why Don't People Care About the Deep Sea?,*" ICES *Journal of Marine Science* 78, no. 3 (July 2021), https://doi.org/10.1093/icesjms/fsaa234.
3 The Nippon Foundation- GEBCO Seabed 2030 Project, "Deep Ambition: How to Map the World," 2020.
4 Alan J. Jamieson and Thomas Linley, hosts, "The Moon Analogy. Guest: Monty Priede," *The Deep-Sea Podcast*, episode 001, Armatus Oceanic, July 8, 2020,https://www.armatusoceanic.com/podcast/episode1.
5 K. Picard, B. Brooke, and M. F. Coffin, "Geological Insights from Malaysia Airlines Flight MH370 Search," Eos, March 6, 2017, https://eos.org/science-updates/geological-insights-from-malaysia-airlines-flight-mh370-search; Sarah Zhang,"The Search for MH370 Revealed Secrets of the Deep Ocean," *Atlantic*, March 10, 2017, https://www.theatlantic.com/science/archive/2017/03/mh370-search-ocean/518946/.
6 International Hydrographic Organization, *Measuring and Charting the Ocean: One Hundred Years of International Cooperation in Hydrography* (Hamburg,Germany: International Hydrographic Organization, March 2020), 15, https://iho.int/publications.
7 NOAA, "NOAA Research— Budget 2022," 2020, 9, https://research.noaa.gov/External-Affairs/Budget.
8 Brian Dunbar, "FY 2021 NASA Budget," NASA, June 30, 2022, https://www.nasa.gov/content/fy-2021-nasa-budget.
9 "President Trump's Bold Vision Will Help Conserve, Manage, and Explore America's Oceans," White House, January 5, 2021, https://www.whitehouse.gov/articles/president-trumps-bold-vision-will-help-conserve-manage-exploreamericas-oceans/.
10 Evan Lubofsky, "The Discovery of Hydrothermal Vents," *Oceanus*, June 11, 2018, https://www.whoi.edu/oceanus/feature/the-discovery-of-hydrothermal-vents/.
11 William J. Broad, "Titanic Wreck Was Surprise Yield of Underwater Tests," *New York Times*, September 8, 1985, https://www.nytimes.com/1985/09/08/us/titanic-wreck-was-surrise-yield-of-underwater-tests-for-military.html.
12 Eric Levenson, "Inside the Secret US Military Mission That Located the Titanic,"CNN, December 13, 2018, https://www.cnn.com/2018/12/13/us/

titanicdiscovery-classified-nuclear-sub/index.html.

13 Donald J. Trump, "Memorandum on Ocean Mapping of the United States Exclusive Economic Zone and the Shoreline and Nearshore of Alaska," White House, November 19, 2019, https://trumpwhitehouse.archives.gov/presidentialactions/memorandum-ocean-mapping-united-states-exclusive-economic-zoneshoreline-nearshore-alaska/.

14 "Read the Rainbow: Seafloor Mapping Glossary," Nautilus Live, August 10, 2018, https://nautiluslive.org/blog/2018/08/10/read-rainbow-seafloor-mappingglossary.

15 "The Mysterious 'False Bottom' of the Twilight Zone," Woods Hole Oceanographic Institution, April 26, 2022, https://twilightzone.whoi.edu/the-mysterious-falsebottom-of-the-twilight-zone/.

16 Natacha Aguilar de Soto et al., "Anthropogenic Noise Causes Body Malformations and Delays Development in Marine Larvae," *Scientific Reports* 3 (October 3, 2013): article 2831, https://doi.org/10.1038/srep02831.

17 Sophie L. Nedelec et al., "Anthropogenic Noise Playback Impairs Embryonic Development and Increases Mortality in a Marine Invertebrate," *Scientific Reports* 4 (July 31, 2014): article 5891, https://doi.org/10.1038/srep05891.

18 Ian T. Jones, Jenni A. Stanley, and T. Aran Mooney, "Impulsive Pile Driving Noise Elicits Alarm Responses in Squid (*Doryteuthis Pealeii*)," *Marine Pollution Bulletin* 150 (January 2020): article 110792, https://doi.org/10.1016/j.marpolbul.2019.110792.

19 Joy E. Stanistreet et al., "Changes in the Acoustic Activity of Beaked Whales and Sperm Whales Recorded During a Naval Training Exercise off Eastern Canada," *Scientific Reports* 12, no. 1 (February 7, 2022): article 1973, https://doi.org/10.1038/s41598-022-05930-4.

20 Anne E. Simonis et al., "Co-occurrence of Beaked Whale Strandings and Naval Sonar in the Mariana Islands, Western Pacific," *Proceedings of the Royal Society B: Biological Sciences* 287, no. 1921 (February 26, 2020): article 20200070, https://doi.org/10.1098/rspb.2020.0070.

第三章 突破人類深潛最深紀錄

1 Josh Young, *Expedition Deep Ocean: The First Descent to the Bottom of the World's Oceans* (New York: Pegasus Books, 2020), 52–64.

2 "Ocean's Deepest Point Conquered," Guinness World Records channel on YouTube, November 24, 2020, https://www.youtube.com/watch?v=ullQ9_BB8KA.

3 Ben Taub, "Thirty-Six Thousand Feet Under the Sea," *New Yorker*, May 2020, https://www.newyorker.com/magazine/2020/05/18/thirty-six-thousand-feet-under-the-sea.

4 Heather A. Stewart and Alan J. Jamieson, "The Five Deeps: The Location and

Depth of the Deepest Place in Each of the World's Oceans," *Earth-Science Reviews* 197 (October 2019): 5, https://doi.org/10.1016/j.earscirev.2019.102896.

5 Cassandra Bongiovanni, Heather A. Stewart, and Alan J. Jamieson, "High-Resolution Multibeam Sonar Bathymetry of the Deepest Place in Each Ocean,"*Geoscience Data Journal* 9, no. 1 (June 2022): 108–122, https://doi.org/10.1002/gdj3.122.

6 Young, *Expedition Deep Ocean*, 140–41.

7 Larry Mayer, "UN Decade of Ocean Science," Map the Gaps Symposium, Paris, January 11, 2021, https://mapthegapssymposium2021.sched.com/event/gUx7/mtg-symposium-un-decade-of-ocean-science?iframe=no.

8 William J. Broad, "So You Think You Dove the Deepest? James Cameron Doesn't," *New York Times*, September 16, 2019, https://www.nytimes.com/2019/09/16/science/ocean-sea-challenger-exploration-james-cameron.html.

9 Taub, "Thirty- Six Thousand Feet Under the Sea."

10 Young, *Expedition Deep Ocean*, xiv.

11 Kelsey Kennedy, "The Forgotten Documents of a 1918 Tsunami in Puerto Rico,"*Atlas Obscura*, July 5, 2017, https://www.atlasobscura.com/articles/puerto-ricoearthquake-tsunami-lost-records.

12 *Expedition Deep Ocean* (Discovery Channel, 2021), https://www.discoveryplus.com/show/expedition-deep-ocean.

13 Helen Scales, *The Brilliant Abyss: Exploring the Majestic Hidden Life of the Deep Ocean, and the Looming Threat That Imperils It* (New York: Atlantic Monthly Press, 2021), 4.

14 Robert Ballard, "The Astonishing Hidden World of the Deep Ocean," transcript, TED Talk, Monterey, California, May 2008, https://www.ted.com/talks/robert_ballard_the_astonishing_hidden_world_of_the_deep_ocean/transcript.

15 "Prince of Monaco Here on His Yacht," *New York Times*, September 11, 1913.

16 Robert Kunzig, *Mapping the Deep: The Extraordinary Story of Ocean Science* (New York: W. W. Norton, 2000), 276.

17 International Hydrographic Organization, *Measuring and Charting the Ocean: One Hundred Years of International Cooperation in Hydrography* (Hamburg, Germany: International Hydrographic Organization, March 2020), 27, https://iho.int/publications.

18 Lloyd A. Brown, *The Story of Maps* (Boston: Little, Brown, 1949), 144.

19 Jacqueline Carpine-Lancre et al., *History of GEBCO: 1903–2003* (Utrecht, Netherlands: GITC by Lemmer, 2003), 13.

20 David E. Kaplan and Alec Dubro, *Yakuza: The Explosive Account of Japan's Criminal Underworld* (San Francisco: Center for Investigative Reporting, 1986), 79.

21 Karoline Postel- Vinay with Mark Selden, "History on Trial: French Nippon Foundation Sues Scholar for Libel to Protect the Honor of Sasakawa Ryoichi,"*Asia-Pacific Journal: Japan Focus* 8, no. 17 (April 26, 2010): article 3349,

https://apjjf.org/-Mark-Selden/3349/article.html.
22 "Obituary: Ryoichi Sasakawa," *Independent*, July 19, 1995, https://www.independent.co.uk/news/people/obituary-ryoichi-sasakawa-1592324.html; *Anne-Marie Sauteraud*, case no. 09/04019, Tribunal de Grande Instance de Paris, September 22, 2010.
23 "The Godfathersan," Time, August 26, 1974, https://content.time.com/time/subscriber/article/0,33009,944948-1,00.html.
24 Kaplan and Dubro, Yakuza, 261–62.
25 Postel-Vinay with Selden, "History on Trial."
26 Lisa Torio, "Abe's Japan Is a Racist, Patriarchal Dream," Jacobin, March 28,2017, https://jacobin.com/2017/03/abe-nippon-kaigi-japan-far-right/; Sachie Mizohata, "Nippon Kaigi: Empire, Contradiction, and Japan's Future," *Asia-Pacific Journal: Japan Focus* 14, no. 21 (November 1, 2016): article 4975, https://apjjf.org/2016/21/Mizohata.html.
27 *Fondation Franco-Japonese Sasakawa vs. Karoline Postel-Vinay*, Tribunal de Grande Instance de Paris September 22, 2010.
28 參考同前。
29 Jeff Kingston, "Japanese Revisionists' Meddling Backfires," *Critical Asian Studies* 51, no. 3 (June 23, 2019): 437–50, https://doi.org/10.1080/14672715.2019.1627889.
30 "Obituary: Ryoichi Sasakawa," *Independent*, July 19, 1995, https://www.independent.co.uk/news/people/obituary-ryoichi-sasakawa-1592324.html.
31 Heather A. Stewart and Alan J. Jamieson, "The Five Deeps: The Location and Depth of the Deepest Place in Each of the World's Oceans," *Earth-Science Reviews* 197 (October 2019): article 102896, https://doi.org/10.1016/j.earscirev.2019.102896.
32 "What Are the Roaring Forties?," National Ocean Service, October 25, 2020, https://oceanservice.noaa.gov/facts/roaring-forties.html.

第二部　航向地球最後的無人之境

第四章　無法登船的女性地圖繪測家如何改變世界

1 Henry David Thoreau, *Cape Cod* (1865; repr. New York: Thomas Y. Crowell & Co., 1908), 141.
2 Susan Schulten, A History of America in 100 Maps (Chicago: University of Chicago Press, 2018), 262.
3 John Noble Wilford, The Mapmakers: The Story of the Great Pioneers in Cartography from Antiquity to the Space Age (New York: Knopf, 1981), 280.
4 Hali Felt, Soundings: The Story of the Remarkable Woman Who Mapped the Ocean Floor (New York: Henry Holt, 2012), 273.
5 Marie Tharp, "Connect the Dots: Mapping the Seafloor and Discovering the Mid-ocean Ridge," in *Lamont-Doherty Earth Observatory of Columbia: Twelve Perspec-*

tives on the First Fifty Years, 1949–1999, edited by Laurence Lippsett (Palisades, NY: Lamont- Doherty Earth Observatory, 1999), chapter 2, https://www.whoi.edu/news-insights/content/marie-tharp/.

6 Interview of Marie Tharp by Ronald Doel, Session I, September 14, 1994, Niels Bohr Library & Archives, American Institute of Physics, College Park, Maryland (hereafter AIP), https://www.aip.org/history-programs/niels-bohr-library/oralhistories/6940.

7 Tharp, "Connect the Dots."

8 Naomi Oreskes, *Science on a Mission: How Military Funding Shaped What We Do and Don't Know About the Ocean* (Chicago: University of Chicago Press, 2021), 262.

9 Interview of Tharp by Doel, Session I, September 14, 1994, AIP.

10 Tharp, "Connect the Dots."

11 Interview of W. Arnold Finck by Ronald Doel, Session I, March 11, 1996, AIP, https://www.aip.org/history-programs/niels-bohr-library/oral-histories/6948-1.

12 Interview of Alma Kesner by Ronald Doel, Session I, October 25, 1995, AIP, https://www.aip.org/history-programs/niels-bohr-library/oral-histories/6947-1.

13 Ronald E. Doel, Tanya J. Levin, and Mason K. Marker, "Extending Modern Cartography to the Ocean Depths: Military Patronage, Cold War Priorities, and the Heezen-Tharp Mapping Project, 1952–1959," Journal of Historical Geography 32, no. 3 (July 2006): 610, https://doi.org/10.1016/j.jhg.2005.10.011.

14 Robert Kunzig, Mapping the Deep: The Extraordinary Story of Ocean Science (New York: W. W. Norton, 2000), 58.

15 Bruce Heezen, Marie Tharp, and William Ewing, The Floors of the Oceans: I. The North Atlantic, Special Paper 65 (New York: Geological Society of America, 1959), https://www.gutenberg.org/files/49069/49069-h/49069-h.htm#Page_3.

16 Kunzig, Mapping the Deep, 40–41

17 Tharp, "Connect the Dots."

18 Interview of Kesner by Doel, Session I, October 25, 1995, AIP.

19 Suzanne O'Connell, "Marie Tharp Pioneered Mapping the Bottom of the Ocean 6 Decades Ago—Scientists Are Still Learning about Earth's Last Frontier," The Conversation, July 28, 2020.

20 Tharp, "Connect the Dots."

21 Henry William Menard, The Ocean of Truth: A Personal History of Global Tectonics (Princeton, NJ: Princeton University Press, 1986), 26.

22 Andrea Wulf, The Invention of Nature: Alexander von Humboldt's New World (New York: Vintage Books, 2015), 4.

23 Menard, The Ocean of Truth, 20.

24 Naomi Oreskes, Plate Tectonics: An Insider's History of the Modern Theory of the Earth (Boulder, CO: Westview Press, 2001), 7–12.

25 Menard, The Ocean of Truth, 27.
26 Kunzig, Mapping the Deep, 33.
27 Helen M. Rozwadowski, Fathoming the Ocean: The Discovery and Exploration of the Deep Sea (Cambridge, MA: Harvard University Press, 2005), 30.
28 Stephen Dowling, "The Quest That Discovered Thousands of New Species," BBC Future, February 5, 2021, https://www.bbc.com/future/article/20210204-thequest-that-discovered-thousands-of-new-species.
29 Rozwadowski, Fathoming the Ocean, 62.
30 Kunzig, Mapping the Deep, 32–38.
31 Rosalind Williams, Notes on the Underground: An Essay on Technology, Society, and the Imagination (Cambridge, MA: MIT Press, 1990), 193.
32 Menard, The Ocean of Truth, 21.
33 Interview of Alma Kesner by Ronald Doel, Session II, May 18, 1997, AIP, https://www.aip.org/history-programs/niels-bohr-library/oral-histories/6947-2.
34 Enrico Bonatti and Kathleen Crane, "Oceanography and Women: Early Challenges," Oceanography 25, no. 4 (December 2012): 33, https://doi.org/10.5670/oceanog.2012.103.
35 Interview of Kesner by Doel, Session I, October 25, 1995, AIP.
36 Menard, The Ocean of Truth, 42.
37 Bonatti and Crane, "Oceanography and Women," 37.
38 Oreskes, Science on a Mission, 244.
39 Menard, The Ocean of Truth.
40 Tharp, "Connect the Dots."
41 Menard, The Ocean of Truth, 107.
42 Interview of Marie Tharp by Ronald Doel, Session II, December 18, 1996, AIP, https://www.aip.org/history-programs/niels-bohr-library/oral-histories/22896-2.
43 Bonatti and Crane, "Oceanography and Women," 32–39.
44 Ibid., 37.
45 Interview of Marie Tharp by Tanya Levin, Session IV, June 28, 1997, AIP, https://www.aip.org/history-programs/niels-bohr-library/oral-histories/22896-4.
46 Menard, The Ocean of Truth, 61.
47 Schulten, A History of America in 100 Maps, 18.
48 Ibid., 118。
49 Marie DeNoia Aronsohn, "Lamont's Marie Tharp: She Drew the Maps That Shook the World," Columbia Climate School, July 27, 2020, https://news.climate.columbia.edu/2020/07/27/marie-tharp-maps-legacy/.
50 Interview of Kesner by Doel, Session II, May 18, 1997, AIP
51 Laurie Lawlor, Super Women: Six Scientists Who Changed the World (New York City: Holiday House Publishing, 2017).
52 Menard, The Ocean of Truth, 29.

53 Tharp, “Connect the Dots.”

54 Interview of Tharp by Levin, Session IV, June 28, 1997, AIP. https://www.aip.org/history-programs/niels-bohr-library/oral-histories/22896-4.

55 Tharp, “Connect the Dots.”

56 Menard, The Ocean of Truth, 94–95.

57 Interview of Tharp by Levin, Session IV, June 28, 1997, AIP.

58 Oreskes, Plate Tectonics, xx.

59 “Pioneers of Plate Tectonics: John Tuzo- Wilson,” Geological Society of London, https://www.geolsoc.org.uk/Plate-Tectonics/Chap1-Pioneers-of-Plate-Tectonics/John-Tuzo-Wilson.

60 Ken MacDonald, “What Is the Mid-ocean Ridge?,” National Oceanic and Atmospheric Administration, https://oceanexplorer.noaa.gov/explorations/05galapagos/background/mid_ocean_ridge/mid_ocean_ridge.html.

61 Oreskes, *Plate Tectonics*, xi–xx.

62 Interview of Tharp by Levin, Session IV, June 28, 1997, AIP.

63 Kunzig, *Mapping the Deep*, 62–63.

64 Kunzig, *Mapping the Deep,* 62–63.

65 Simon Winchester, *Land: How the Hunger for Ownership Shaped the Modern World* (New York: Harper, 2021).

66 Stephen Hall, *Mapping the Next Millennium: How Computer- Driven Cartography Is Revolutionizing the Face of Science* (New York: Random House, 1992).

67 Interview of Tharp by Doel, Session I, September 14, 1994, AIP.

68 Interview of Marie Tharp by Tanya Levin, Session III, May 24, 1997, AIP, https://www.aip.org/history-programs/niels-bohr-library/oral-histories/22896-3.

69 Interview of Tharp by Levin, Session IV, June 28, 1997, AIP.

70 Tharp, “Connect the Dots.”

71 Interview of Kesner by Doel, Session II, May 18, 1997, AIP.

72 Menard, *The Ocean of Truth*, 199.

73 Ibid.

74 Ibid., 199–200.

75 Ibid., 201.

76 Interview of Kesner by Doel, Session II, May 18, 1997, AIP.

77 Ibid.

78 Ibid.

79 Menard, *The Ocean of Truth*, 199.

80 Kunzig, *Mapping the Deep*, 56.

81 Interview of Kesner by Doel, Session II, May 18, 1997, AIP.

82 Ibid.

83 Robert Ballard, “The Astonishing Hidden World of the Deep Ocean,” transcript, TED Talk, Monterey, California, May 2008, https://www.ted.com/talks/robert_

ballard_the_astonishing_hidden_world_of_the_deep_ocean/transcript.

84 Schulten, *A History of America in 100 Maps*, 12–14

85 Interview of Tharp by Doel, Session I, September 14, 1994, AIP.

86 Valerie J. Nelson, "Marie Tharp, 86; Pioneering Maps Altered Views on Seafloor Geology," *Los Angeles Times*, September 4, 2006, https://www.latimes.com/archives/la-xpm-2006-sep-04-me-tharp4-story.html.

第五章　被遺忘的北冰洋

1 Josh Young, *Expedition Deep Ocean: The First Descent to the Bottom of the World's Oceans* (New York: Pegasus Books, 2020), 170.

2 Sarah Gibbens, "There's a New Ocean Now—Can You Name All 5?," *National Geographic*, August 6, 2021, https://www.nationalgeographic.com/environment/article/theres-a-new-ocean-now-can-you-name-all-five-southern-ocean.

3 Derek Lundy, *Godforsaken Sea: The True Story of a Race Through the World's Most Dangerous Waters* (Chapel Hill, NC: Algonquin Books of Chapel Hill, 1998),5

4 Young, *Expedition Deep Ocean*, 175

5 Cassandra Bongiovanni, Heather A. Stewart, and Alan J. Jamieson, "High-Resolution Multibeam Sonar Bathymetry of the Deepest Place in Each Ocean,"*Geoscience Data Journal* 9, no. 1 (June 2022): 108–23, https://doi.org/10.1002/gdj3.122.

6 "Licence to Krill," Greenpeace International, March 12, 2018, https://www.greenpeace.org/international/publication/15255/licence-to-krill-antarctic-krillreport.

7 Kendall R. Jones et al., "The Location and Protection Status of Earth's Diminishing Marine Wilderness," *Current Biology* 28, no. 15 (August 6, 2018): 2506　12.E3, https://doi.org/10.1016/j.cub.2018.06.010.

8 Young, *Expedition Deep Ocean*, 179–80.

9 出處同前 , 8

10 出處同前 , 8.

11 Helen Scales, *The Brilliant Abyss: Exploring the Majestic Hidden Life of the Deep Ocean, and the Looming Threat That Imperils It* (New York: Atlantic Monthly Press, 2021), 21.

12 "South Sandwich Trench," Wikipedia, November 10, 2020, https://en.wikipedia.org/w/index.php?title=South_Sandwich_Trench&oldid=988015061.

13 Young, *Expedition Deep Ocean*, 186.

14 Victor Vescovo, "Southern Ocean Expedition Blog," The Five Deeps Expedition, February 22, 2019, https://fivedeeps.com/home/expedition/southern/live/.

15 Lloyd A. Brown, *The Story of Maps* (Boston: Little, Brown, 1949), 149.

16 Brad Lendon, "Analysis: How Did a $3 Billion US Navy Submarine Hit an Undersea Mountain?," CNN, November 4, 2021, https://www.cnn.com/2021/11/04/asia/submarine-uss-connecticut-accident-undersea-

mountainhnk-intl-ml-dst/index.html.
17 Five Deeps, "Naming," The Five Deeps Expedition, https://fivedeeps.com/home/technology/names/.
18 Michael Huet, "International Naming of Undersea Features," GEBCO SubCommittee on Undersea Feature Names, n.d.
19 Simon Winchester, *Land: How the Hunger for Ownership Shaped the Modern World* (New York: Harper, 2021).

第六章　我來、我見、我征服

1 "Treaty of Waitangi," New Zealand Ministry of Justice, March 11, 2020, https://www.justice.govt.nz/about/learn-about-the-justice-system/how-the-justicesystem-works/the-basis-for-all-law/treaty-of-waitangi/.
2 Jacqueline Carpine-Lancre et al., History of GEBCO: 1903–2003 (Utrecht, Netherlands: GITC by Lemmer, 2003), 107.
3 Ibid., 109.
4 J. Brian Harley, "Maps, Knowledge, and Power," in Geographic Thought : A Praxis Perspective, edited by George L. Henderson and Marvin Waterstone (London: Routledge, 2009), 134–35.
5 Bill Hayton, The South China Sea: The Struggle for Power in Asia (New Haven, CT: Yale University Press, 2014), 92–93.
6 Carpine-Lancre et al., History of GEBCO, 109.
7 The Nippon Foundation-GEBCO Seabed 2030 Project, "Deep Ambition: How to Map the World," 2020.
8 Tegg Westbrook, "The Global Positioning System and Military Jamming: Geographies of Electronic Warfare," Journal of Strategic Security 12, no. 2 (2019):1–2.
9 Bill Hayton, "The South China Sea in 2020: Statement before the U.S.-China Economic and Security Review Commission Hearing on 'U.S.-China Relations in 2020: Enduring Problems and Emerging Challenges,' " U.S.-China Economic and Security Review Commission, September 9, 2020, 3, https://www.uscc.gov/sites/default/files/2020-09/Hayton_Testimony.pdf.
10 Ivan Watson, Brad Lendon, and Ben Westcott, "Inside the Battle for the South China Sea," CNN, August 2018, https://www.cnn.com/interactive/2018/08/asia/south-china-sea/.
11 Luc Cuyvers et al., *Deep Seabed Mining: A Rising Environmental Challenge* (Gland, Switzerland: IUCN and Gallifrey Foundation, 2018), 32.
12 Vo Kieu Bao Uyen and Shashank Bengali, "Sunken Boats. Stolen Gear. Fishermen Are Prey as China Conquers a Strategic Sea," *Los Angeles Times*, November 12, 2020, https://www.latimes.com/world-nation/story/2020-11-12/china-attacksfishing-boats-in-conquest-of-south-china-sea.

13 Hayton, *The South China Sea*, 113.

14 Max Fisher, "The South China Sea: Explaining the Dispute," *New York Times*, July 14, 2016, https://www.nytimes.com/2016/07/15/world/asia/south-china-seadispute-arbitration-explained.html.

15 Hayton, "The South China Sea in 2020," 2.

16 Zachery Haver, "China Trademarked Hundreds of South China Sea Landmarks," BenarNews, April 13, 2021, https://www.benarnews.org/english/news/philippine/sea-trademarks-04132021172405.html.

17 Yukie Yoshikawa, "The US-Japan-China Mistrust Spiral and Okinotorishima,"*Asia-Pacific Journal 5*, no. 10 (October 1, 2007): article 2541, https://apjjf.org/-Yukie-YOSHIKAWA/2541/article.html.

18 Norimitsu Onishi, "Japan and China Dispute a Pacific Islet," *New York Times*, July 10, 2005, https://www.nytimes.com/2005/07/10/world/asia/japan-and-chinadispute-a-pacific-islet.html.

19 Hayton, *The South China Sea*, 262.

20 Sung Hyo Hyun, "The Geomorphic Characteristics and Naming of Undersea Feature in the East Sea, Korea," in *The 14th International Seminar on Sea Names Geography, Sea Names, and Undersea Feature Names* (Tunis Ville, Tunisia: Society for East Sea, 2008).

21 F. Pappalardi, S. J. Dunham, and M. E. Leblang, "HMS Scott— United Kingdom Ocean Survey Ship," in *OCEANS 2000 MTS/IEEE Conference and Exhibition, Conference Proceedings*, vol. 2 (Providence, Rhode Island: IEEE, 2000), 961–67,https://doi.org/10.1109/OCEANS.2000.881724.

22 Stephen Hall, *Mapping the Next Millennium: The Discovery of New Geographies* (New York: Random House, 1992), 79–81.

23 Robert Kunzig, *Mapping the Deep: The Extraordinary Story of Ocean Science* (New York: W. W. Norton, 2000), 65.

24 John K. Hall, "Insider's View: Arctic Low- Budget Hydrography Update," *Hydro International*, May 2008, https://www.hydro-international.com/content/article/arctic-low-budget-hydrography-update.

25 "Safety & Shipping Review 2021," Allianz Global Corporate & Specialty, August 2021, 9, https://www.agcs.allianz.com/news-and-insights/reports/shippingsafety/shipping-report.html.

第三部　無人機與深海繪測

第七章　只要你懂海，海就會幫你

1 Heather A. Stewart and Alan J. Jamieson, "The Five Deeps: The Location and Depth of the Deepest Place in Each of the World's Oceans," *Earth-Science Reviews 197* (October 2019): article 102896, https://doi.org/10.1016/j.earscirev.2019.102896.

2 "Facts and Figures," Port of Rotterdam, https://www.portofrotterdam.com/en/experience-online/facts-and-figures.

3 "Innovative Hydrography," Port of Rotterdam, https://www.hydro-international.com/content/article/port-of-rotterdam-innovative-hydrography.

4 "About Our Hydrographic Service," Port of London Authority, https://www.pla.co.uk/Safety/About-Our-Hydrographic-Service.

5 Fisheries and Oceans Canada, "Arctic Charting," October 3, 2022, Government of Canada, https://charts.gc.ca/arctic-arctique/index- eng.html.

6 R. Glenn Wright and Michael Baldauf, "Arctic Environment Preservation Through Grounding Avoidance," in *Sustainable Shipping in a Changing Arctic*, edited by Lawrence P. Hildebrand, Lawson W. Brigham, and Tafsir M. Johansson, vol. 7, *WMU Studies in Maritime Affairs* (Cham, Switzerland: Springer International Publishing, 2018), 77, https://doi.org/10.1007/978-3 -319-78425-0_5.

7 Heidi Sevestre, "Life in One of the Fastest-Warming Places on Earth," Arctic Council, May 10, 2010, https://arctic-council.org/news/life-in-one-of-the -fastestwarming-places-on-earth/.

8 Lara Johannsdottir, David Cook, and Gisele M. Arruda, "Systemic Risk of Cruise Ship Incidents from an Arctic and Insurance Perspective," *Elementa: Science of the Anthropocene* 9, no. 1 (2021): article 00009, https://doi.org/10.1525/elementa.2020.00009.

9 Jackie Dawson et al., "Temporal and Spatial Patterns of Ship Traffic in the Canadian Arctic from 1990 to 2015," Arctic 71, no. 1 (2018): 15–26.

10 Wright and Baldauf, "Arctic Environment Preservation Through Grounding Avoidance."

11 Ibid., 90.

12 Grant Sims, "A Clot in the Heart of the Earth," *Outside*, June 1989, https://www.outsideonline.com/adventure-travel/clot-heart-earth/.

13 Karen Nasmith and Michael Sullivan, "Climate Change Adaptation Action Plan for Hamlet of Arviat" (Ottawa, Ontario: Canadian Institute of Planners, July 2010), 10, https://www.climatechangenunavut.ca/sites/default/files/arviat_community_adap_plan_eng.pdf.

14 Joshua Rapp Learn, "Arctic Search-and-Rescue Missions Double as Climate Warms," *National Geographic*, September 19, 2016, https://www.nationalgeographic.com/adventure/article/arctic-search-and-rescue-missions-double.

15 "Focus on Geography Series, 2016 Census: Arviat, Hamlet (CSD)—Nunavut," Statistics Canada, https://www12.statcan.gc.ca/census-recensement/2016/as-sa/fogs-spg/Facts-csd-eng.cfm?LANG=Eng&GK=CSD&GC=6205015&TOPIC=4.

16 "RCMP Charge 30-Year-Old After Fatal Hit and Run," *Nunatsiaq News*, September 27, 2021, https://nunatsiaq.com/stories/article/man-chargedfollowing-fatal-rankin-inlet-hit-and-run/.

17 Cheryl Katz, "With Old Traditions and New Tech, Young Inuit Chart Their Changing Landscape," *Hakai* magazine, August 30, 2022, https://hakaimagazine.com/features/with-old-traditions-and-new-tech-young-inuit-chart-their-changinglandscape/.

18 Nickita Longman, "Hunger in the North," *University of Toronto* Magazine, September 23, 2021, https://magazine.utoronto.ca/research- ideas/health/hunger-in-the-north-arviat-nunavut-food-insecurity/.

19 Emma Tranter, "Nunavut Children Experience the Highest Poverty Rate inCanada: Report," *Nunatsiaq News*, January 30, 2020, https://nunatsiaq.com/stories/article/nunavut-children-experience-the-highest-poverty-rate-in-canada-report/.

20 Jane George, "Tiny Homes Could Cure Western Nunavut Town's Growing Pains," *Nunatsiaq News*, September 20, 2016, https://nunatsiaq.com/stories/article/65674tiny_homes_could_cure_western_nunavut_towns_growing_pains/.

21 Kitra Cahana and Ed Ou, "How Teen Dance Competitions Are Helping Nunavut Youth Fight Suicide," CBC News, https://www.cbc.ca/news2/interactives/arviatdocumentary/http://www.cbcnews.ca/teendance; "How a Dance Competition Helps Keep Suicide at Bay | Dancing Towards the Light," CBC News channel on YouTube, May 16, 2017, https://www.youtube.com/watch?v=BZUwB-aNYp8.

22 Helen Epstein, "The Highest Suicide Rate in the World," *New York Review of Books*, https://www.nybooks.com/articles/2019/10/10/inuit-highest-suicide-rate/.

23 Peter Varga, "Arviat Fishermen Found Dead After Apparent Boating Accident," *Nunatsiaq News*, August 12, 2014, https://nunatsiaq.com/stories/article/65674arviat_fishermen_found_dead_after_apparent_boating_accident/

24 Learn, "Arctic Search- and- Rescue Missions Double as Climate Warms."

25 Katz, "With Old Traditions and New Tech, Young Inuit Chart Their Changing Landscape."

26 Jake Eggleston and Jason Pope, "Land Subsidence and Relative Sea- Level Rise in the Southern Chesapeake Bay Region," Circular, Circular (U.S. Geological Survey Circular 1392, 2013), 2, https://dx.doi.org/10.3133/cir1392.

27 Pia Blake, "Mapping Future Canadian Arctic Coastlines," BA thesis, Lund University, Lund, Sweden, 2021, https://lup.lub.lu.se/student-papers/record/9056990.

28 Jill Barber, "Carving Out a Future: Contemporary Inuit Sculpture of Third Generation Artists from Arviat, Cape Dorset and Clyde River," MA dissertation, Carleton University, Ottawa, Ontario, 1999, 28–30.

29 Frédéric Laugrand, Jarich Oosten, and David Serkoak, " 'The Saddest Time of My Life': Relocating the Ahiarmiut from Ennadai Lake (1950–1958)," Polar Record 46, no. 2 (April 2010): 113–35, https://doi.org/10.1017/S0032247409008390.

30 "Statement of Apology for the Relocation of the Ahiarmiut," Government of Canada, January 22, 2019, https://www.rcaanc-cirnac.gc.ca/eng/1548170252259/1548170273272.

31 Walter Strong and Jordan Konek, "Inuk Elder Recalls the Day Her Family Was Forced to Relocate, Nearly 70 Years Ago," CBC, February 2, 2019, https://www.cbc.ca/news/canada/north/ahiarmiut-inuk-elder-forced-relocation-1.5003380.

32 " 'Dark Chapter in Our History': Federal Gov't Apologizes to Ahiarmiut for Forced Relocations," CBC, January 22, 2019, https://www.cbc.ca/news/canada/north/ahiarmiut-apology-federal-government-1.4986934.

33 Community Climate Change Manual (Nunavut: Arviat Aqqiumavvik Society, n.d.),10.

34 Sarah Rogers, "Nunavut Man Dies in Kivalliq Polar Bear Attack," Nunatsiaq News, July 4, 2018, https://nunatsiaq.com/stories/article/65674nunavut_man_dies_in_polar_bear_attack/.

35 Rebecca Clare Harckham, "Defining and Servicing Mental Health in a Remote Northern Community," MSW dissertation, University of British Columbia, 2003, 51, https://doi.org/10.14288/1.0091109.36 Katz, "With Old Traditions and New Tech, Young Inuit Chart Their Changing Landscape."

37 Julien Desrochers, "Aqqiumavvik Society HydroBlock Training," M2Ocean, August 2021, 19–21.

38 Community Climate Change Manual, 6.

39 Johannsdottir, Cook, and Arruda, "Systemic Risk of Cruise Ship Incidents from an Arctic and Insurance Perspective."

40 "Clipper Adventurer Cruise Ship Runs Aground in the Arctic," Cruise Law News, August 29, 2010, https://www.cruiselawnews.com/2010/08/articles/sinking/clipper-adventurer-cruise-ship-runs-aground-in-the-arctic/.

41 Wright and Baldauf, "Arctic Environment Preservation Through Grounding Avoidance," 77–78.

42 "Safety & Shipping Review 2021," Allianz Global Corporate & Specialty, August 2021, 9, https://www.agcs.allianz.com/news-and-insights/reports/shippingsafety/shipping-report.html.

43 Susan Nerberg, "I Returned to the Land of My Sámi Ancestors to Reclaim My Identity," Broadview, August 18, 2022, https://broadview.org/sami-colonization/.

44 John Noble Wilford, The Mapmakers: The Story of the Great Pioneers in Cartography from Antiquity to the Space Age (New York: Knopf, 1981), 167.

45 Kenn Harper, "The 'Boozy' Map of Nunavut," Nunatsiaq News, November 27, 2020, sec. Taissumani, https://nunatsiaq.com/stories/article/the-boozy-map-ofnunavut/.

46 "Pan Inuit Trails," Social Sciences and Humanities Research Council, http://www.paninuittrails.org/index.html?module=module.about.

47 Philip Steinberg, Jeremy Tasch, and Hannes Gerhardt, Contesting the Arctic:

Politics and Imaginaries in the Circumpolar North (London: I. B. Tauris, 2015), 40.
48 Richard Kemeny, "Fight for the Arctic Ocean Is a Boon for Science," Scientific American, July 18, 2019.
49 Max Fisher, "Canada Just Enlisted Santa Claus in Its Effort to Control the Arctic," Washington Post, December 26, 2013, https://www.washingtonpost.com/news/worldviews/wp/2013/12/26/canada-just-enlisted-santa-claus-in-its-effort-tocontrol-the-arctic/.
50 Jane George, "Norway Wants Amundsen's Maud Back from Nunavut," Nunatsiaq News, May 16, 2011, https://nunatsiaq.com/stories/article/16557_norway_wants_amundsens_maud_back_from_nunavut/; Peter B. Campbell, "Opinion: Could Shipwrecks Lead the World to War?," New York Times, December 19, 2015, https://www.nytimes.com/2015/12/19/opinion/could-shipwrecks-lead-theworld-to-war.html.
51 Kemeny, "Fight for the Arctic Ocean Is a Boon for Science."
52 Government of Canada, "2016 Census—Census Subdivision of Arviat, HAM (Nunavut), https://www12.statcan.gc.ca/census-recensement/2016/as-sa/fogsspg/Facts-csd-eng.cfm?LANG=Eng&GK=CSD&GC=6205015&TOPIC=4."
53 "New Global Survey Calls for Greater Coordination of Seabed Mapping Activities," Nippon Foundation-GEBCO Seabed 2030 Project, https://seabed2030.org/news/new-global-survey-calls-greater-coordination-seabed-mapping-activities.
54 Katrin Bennhold and Jim Tankersley, "Ukraine War's Latest Victim? The Fight Against Climate Change," New York Times, June 26, 2022, https://www.nytimes.com/2022/06/26/world/europe/g7-summit-ukraine-war-climate-change.html.

第八章　當 AI 潛入海底

1 "San Francisco to Hawaii Multibeam Mapping," Saildrone, https://www.Saildrone.com/missions/2021-surveyor-hawaii-mapping.
2 Brian Connon, "Who Is Going to Map the High Seas?," Hydro International, August 17, 2021, https://www.hydro-international.com/content/article/who-isgoing-to-map-the-high-seas.
3 Scott Sistek, "Saildrone's Journey into Category 4 Hurricane Uncovers Clue into Rapidly Intensifying Storms," Fox News Network (Fox Weather, December 16, 2021), https://www.foxweather.com/weather-news/saildrones.-journey-intocategory-4-hurricane-uncovers-clue-into-rapidly-intensifying -storms.
4 Dongxiao Zhang et al., "Comparing Air- Sea Flux Measurements from a New Unmanned Surface Vehicle and Proven Platforms During the SPURS-2 Field Campaign," *Oceanography* 32, no. 2 (June 2019): 122–33, https://doi.org/10.5670/oceanog.2019.220.

5 Susan Ryan, "Saildrone Closes $100 Million Series C Funding Round to Advance Ocean Intelligence Products," Saildrone, October 18, 2021, https:/ www.saildrone.com/press-release/saildrone-announces-series-c-funding.
6 "USVs Complete Milestone Alaska Fisheries Survey," Saildrone, December 10, 2020, https://www.saildrone.com/news/usv-complete-milestone-alaska-pollocksurvey.
7 Denis Wood with John Fels, *The Power of Maps* (New York: Guilford Press,1992), 7.
8 John Noble Wilford, *The Mapmakers: The Story of the Great Pioneers in Cartography from Antiquity to the Space Age* (New York: Knopf, 1981), 259.
9 Lloyd A. Brown, *The Story of Maps* (Boston: Little, Brown, 1949), 255.
10 Stephen Hall, *Mapping the Next Millennium: How Computer- Driven Cartography Is Revolutionizing the Face of Science* (New York: Random House, 1992), 384.
11 David Grann, *The Lost City of Z: A Legendary British Explorer's Deadly Quest to Uncover the Secrets of the Amazon* (London: Simon & Schuster, 2017), 51–52.
12 Wilford, *The Mapmakers*, 266.
13 Brown, *The Story of Maps*, 280.
14 Larry Mayer et al., "The Nippon Foundation- GEBCO Seabed 2030 Project: The Quest to See the World's Oceans Completely Mapped by 2030," *Geosciences* 8, no. 2 (February 8, 2018): 63, https://doi.org/10.3390/geosciences8020063.
15 Brown, *The Story of Maps*, 300.
16 Wilford, *The Mapmakers*, 259.
17 Alastair Pearson et al., "Cartographic Ideals and Geopolitical Realities: International Maps of the World from the 1890s to the Present," *Canadian Geographer/ Geographe Canadien* 50, no. 2 (June 2006): 149–76, https://doi.org/10.1111/j.0008-3658.2006.00133.x.
18 Jacqueline Carpine-Lancre et al., *History of GEBCO: 1903–2003* (Utrecht, Netherlands: GITC by Lemmer, 2003), 12.
19 Brown, *The Story of Maps*, 302.
20 Wilford, *The Mapmakers*, 236.
21 Ibid., 250.
22 Brown, *The Story of Maps*, 304.
23 Miles Harvey, *The Island of Lost Maps: A True Story of Cartographic Crime* (New York: Random House, 2000), 155.
24 Wilford, *The Mapmakers*, 251.

第四部　深藍之下即將翻轉的未來

第九章　水下考古連結的未來

1 Mackenzie E. Gerringer et al., "*Pseudoliparis swirei* sp. Nov.: A Newly-Discovered Hadal Snailfish (Scorpaeniformes: Liparidae) from the Mariana Trench, Zootaxa 4358, no. 1 (November 2017): 161–77, https://doi.org/10.11646/

zootaxa.4358.1.7.

2 "Octopus Wonderland: Return to the Davidson Seamount," Nautilus Live, October27, 2020, https://nautiluslive.org/video/2020/10/27/octopus-wonderland-returndavidson-seamount.

3 Sarah Durn, "The Northernmost Island in the World Was Just Discovered by Accident," *Atlas Obscura*, September 8, 2021, https://www.atlasobscura.com/articles/found-the-worlds-northernmost-island.

4 Henry Fountain, "At the Bottom of an Icy Sea, One of History's Great Wrecks Is Found," *New York Times*, March 9, 2022, updated July 13, 2022, https://www.nytimes.com/2022/03/09/climate/endurance-wreck-found-shackleton.html.

5 Neil Vigdor, "Sprawling Coral Reef Resembling Roses Is Discovered off Tahiti,"*New York Times*, January 20, 2022, https://www.nytimes.com/2022/01/20/science/tahiti-coral-reef.html.

6 "Wrecks," UNESCO, https://web.archive.org/web/20220308003718/http://www. unesco.org/new/en/culture/themes/underwater-cultural-heritage/underwatercultural-heritage/wrecks/.

7 Jay Bennett, "Less Than 1 Percent of Shipwrecks Have Been Explored," *Popular Mechanics*, January 18, 2016, https://www.popularmechanics.com/science/a19000/less-than-one-percent-worlds-shipwrecks-explored/.

8 Shawn Joy, "The Trouble with the Curve: Reevaluating the Gulf of Mexico Sea-Level Curve," Quaternary International 523, no. 2 (July 2019), https://www.researchgate.net/publication/334566518_The_trouble_with_the_curve_Reevaluating_the_Gulf_of_Mexico_sea-level_curve.

9 Ole Gron et al., "Acoustic Mapping of Submerged Stone Age Sites— A HALD Approach," *Remote Sensing* 13, no. 3 (January 2021): 445, https://doi.org/10.3390/rs13030445.

10 Megan Gannon, "7,000-Year- Old Native American Burial Site Found Underwater," *National Geographic*, February 28, 2018, https://www.nationalgeographic.com/adventure/article/florida-native-american-indian-burial-underwater.

11 Ibid.

12 Joy, "The Trouble with the Curve," 19.

13 A. Hooijer and R. Vernimmen, "Global LiDAR Land Elevation Data Reveal Greatest Sea-Level Rise Vulnerability in the Tropics," *Nature Communications* 12 (June 29, 2021): article 3592, https://doi.org/10.1038/s41467-021 -23810-9.

14 "San Marcos de Apalache Historic State Park," Florida State Parks, https://stateparks.com/san_marcos_de_apalache_historic_state_park_in_florida.html.

15 Ole Gron et al., "Detecting Human- Knapped Flint with Marine High-Resolution Reflection Seismics: A Preliminary Study of New Possibilities for Subsea Mapping of Submerged Stone Age Sites," *Underwater Technology* 35, no. 2 (July 2018):35–49, https://doi.org/10.3723/ut.35.035.

16 Gron et al., "Acoustic Mapping of Submerged Stone Age Sites," 12.

17 Ibid., 10.

18 Jennifer Raff, *Origin: A Genetic History of the Americas* (New York: Twelve, 2022), 73.

19 Jennifer Raff, *Origin: A Genetic History of the Americas* (New York: Twelve, 2022), 73.

20 Stefan Lovgren, "Clovis People Not First Americans, Study Shows," *National Geographic*, February 23, 2007, https://www.nationalgeographic.com/science/article/native-people-americans-clovis-news.

21 Stuart J. Fiedel, "Initial Human Colonization of the Americas: An Overview of the Issues and the Evidence," *Radiocarbon* 44, no. 2 (2002): 407–36, https://doi.org/10.1017/S0033822200031817.

22 Raff, *Origin*, 23.

23 Jessi J. Halligan et al., "Pre- Clovis Occupation 14,550 Years Ago at the Page Ladson Site, Florida, and the Peopling of the Americas," *Science Advances* 2, no.5 (May 13, 2016), https://doi.org/10.1126/sciadv.1600375.

24 "Monte Verde Archaeological Site," UNESCO World Heritage Centre, https://whc.unesco.org/en/tentativelists/1873/

25 Ibid.

26 Raff, Origin, 78–79.

27 Halligan et al., "Pre- Clovis Occupation 14,550 Years Ago at the Page-Ladson Site, Florida, and the Peopling of the Americas."

28 Fiedel, "Initial Human Colonization of the Americas."

29 Jennifer Raff, "Rejecting the Solutrean Hypothesis: The First Peoples in the Americas Were Not from Europe," *Guardian*, February 21, 2018, http://www.theguardian.com/science/2018/feb/21/rejecting-the-solutrean-hypothesis-thefirst-peoples-in-the-americas-were-not-from-europe.

30 Rob Diaz de Villegas, "Shells, Buried History, and the Apalachee Coastal Connection," *The WFSU Ecology Blog* (blog), May 29, 2012, https://blog.wfsu.org/blog-coastal-health/2012/05/shells-buried-history-and-the-apalachee-coastal-connection/.

31 "The Apalachees of Northwest Florida," Exploring Florida, http://fcit.usf.edu/Florida/lessons/apalach/apalach1.htm.

32 Barbara A. Purdy, *Florida's Prehistoric Stone Technology* (Gainsville: University Presses of Florida, 1981), xi.

33 Susan Schulten, *A History of America in 100 Maps* (Chicago: University of Chicago Press, 2018), 76–77.

34 George M. Cole and John E. Ladson, *The Wacissa Slave Canal* (Monticello, FL: Aucilla Research Institute, 2018), 23–24.

35 John Worth, "Rediscovering Pensacola's Lost Spanish Missions," paper presented at 65th Annual Meeting of the Southeastern Archaeological Conference, Charlotte, NC, November 15, 2008, https://www.academia.

edu/2096954/Rediscovering_Pensacola_s_Lost_Spanish_Missions.

36 Dana Bowker Lee, "The Talimali Band of Apalachee," University of Louisiana Regional Folklife Program, accessed June 14, 2021, https://web.archive.org/web/20220407021802/https://www.nsula.edu/regionalfolklife/apalachee/Epilogue.html.

37 Purdy, *Florida's Prehistoric Stone Technology*, 1.

38 Raff, *Origin*, 16.

39 Joy, "The Trouble with the Curve."

40 "Operation Timucua: FWC Shuts Down Crime Ring Selling Priceless Florida Artifacts," *Woods'n Water*, February 28, 2013, https://wnwpressrelease.wordpress.com/2013/02/28/operation-timucua-fwc-shuts-down-crime-ringselling-priceless-florida-artifacts/.

41 Ben Montgomery, "North Florida Arrowhead Sting: What's the Point?," *Tampa Bay Times*, January 3, 2014, https://www.tampabay.com/features/humaninterest/north-florida-arrowhead-sting-whats-the-point/2159379/.

42 Daniel Ruth, "Ruth: Ridiculous 'Raiders of the Lost Artifacts,' " *Tampa Bay Times*, January 9, 2014, https://www.tampabay.com/opinion/columns/ruth-ridiculousraiders-of-the-lost-artifacts/2160352/.

43 Rob Diaz de Villegas, "Amateur Archeologist vs. Looter: A Matter of Context?,"*The WFSU Ecology Blog* (blog), November 6, 2015, https://blog.wfsu.org/blogcoastal-health/2015/11/amateur-archeologist-vs-looter-a-matter-of -context/.

44 Susan Ryan, "Saildrone's New Ocean Mapping HQ to Support Critical Florida Coastline Initiatives," Saildrone, March 2, 2022, https://www.saildrone.com/press-release/florida-ocean-mapping-hq-supports-critical-coastline-initiatives.

45 Robert Hanley, "Diving to Prove Indians Lived on Continental Shelf," *New York Times*, July 29, 2003, https://www.nytimes.com/2003/07/29/nyregion/diving-toprove-indians-lived-on-continental-shelf.html.

46 *Archaeological Damage from Offshore Dredging: Recommendations for Preoperational Surveys and Mitigation During Dredging to Avoid Adverse Impacts* (Herndon, VA: U.S. Department of Interior, February 2004), 19.

47 "Hurricanes," Florida Climate Center, https://climatecenter.fsu.edu/topics/hurricanes.

第十章　海底礦場可行嗎？

1 Kyle Frishkorn, "Why the First Complete Map of the Ocean Floor Is Stirring Controversial Waters," *Smithsonian Magazine*, July 13, 2017, https://www.smithsonianmag.com/science-nature/first-complete-map-ocean-floor-stirringcontroversial-waters-180963993/.

2 Stephen Hall, *Mapping the Next Millennium: How Computer-Driven Cartography Is Revolutionizing the Face of Science* (New York: Random House, 1992), 386.

3 Kendall R. Jones et al., "The Location and Protection Status of Earth's Diminishing Marine Wilderness," *Current Biology* 28, no. 15 (August 6, 2018): 2506 12.E3, https://doi.org/10.1016/j.cub.2018.06.010.
4 Holly J. Niner et al., "Deep- Sea Mining with No Net Loss of Biodiversity—An Impossible Aim," *Frontiers in Marine Science* 5 (March 2018), https://www.frontiersin.org/articles/10.3389/fmars.2018.00053.
5 Daniel O. B. Jones et al., "Biological Responses to Disturbance from Simulated Deep- Sea Polymetallic Nodule Mining," PLOS ONE 12, no. 2 (February 8, 2017): e0171750,https://doi.org/10.1371/journal.pone.0171750.
6 David Shukman, "Accident Leaves Deep Sea Mining Machine Stranded," *BBC News*, April 28, 2021, sec. Science & Environment, https://www.bbc.com/news/science-environment-56921773.
7 Helen Scales, *The Brilliant Abyss: Exploring the Majestic Hidden Life of the Deep Ocean, and the Looming Threat That Imperils It* (New York: Atlantic Monthly Press, 2021), 192.
8 Luc Cuyvers et al., *Deep Seabed Mining: A Rising Environmental Challenge* (Gland, Switzerland: IUCN and Gallifrey Foundation, 2018), 7.
9 John Childs, "Extraction in Four Dimensions: Time, Space and the Emerging GeoPolitics of Deep-Sea Mining," *Geopolitics* 25, no. 1 (January 2020): 189–213, https://doi.org/10.1080/14650045.2018.1465041.
10 Pradeep A. Singh, "The Two- Year Deadline to Complete the International Seabed Authority's Mining Code: Key Outstanding Matters That Still Need to Be Resolved," *Marine Policy* 134 (December 2021): article 104804, https://doi.org/10.1016/j.marpol.2021.104804.
11 Jenessa Duncombe, "The 2-Year Countdown to Deep-Sea Mining," *Eos*, January 24, 2022, https://eos.org/features/the-2-year-countdown-to-deep-sea-mining.
12 Jones et al., "The Location and Protection Status of Earth's Diminishing Marine Wilderness."
13 Nathalie Seddon et al., "Understanding the Value and Limits of Nature-Based Solutions to Climate Change and Other Global Challenges," *Philosophical Transactions of the Royal Society B: Biological Sciences* 375, no. 1794 (March 16, 2020): 20190120, https://doi.org/10.1098/rstb.2019.0120.
14 Museum exhibit, International Seabed Authority.
15 Monica Allen, "An Intellectual History of the Common Heritage of Mankind as Applied to the Oceans," thesis, University of Rhode Island, 1992, 108–9, https://digitalcommons.uri.edu/ma_etds/283.
16 Cuyvers et al., *Deep Seabed Mining*, 9.
17 Alan J. Jamieson and Thomas Linley, hosts, "Deep-Sea Mining Special," *The Deep-Sea Podcast*, episode 006, Armatus Oceanic, December 10, 2020, https://www.armatusoceanic.com/podcast/006-deep-sea-mining-special.
18 Jeffrey C. Drazen et al., "Midwater Ecosystems Must Be Considered When

Evaluating Environmental Risks of Deep- Sea Mining," *Proceedings of the National Academy of Sciences* 117, no. 30 (July 28, 2020): 17455–60, https://doi.org/10.1073/pnas.2011914117.

19 Arlo Hemphill, "Greenpeace Intervention at the 26th Session of the International Seabed Authority," 26th Session of the International Seabed Authority, Kingston, Jamaica, December 7, 2021.

20 "Why the Rush? Seabed Mining in the Pacific Ocean," MiningWatch Canada, July 26, 2019, https://miningwatch.ca/publications/2019/7/17/why-rush -seabedmining-pacific-ocean.

21 Cuyvers et al., Deep Seabed Mining, 35.

22 Ibid.

23 Elizabeth Kolbert, "Mining the Bottom of the Sea," *New Yorker*, December 26, 2021, https://www.newyorker.com/magazine/2022/01/03/mining-the-bottom-ofthe-sea.

24 Ian Urbina, *The Outlaw Ocean: Journeys Across the Last Untamed Frontier* (New York: Alfred A. Knopf, 2019), xi.25 Karen McVeigh, "Disappearances, Danger and Death: What Is Happening to Fishery Observers?," *Guardian*, May 22, 2020, https://www.theguardian.com/environment/2020/may/22/disappearances-danger-and-death-what-ishappening-to-fishery-observers.

26 Arlo Hemphill, "Greenpeace Intervention at the 26th Session of the International Seabed Authority," Greenpeace, December 7, 2021.

27 Jean Buttigieg, "Arvid Pardo: A Diplomat with a Mission," 2016, 13–28, https://www.um.edu.mt/library/oar/handle/123456789/14918.

28 Arvid Pardo, "Note Verbale: Request for the Inclusion of a Supplementary Item in the Agenda of the Twenty- Second Session," UN General Assembly, 22nd Session, New York, August 17, 1967, 7.

29 "William Wertenbaker, "Mining the Wealth of the Ocean Deep," *New York Times*, July 17, 1977, https://www.nytimes.com/1977/07/17/archives/mining-thewealth-of-the-ocean-deep-multinational-companies-are.html.

30 Allen, "An Intellectual History of the Common Heritage of Mankind as Applied to the Oceans," 24.

31 Pardo, "Note Verbale."

32 Elaine Woo, "Arvid Pardo; Former U.N. Diplomat from Malta," *Los Angeles Times*, July 18, 1999, https://www.latimes.com/archives/la-xpm-1999-jul-18-me-57228-story.html.

33 Cuyvers et al., *Deep Seabed Mining*, 30–32.

34 Scales, *The Brilliant Abyss*, 181–82.

35 Marta Conde et al., "Mining Questions of 'What' and 'Who': Deepening Discussions of the Seabed for Future Policy and Governance," *Maritime Studies* 21 (September 2022): 327–38, https://doi.org/10.1007/s40152-022-00273-2.

36 Robert Kunzig, *Mapping the Deep: The Extraordinary Story of Ocean Science* (New York: W. W. Norton, 2000), 87.

37 Helen M. Rozwadowski, *Fathoming the Ocean: The Discovery and Exploration of the Deep Sea* (Cambridge, MA: Harvard University Press, 2005), 136–38.

38 Alan J. Jamieson and Paul H. Yancey, "On the Validity of the Trieste Flatfish: Dispelling the Myth," *Biological Bulletin* 222, no. 3 (June 2012): 171–75, https://doi.org/10.1086/BBLv222n3p171.

39 James Nestor, *Deep: Freediving, Renegade Science, and What the Ocean Tells Us About Ourselves* (New York: First Mariner Books, 2014), 208–9.

40 Morgan E. Visalli et al., "Data- Driven Approach for Highlighting Priority Areas for Protection in Marine Areas Beyond National Jurisdiction," *Marine Policy* 122 (December 2020): article 103927, https://doi.org/10.1016/j.marpol.2020.103927.

41 Scales, *The Brilliant Abyss*, 190–93.

42 Museum exhibit, International Seabed Authority.

43 Woo, "Arvid Pardo."

44 Allen, "An Intellectual History of the Common Heritage of Mankind as Applied to the Oceans," 96–101.

45 Aletta Mondre, "Down Under the Sea" (International Studies Association, 2017), http://web.isanet.org/Web/Conferences/HKU2017-s/Archive/212b0e54-c916-42c7-866b-4894c4da6d84.pdf.

46 J. Brian Harley, *The New Nature of Maps: Essays in the History of Cartography* (Baltimore, MD: John Hopkins University Press, 2001).

47 Greg Stone, host, "Gerard Barron—CEO of DeepGreen: The Future of Energy Lies 4 Km Deep," *The Sea Has Many Voices* (podcast), episode 8, https://theseahasmanyvoices.com/project/gerard-barron-ceo-businesses/; Aryn Baker,"Seabed Mining May Solve Our Energy Crisis. But At What Cost?," Time, September 7, 2021, https://time.com/6094560/deep-sea-mining-environmentalcosts-benefits/.

48 Baker, "Seabed Mining May Solve Our Energy Crisis."

49 Susan Schulten, *A History of America in 100 Maps* (Chicago: University of Chicago Press, 2018), 10.

50 Harley, *The New Nature of Maps: Essays in the History of Cartography*.

51 Scales, *The Brilliant Abyss*, 190.

52 Andrew Friedman, "After Chaotic Year, Seabed Mining Oversight Body Must Strengthen Policies," Pew, February 12, 2021, https://pew.org/2NgKVwl.

53 Richard Fisher, "The Unseen Man- Made 'Tracks' on the Deep Ocean Floor," BBC Future, December 3, 2020, https://www.bbc.com/future/article/20201202-deepsea-mining-tracks-on-the-ocean-floor.

54 Drazen et al., "Midwater Ecosystems Must Be Considered When Evaluating

Environmental Risks of Deep- Sea Mining."

55 Cuyvers et al., *Deep Seabed Mining*, 63–64.

56 Ibid.

57 David Shukman, "Accident Leaves Deep Sea Mining Machine Stranded,"BBC News, April 28, 2021, https://www.bbc.com/news/scienceenvironment-56921773.

58 Scales, *The Brilliant Abyss*, 192–98.

59 Cuyvers et al., Deep Seabed Mining, 64; Amy Maxmen, "Discovery of Vibrant Deep- Sea Life Prompts New Worries over Seabed Mining," *Nature* 561, no. 7724 (September 27, 2018): 443–44, https://doi.org/10.1038/d41586-018-06771-w.

60 Drazen et al., "Midwater Ecosystems Must Be Considered When Evaluating Environmental Risks of Deep- Sea Mining."

61 Scales, *The Brilliant Abyss*, 199.

62 PBS, "Lessons from the Dust Bowl w/ Ken Burns (Live YouTube Event)," YouTube, November 15, 2012, https://www.youtube.com/watch?v=g9GkNQa5of8.

63 Ibid.

64 Jeffrey C. Drazen et al., "Midwater Ecosystems Must Be Considered When Evaluating Environmental Risks of Deep- Sea Mining," *Proceedings of the National Academy of Sciences* 117, no. 30 (July 28, 2020): 17458, https://doi.org/10.1073/pnas.2011914117.

65 Drazen et al., "Midwater Ecosystems Must Be Considered When Evaluating Environmental Risks of Deep- Sea Mining"; Diva J. Amon et al., "Assessment of Scientific Gaps Related to the Effective Environmental Management of Deep-Seabed Mining," *Marine Policy* 138 (April 2022): article 105006, https://doi.org/10.1016/j.marpol.2022.105006.

66 Johnna Crider, "DeepGreen CEO Gerard Barron Opens Up About DeepGreen's Open Letter to BMW & Other Brands," CleanTechnica, April 14, 2021, https://cleantechnica.com/2021/04/14/deepgreen-ceo-gerard-barron-opens-up-aboutdeepgreens-open-letter-to-bmw-other-brands/.

67 K. A. Miller et al., "Challenging the Need for Deep Seabed Mining from the Perspective of Metal Demand, Biodiversity, Ecosystems Services, and Benefit Sharing," *Frontiers in Marine Science* 0 (2021), https://doi.org/10.3389/fmars.2021.706161.

68 Beth N. Orcutt et al., "Impacts of Deep- Sea Mining on Microbial Ecosystem Services," *Limnology and Oceanography* 65, no. 7 (July 2020): 1489–1510, https://doi.org/10.1002/lno.11403.

69 Annie Leonard, Sian Owen, and Patrick Alley, "De- SPAC Merger of Sustainable Opportunities Acquisition Corp. (Ticker: SOAC; CIK: 0001798562) and DeepGreen Metals, Inc.," July 6, 2021, 5, https://savethehighseas.

org/2021/07/06/letter-to-sec-states-deep-sea-mining-company-has-misledinvestors-ahead-of-going-public/.

70 Diva J. Amon et al., "Assessment of Scientific Gaps Related to the Effective Environmental Management of Deep-Seabed Mining," *Marine Policy* 138 (April 1, 2022): 11, https://doi.org/10.1016/j.marpol.2022.105006.

71 Louisa Casson, "Deep Trouble: The Murky World of the Deep Sea Mining Industry" (Greenpeace International, December 8, 2020), 10, https://www.greenpeace.org/international/publication/45835/deep-sea-mining-exploitation.

72 "In Too Deep: What We Know, and Don't Know, About Deep Seabed Mining,"World Wildlife Fund International, 2021, 4, https://files.worldwildlife.org/wwfcmsprod/files/Publication/file/1kgrh1yzmx_WWF_InTooDeep_What_we_know_and_dont_know_about_DeepSeabedMining_report_February_2021.pdf?_ga=2.117983753.1063757461.1672107356-2084767261.1672107354.

73 Diva Amon, Lisa A. Levin, and Natalie Andersen, "Undisturbed: The Deep Ocean's Vital Role in Safeguarding Us from Crisis" (Oxford, United Kingdom: International Programme on the State of the Ocean, 2022), http://www.stateoftheocean.org/outreach/new-resources/.

74 Luise Heinrich et al., "Quantifying the Fuel Consumption, Greenhouse Gas Emissions and Air Pollution of a Potential Commercial Manganese Nodule Mining Operation," Marine Policy 114 (April 2020): article 103678, https://doi.org/10.1016/j.marpol.2019.103678.

75 "Greenhouse Gas Equivalencies Calculator," US Environmental Protection Agency, March 2022, https://www.epa.gov/energy/greenhouse- gas-equivalenciescalculator.

76 Kalolaine Fainu, " 'Shark Calling': Locals Claim Ancient Custom Threatened by Seabed Mining," *Guardian*, September 30, 2021, https://www.theguardian.com/world/2021/sep/30/sharks-hiding-locals-claim-deep-sea-mining-off-papua-newguinea-has-stirred-up-trouble.

77 Olive Heffernan, "Why a Landmark Treaty to Stop Ocean Biopiracy Could Stymie Research," *Nature* 580, no. 7801 (March 27, 2020): 20–22, https://doi.org/10.1038/d41586-020-00912-w.

78 Ibid.

79 Scales, *The Brilliant Abyss*, 130.

80 Ibid., 132–36.

81 *The Ocean Economy in 2030* (Paris: OECD, 2016), 200, https://doi.org/10.1787/9789264251724-en.

82 Heffernan, "Why a Landmark Treaty to Stop Ocean Biopiracy Could Stymie Research."

83 Kolbert, "Mining the Bottom of the Sea."

84 Scales, *The Brilliant Abyss*, 220.

85 Cuyvers et al., *Deep Seabed Mining*, 55.

86 Karol Ilagan et al., "How the Rise of Electric Cars Endangers the 'Last Frontier' of the Philippines," NBC News, December 7, 2021, https://www.nbcnews.com/specials/rise-of-electric-cars-endangers-last-frontier-philippines/.

87 Ian Morse, "In Indonesia, a Tourism Village Holds Off a Nickel Mine— for Now,"*Mongabay*, December 8, 2019, https://news.mongabay.com/2019/12/inindonesia-a-tourism-village-holds-off-a-nickel-mine-for-now/.

88 Nick Rodway, "Nickel, Tesla and Two Decades of Environmental Activism: Q&A with Leader Raphael Mapou," *Mongabay*, June 22, 2022, https://news.mongabay.com/2022/06/nickel-tesla-and-two-decades-of-environmental-activism-qa-with-leader-rapheal-mapou/.

89 Matt McFarland, "The Next Holy Grail for EVs: Batteries Free of Nickel and Cobalt," CNN, June 1, 2022, https://www.cnn.com/2022/06/01/cars/tesla-lfpbattery/index.html.

90 Andrew Thaler, "Has Pulling the Trigger Already Backfired?," *DSM Observer*, August 26, 2021, https://dsmobserver.com/2021/08/has-pulling-the-triggeralready-backfired/.

91 Kathryn Abigail Miller et al., "Challenging the Need for Deep Seabed Mining from the Perspective of Metal Demand, Biodiversity, Ecosystems Services, and Benefit Sharing," *Frontiers in Marine Science* 8 (July 29, 2021), https://doi.org/10.3389/fmars.2021.706161; "Deep-Sea Mining: Who Stands to Benefit?," Deep Sea Conservation Coalition, fact sheet 6, February 2022, https://savethehighseas.org/wp-content/uploads/2022/03/DSCC_FactSheet6_DSM_WhoBenefits_4pp_Feb22.pdf.

92 Mehdi Remaoun, "Statement on Behalf of the African Group," 25th Session of the Council of the International Seabed Authority, Kingston, Jamaica, February 25,2019, https://isa.org.jm/files/files/documents/1-algeriaoboag_finmodel.pdf.

93 Gerard Barron, "Address to ISA Council by Gerard Barron, CEO & Chairman of DeepGreen Metals, Member of the Nauru Delegation," ISA Council, Kingston, Jamaica, February 27, 2019, https://www.isa.org.jm/files/files/documents/naurugb.pdf.

94 Eric Lipton, "Secret Data, Tiny Islands and a Quest for Treasure on the Ocean Floor," *New York Times*, August 29, 2022, https://www.nytimes.com/2022/08/29/world/deep-sea-mining.html.

95 Khurshed Alam, "Letter Dated 28 June 2021 from the President of the ISA Council," June 28, 2021, https://www.isa.org.jm/index.php/news/nauru-requests-president-isa-council-complete-adoption-rules-regulations-and-procedures.

96 Chris Bryant, "$500 Million of SPAC Cash Vanishes Under the Sea," Bloomberg, September 13, 2021, https://www.bloomberg.com/opinion/articles/2021-09-13/tmc-500-million-cash-shortfall-is-tale-of-spac-disappointment-greenwashing.

97 Lipton, "Secret Data, Tiny Islands and a Quest for Treasure on the Ocean Floor."
98 Louisa Casson, "Deep Trouble: The Murkey World of the Deep Sea Mining Industry," Greenpeace, December 2020, 6–8, https://www.greenpeace.org/static/planet4-international-stateless/c86ff110-pto-deep-trouble-report-final-1.pdf.
99 Elin A. Thomas et al., "Assessing the Extinction Risk of Insular, Understudied Marine Species," Conservation Biology 36, no. 2 (April 2022): e13854, https://doi.org/10.1111/cobi.13854.
100 Cuyvers et al., *Deep Seabed Mining*, 42.
101 David Shukman, "The Secret on the Ocean Floor," BBC, February 19, 2018, https://www.bbc.co.uk/news/resources/idt-sh/deep_sea_mining.
102 Colin Filer, Jennifer Gabriel, and Matthew G. Allen, "How PNG Lost US$120 Million and the Future of Deep- Sea Mining," *Devpolicy Blog*, April 28, 2020, https://devpolicy.org/how-png-lost-us120-million-and-the-future-of-deep-seamining-20200428/.
103 Ben Doherty, "Collapse of PNG Deep- Sea Mining Venture Sparks Calls for Moratorium," *Guardian*, September 15, 2019, https://www.theguardian.com/world/2019/sep/16/collapse-of-png- deep-sea-mining-venture-sparks-calls-for-moratorium.
104 "Mining's Tesla Moment: DeepGreen Harvests Clean Metals from the Seafloor,"Mining.com, June 15, 2017, https://www.mining.com/web/minings-teslamoment-deepgreen-harvests-clean-metals-seafloor/.
105 Duncan Currie, "Deep Sea Conservation Coalition Intervention," paper presented at International Seabed Authority Council Meeting, Kingston, Jamaica, December 8, 2021, https://savethehighseas.org/isa-tracker/category/statements.
106 Casson, "Deep Trouble," 8.
107 Sue Farran, "COVID-19 Made Deep- Sea Mining More Tempting for Some Pacific Islands—This Could Be a Problem," The Conversation, June 14, 2021, https://theconversation.com/covid-19-made-deep-sea-mining-more-tempting-for-somepacific-islands-this-could-be-a-problem-158550.
108 Kolbert, "Mining the Bottom of the Sea"; Elizabeth Kolbert, "The Deep Sea Is Filled with Treasure, but It Comes at a Price," *New Yorker*, June 6, 2021, https://www.newyorker.com/magazine/2021/06/21/the-deep-sea-is-filled-with-treasurebut-it-comes-at-a-price.
109 Kolbert, "The Deep Sea Is Filled with Treasure, but It Comes at a Price."
110 Bryant, "$500 Million of SPAC Cash Vanishes Under the Sea."
111 Elham Shabahat, " 'Antithetical to Science': When Deep- Sea Research Meets Mining Interests," *Mongabay*, October 4, 2021, https://news.mongabay.com/2021/10/antithetical-to-science-when-deep-sea-research-meets-mining-interests/
112 Rozwadowski, *Fathoming the Ocean*, 41
113 Philomene A. Verlaan and David S. Cronan, "Origin and Variability of Resource-

Grade Marine Ferromanganese Nodules and Crusts in the Pacific Ocean: A Review of Biogeochemical and Physical Controls," Geochemistry 82, no. 1 (April 2022): article 125741, https://doi.org/10.1016/j.chemer.2021.125741.

114 Shabahat, " 'Antithetical to Science.' "

115 Todd Woody, "Do We Know Enough About the Deep Sea to Mine It?," *National Geographic*, July 24, 2019, https://www.nationalgeographic.com/environment/article/do-we-know-enough-about-deep-sea-to-mine-it.

116 Shabahat, " 'Antithetical to Science.' "

117 Justin Scheck, Eliot Brown, and Ben Foldy, "Environmental Investing Frenzy Stretches Meaning of 'Green,' " Wall Street Journal, June 24, 2021, https://www.wsj.com/articles/environmental-investing-frenzy-stretches-meaning-ofgreen-11624554045.

118 David Edward Johnson, "Protecting the Lost City Hydrothermal Vent System: All Is Not Lost, or Is It?," Marine Policy 107 (September 2019): article 103593,https://doi.org/10.1016/j.marpol.2019.103593.

119 "Marine Expert Statement Calling for a Pause to Deep- Sea Mining," Deep-Sea Mining Science Statement, https://www.seabedminingsciencestatement.org.

120 Casson, "Deep Trouble."

121 Johnson, "Protecting the Lost City Hydrothermal Vent System."

122 "Normand Energy Deep Sea Drilling Banner in San Diego," Greenpeace, March 31, 2021, https://media.greenpeace.org/archive/Normand- Energy-Deep-Sea-Drilling-Banner-in-San- Diego-27MDHUE66HH.html.

123 Cuyvers et al., *Deep Seabed Mining*, 44; Shukman, "Accident Leaves Deep Sea Mining Machine Stranded."

124 "Deep- Sea Mining: What Are the Alternatives?," Deep Sea Conservation Coalition, July 2021, https://savethehighseas.org/resources/publications/deepsea-mining-what-are-the-alternatives.

125 Shukman, "Accident Leaves Deep Sea Mining Machine Stranded."

126 "The Metals Company Calls Video of Mining Waste Dumped into the Sea Misinformation as Stock Sinks," *MINING.COM* (blog), January 12, 2023, https://www.mining.com/the-metals-company-calls-video-of-mining-wastedumped-intothe-sea-misinformation-as-stock-sinks/.

第十一章　下一個地緣政治戰場

1 Alan J. Jamieson et al., "Hadal Biodiversity, Habitats and Potential Chemosynthesis in the Java Trench, Eastern Indian Ocean," Frontiers in Marine Science 9 (March 8, 2022): article 856992, https://doi.org/10.3389/fmars.2022.856992.

2 Alan J. Jamieson and Michael Vecchione, "First in Situ Observation of Cephalopoda at Hadal Depths (Octopoda: Opisthoteuthidae: Grimpoteuthis

sp.)," Marine Biology 167 (May 26, 2020): article 82, https://doi.org/10.1007/s00227-020-03701-1.

3 Josh Young, Expedition Deep Ocean: The First Descent to the Bottom of the World's Oceans (New York: Pegasus Books, 2020), 204.

4 Ibid., 191.

5 Cassandra Bongiovanni, Heather A. Stewart, and Alan J. Jamieson, "High-Resolution Multibeam Sonar Bathymetry of the Deepest Place in Each Ocean," Geoscience Data Journal 9, no. 1 (June 2022): 108–23, https://doi.org/10.1002/gdj3.122.

6 James V. Gardner, "U.S. Law of the Sea Cruises to Map Sections of the Mariana Trench and the Eastern and Southern Insular Margins of Guam and the Northern Mariana Islands," Center for Coastal and Ocean Mapping, University of New Hampshire, November 1, 2010, https://scholars.unh.edu/ccom/1255.

7 Young, Expedition Deep Ocean, 17.

8 Don Walsh, "Diving Deeper than Any Human Ever Dove," Scientific American, April 1, 2014, https://www.scientificamerican.com/article/diving- deeper -thanany-human-ever-dove/

9 Ibid.

10 Ibid.

11 Rose Pastore, "John Steinbeck's 1966 Plea to Create a NASA for the Oceans," Popular Science, May 20, 2014, https://www.popsci.com/article/technology/john-steinbecks-1966-plea-create-nasa-oceans/.

12 Jyotika I. Vrimani, "Ocean vs Space: Exploration and the Quest to Inspire the Public," Marine Technology News, June 7, 2017, https://www.marinetechnologynews.com/news/ocean-space-exploration-quest-549183.

13 Alex Macon, "When SpaceX Rockets Take Flight (or Blow Up), LabPadre Is Watching," *TexasMonthly*, December 15, 2020, https://www.texasmonthly.com/news-politics/spacex-rockets-launch-labpadre-livestream/.

14 *FY 2020 Agency Financial Report*, NASA, https://www.nasa.gov/sites/default/files/atoms/files/nasa_fy2020_afr_508_compliance_v4.pdf.

15 Mike Read, "Virtual Conference: Industry Role in Seabed 2030," Marine Technology Society Virtual Symposia, June 11, 2020, https://register.gotowebinar. com/recording/3054056681389715723.

16 Paul Kiel and Jesse Eisinger, "How the IRS Was Gutted," ProPublica, December 18, 2018, https://www.propublica.org/article/how-the-irs-was-gutted.

17 Chris Isidore, "Elon Musk's US Tax Bill: $11 Billion. Tesla's: $0 | CNN Business,"CNN, February 10, 2022, https://www.cnn.com/2022/02/10/investing/elonmusk-tesla-zero-tax-bill/index.html.

18 Kim McQuaid, "Selling the Space Age: NASA and Earth's Environment, 1958–1990," *Environment and History* 12, no. 2 (May 2006): 127–63, https://www.jstor.org/stable/20723571

19 Carl Sagan, "The Gift of Apollo," *Parade*, January 11, 2014, https://parade.com/249407/carlsagan/the-gift-of-apollo/.

20 Maria Johansson et al., "Is Human Fear Affecting Public Willingness to Pay for the Management and Conservation of Large Carnivores?," *Society & Natural Resources* 25, no. 6 (June 2012): 610–20, https://doi.org/10.1080/08941920.2011.622734.

21 Alan J. Jamieson et al., "Fear and Loathing of the Deep Ocean: Why Don't People Care About the Deep Sea?," *ICES Journal of Marine Science* 78, no. 3 (July 2021): 797–809, https://doi.org/10.1093/icesjms/fsaa234.

22 Thoreau, quoted in Stephen Hall, *Mapping the Next Millennium: How Computer-Driven Cartography Is Revolutionizing the Face of Science* (New York: Random House, 1992), 399.

23 Thomas D. Linley et al., "Fishes of the Hadal Zone Including New Species, in Situ Observations and Depth Records of Liparidae," *Deep Sea Research Part I: Oceanographic Research Papers* 114 (August 2016): 99–110, https://doi.org/10.1016/j.dsr.2016.05.003.

24 Cassandra Bongiovanni, Heather A. Stewart, and Alan J. Jamieson, "High-Resolution Multibeam Sonar Bathymetry of the Deepest Place in Each Ocean,"*Geoscience Data Journal*, April 7, 2021, https://doi.org/10.1002/gdj3.122.

25 William J. Broad, "So You Think You Dove the Deepest? James Cameron Doesn't.," *New York Times*, September 16, 2019, sec. Science, https://www.nytimes.com/2019/09/16/science/ocean-sea-challenger-exploration-james-cameron.html.

26 "HOV DeepSea Challenger," Woods Hole Oceanographic Institution, https://www.whoi.edu/what-we-do/explore/underwater-vehicles/deepseachallenger/.

27 Vrimani, "Ocean vs Space."

28 "Five Deeps Expedition Is Complete After Historic Dive to the Bottom of the Arctic Ocean," Discovery, September 9, 2019, https://corporate.discovery.com/discovery-newsroom/five-deeps-expedition-is-complete-after-historic-dive-tothe-bottom-of-the-arctic-ocean/.

29 Guinness World Records, "Ocean's Deepest Point Conquered—Guinness World Records," YouTube, November 24, 2020, https://www.youtube.com/watch?v=ullQ9_BB8KA.

30 Young, *Expedition Deep Ocean*, 273.

31 Adam Millward, "Earth's Tallest Mountain, Mauna Kea, Ascended for the First Time," Guinness World Records, December 29, 2021, https://www.guinnessworldrecords.com/news/2021/12/earths-tallest-mountain-mauna-keaascended-for-the-first-time-687258.

32 "1,058,522 Square Kilometers," The Measure of Things, Bluebulb Projects, http://www.bluebulbprojects.com/.

33 Amanda Holpuch, "New Titanic Footage Heralds Next Stage in Deep-Sea Tourism," *New York Times*, September 4, 2022, https://www.nytimes.com/2022/09/04/us/new-titanic-footage.html.

34 Randi Mann, "Why China Is Diving for Treasure in the Mariana Trench," Weather Network, November 11, 2020, https://www.theweathernetwork.com/ca/news/article/why-china-is-diving-for-treasure-in-the-mariana-trench.

35 Michael Verdon, "Meet the Modern-Day Adventurer Who Explores Space and Sea," *Robb Report*, May 19, 2022, https://robbreport.com/motors/aviation/victorvescovo-modern-day-adventurer-1234680636/.

後記　國際海床恐成為下一個亞馬遜？

1 "Seabed 2030 Announces Increase in Ocean Data Equating to the Size of Europe and Major New Partnership at UN Ocean Conference," Nippon Foundation-GEBCO Seabed 2030 Project, accessed August 26, 2022, https://seabed2030.org/news/seabed-2030-announces-increase-ocean-data-equating-size-europeand major-new-partnership-un.

2 Stephen Hall, *Mapping the Next Millennium: How Computer- Driven Cartography Is Revolutionizing the Face of Science* (New York: Random House, 1992), 385.

3 John Noble Wilford, *The Mapmakers: The Story of the Great Pioneers in Cartography from Antiquity to the Space Age* (New York: Alfred A. Knopf, 1981), 313–22.

4 Ibid., 287–90.

5 "Brazil: Amazon Sees Worst Deforestation Levels in 15 Years," BBC News, November 19, 2021, https://www.bbc.com/news/world-latin-america -59341770.

6 Morgan E. Visalli et al., "Data- Driven Approach for Highlighting Priority Areas for Protection in Marine Areas Beyond National Jurisdiction," *Marine Policy* 122 (December 2020): article 103927, https://doi.org/10.1016/j.marpol.2020.103927.

國家圖書館出版品預行編目(CIP)資料

深海征途2030：地球最深的拓荒行動，權力、資源與科技的終極賭局/勞拉・特雷特韋(Laura Trethewey)作；洪慧芳譯. -- 新北市：感電出版, 遠足文化事業股份有限公司, 2024.12
352面；14.8×21公分

譯自 :The deepest map : the high-stakes race to chart the world's oceans.

ISBN 978-626-7523-18-6(平裝)

1.CST: 海底地形 2.CST: 海洋探測 3.CST: 地圖繪製

351.926 113017609

深海征途2030 地球最深的拓荒行動，權力、資源與科技的終極賭局

The deepest map:
the high-stakes race to chart the world's oceans

作者：勞拉・特雷特韋 (Laura Trethewey)｜譯者：洪慧芳｜內文排版：顏麟驊、薛美惠｜封面設計：Dinner｜行銷企劃專員：黃湛馨｜主編：賀鈺婷｜副總編輯：鍾顏聿｜出版：感電出版｜發行：遠足文化事業股份有限公司（讀書共和國出版集團）｜地址：23141 新北市新店區民權路108-2號9樓｜電話：02-2218-1417｜傳真：02-8667-1851｜客服專線：0800-221-029｜信箱：info@sparkpresstw.com｜法律顧問：華洋法律事務所　蘇文生律師）｜ISBN：9786267523186（平裝本）、EISBN：9786267523148（PDF）、9786267523155（EPUB）｜出版日期：2024年12月／初版一刷｜定價：480元